氮杂环化合物合成及杀菌活性研究

李阳 著

中国石化出版社

内 容 提 要

本书主要运用活性亚结构拼接原理，将具有生物活性的一些杂环或活性药效基团与喹啉环或喹喔啉环构筑于同一分子骨架结构中，以期实现活性的叠加或产生新的生物活性。为此，作者设计了简便有效的合成方法，合成出五个系列上百种结构新颖且具有潜在生物活性的含有不同杂环或活性基团的喹啉或喹喔啉类衍生物，这为日后创制新型喹啉或喹喔啉类药物提供了新思路，具有很好的研究和应用价值。同时，本书中所提出的“多步一锅法”和“一步连续法”等先进合成策略，具有操作简便、收率高和环境友好等优点，符合现代有机合成理念，具有重要的参考价值和很好的应用前景，为今后该领域的研究提供了宝贵的经验。

本书适合从事有机化学专业和药物合成化学专业的研究生或科研人员参考使用。

图书在版编目(CIP)数据

氮杂环化合物合成及杀菌活性研究 / 李阳著 .—北京：中国石化出版社，2022. 3
ISBN 978-7-5114-6598-6

Ⅰ. ①氮… Ⅱ. ①李… Ⅲ. ①氮杂环化合物-灭菌-生物活性-研究 Ⅳ. ①O626

中国版本图书馆 CIP 数据核字(2022)第 052666 号

中国石化出版社出版发行

地址：北京市东城区安定门外大街 58 号
邮编：100011 电话：(010)57512500
发行部电话：(010)57512575
http://www.sinopec-press.com
E-mail:press@sinopec.com
北京柏力行彩印有限公司印刷
全国各地新华书店经销

*

710×1000 毫米 16 开本 12.5 印张 208 千字
2022 年 4 月第 1 版 2022 年 4 月第 1 次印刷
定价：68.00 元

前　言

氮杂环类化合物由于其分子结构的多样性、生物活性的广泛性，加之其高效低毒、对环境友好等优点，已成为新农药创制研究的重点领域之一。嘧啶、吲哚、喹啉以及杂环酰胺类化合物是几类重要的含氮杂环化合物，最近已成为开发新的杂环化合物农药常用的官能团库，扮演着重要的角色。为了从含氮杂环类化合物中寻找高活性的先导化合物，本书以嘧啶、吲哚、喹啉和内酰胺类氮杂环结构为研究对象，依据亚结构拼接的原理，运用一步连续反应的设计理念，构建了5个系列172个新型的氮杂环类化合物(其结构均已通过了^{1}H NMR，^{13}C NMR、ESI-MS、HRMS或元素分析得以证实)，并对其进行了杀菌活性的测定。在杀菌活性测试部分，我们采用盆栽苗测试方法和孢子萌发测试方法对黄瓜霜霉病(*Cucumber downy mildew*)、小麦白粉病(*Wheat powdery mildew*)、小麦锈病(*Wheat rust*)、黄瓜炭疽病(*Cucumber anthracnose*)、稻瘟病(*Rice blast*)和灰霉病(*Gray mold*)6种植物病菌进行了杀菌活性测定，以期获得具有良好杀菌活性的化合物。本研究主要分为以下五个部分：

1）嘧啶并[4,5-b]吲哚-2-胺的构建、合成及杀菌活性测试。该部分利用*N*-烷基-2-氯-3-甲(乙)酰基吲哚为反应物与硝酸胍通过缩合和环化的一步连续反应，将2-氨基嘧啶环以稠合的形式构建于吲哚环上。对目标化合物的合成条件进行了优化实验，找到了最佳反应条件，完成了对27个结构新颖的目标化合物2-氨基嘧啶并[4,5-b]吲哚类化合物的合成，并对其结构进行了表征与确证。对它们进行了杀菌活性测定，结果表明这些化合物对黄瓜霜霉病表现出不同程度的杀菌活性，其中*N*-丁基-6-乙基取代的化合物II-3k

(90%)和II-3a′(85%)对黄瓜霜霉病的杀菌活性最好。

2)6-甲基吲哚并[2,3-b]喹啉-11-羧酸类化合物合成及杀菌活性测试。同样以上一部分的3-乙酰基-2-氯-*N*-甲基吲哚为反应底物，通过与靛红及取代靛红反应的研究，意外发现一种新的一步连续反应的合成策略，得到一系列结构新颖的6-甲基吲哚并[2,3-b]喹啉-11-羧酸类化合物。该合成策略使用10%的乙醇-水溶液为介质，氢氧化钾作为碱，避免使用有毒有害或价格昂贵的有机试剂和溶剂，具有操作简单、所需试剂廉价易得和环境友好等优点。对产物结构进行了波谱分析和X-单晶衍射确认。对可能的反应机理进行了推测，给出了可能的反应历程。对它们进行了杀菌活性测定，但未获得较高杀菌活性的化合物。由于该类化合物属于天然生物碱Neocryptolepine的骨架结构，我们相信今后通过对这些化合物进行结构改进和修饰，一定能发现高活性的化合物。

3)*N*-取代吡咯并[3,4-b]喹啉-1-酮类化合物设计、合成及杀菌活性测试。运用上述一步连续反应的理念，设计以实验室自制的2-氯甲基喹啉-3-甲酸乙酯为反应物，使之与各种芳胺、脂肪胺和脂肪二胺进行一步连续反应，将五元内酰胺环以稠合的方式拼接在喹啉环上。通过对该反应条件的优化实验发现，在乙醇-乙酸(体积比为10∶1)混合溶剂介质中无需任何碱催化剂的条件下，以较高的收率完成了对42个结构新颖、取代基多种多样的目标化合物*N*-取代吡咯并[3,4-b]喹啉-1-酮的合成。对它们进行了杀菌活性测定，发现那些具有对称结构性质的双(*N*-烷基吡咯并[3,4-b]喹啉-1-酮)类化合物IV-3k′-3p′对黄瓜霜霉病(*Cucumber downy mildew*)和小麦白粉病(*Wheat powdery mildew*)表现出较好的杀菌活性，其中最高的是化合物IV-3k′，对小麦白粉病的杀菌率为90%，与参照物醚菌酯的活性相当，具有非常好的进一步研究开发价值。

4)6-氯-2-芳基(或吡啶基)乙烯基喹啉-3-羧酸类化合物设计、

合成及其杀菌活性测试。使用上一部分制备的6-氯-2-氯甲基喹啉-3-甲酸乙酯这一反应平台作为反应物，研究它与芳醛或吡啶醛的反应，设计开发了简便高效的“三步一锅法”的合成方式，并完成了对19个未见文献报道的6-氯-2-芳基(或吡啶基)乙烯基喹啉-3-羧酸类化合物的合成，并对其结构进行了核磁谱图分析和结构确认。对它们的杀菌活性进行了测定试验，但结果并不理想，只有其中少数几个甲氧基、三氟甲基和吡啶基取代的化合物V-3e、V-3f、V-3m、V-3r和V-3s对稻瘟病(*Rice blast*)和灰霉病(*Gray mold*)表现出中等的杀菌活性(50%)。

5)亚甲基桥连喹啉和1,2,3-三唑双杂环化合物VIa-h的设计、合成及杀菌活性测试。继续以2-氯甲基喹啉这一反应平台作为反应物，首次将其与叠氮钠进行亲核取代反应，所得产物2-氯-3-叠氮甲基喹啉(A)不经分离提纯直接与乙酰乙酸乙酯进行环化脱水反应，从而经“两步一锅法”得到目的产物亚甲基桥连喹啉和1,2,3-三唑双杂环化合物。杀菌活性实验表明，这类化合物对黄瓜霜霉病(*Cucumber downy mildew*)表现出良好的杀菌活性。

目　　录

主要缩略语表

缩写	英文全文	中文说明
NMR	nuclear magnetic resonance	核磁共振谱
$CDCl_3$	deuteratedchioroform	氘代三氯甲烷
EtOH	ethanol	乙醇
AcOH	acetic acid	乙酸
DMF	*N*,*N*-dimethylformamide	*N*,*N*-二甲基甲酰胺
MS	mass spectrum	质谱
HRMS	high resolution mass spectrum	高分辨质谱
TLC	thin-layer chromatography	薄层色谱
mmol	milli-mole	毫摩尔
Me	methyl	甲基
Et	ethyl	乙基
n-Bu	*n*-butyl	正丁基
Bn	benzyl	苄基
Ar	aryl	芳基
DMSO	dimethyl sulfoxide	二甲基亚砜
NBS	*N*-bromosuccinimide	*N*-溴代丁二酰亚胺
NCS	*N*-chlorosuccinimide	*N*-氯代丁二酰亚胺
CDM	cucumber downy mildew	黄瓜霜霉病
WPM	wheat powdery mildew	小麦白粉病
WR	wheat rust	小麦锈病
CA	cucumber anthracnose	黄瓜炭疽病
RB	rice blast	稻瘟病
GM	gray mold	灰霉病

第1章 绪 论

随着人们环保意识的增强，一些具有高毒性的有机磷或硫农药，如苯线磷、地虫硫磷、甲基硫环磷、氯磺隆、苯胺磺隆单剂、甲磺隆单剂等正在被淘汰，寻找高效、低毒和环境友好的新型农药已成为农业领域的一个主要研究方向(Thind，1990；杨华铮，1992；Russell，2005)。杂环化合物由于其生物活性的广谱性，结构变化的多样性，已成为挖掘新型高效农药的一片沃土(Kramer et al.，2007)。杂环化合物的另一个特点是大多数对温血动物毒性很低，对鸟类、鱼类和蜜蜂的毒性也很低，因此可以说杂环化合物的开发与应用赋予了农药发展新的生命(王大翔，1995；Lamberth，2013)，推动农药的发展进入到一个绿色、与环境相容的新阶段(王正权等，1999；宋宝安，2009)。例如，近些年来在杀虫剂、除草剂和杀菌剂领域中，相继开发出一些具有超高效、低毒、低残留的农药新品种，它们的化学结构不同于传统的有机磷、氨基甲酸酯和拟除虫菊酯，取而代之的是一些新颖的杂环和稠杂环化合物结构(刘建超等，2005)。这些新的进展，为化学农药的发展开拓了广阔的新天地。特别是进入21世纪以来，农药的发展形成了以氮杂环为主的新高潮，从这类杂环化合物中寻找和发现新型、高效的先导化合物已经成为新农药创制开发中的主要研究趋势(钱旭红等，2003)。据统计，全世界关于农药新产品的专利中，大概90%都属于有机杂环类化合物，这其中的70%为含氮杂环类有机化合物(罗亚敏等，2013)。科学工作者们通过不懈的努力，已开发出多类氮杂环化合物，如吡啶类化合物(杨吉春等，2007)、吡唑类化合物(郎玉成等，2006)、噻唑类化合物(陈爽等，2017)、哌嗪类化合物(吴清来等，2016)和三唑类化合物(白雪等，2007)等。这些种类化合物表现出的优异活性，使得氮杂环化合物结构越来越受研究工作者的重视。

在农药的杀虫剂、除草剂和杀菌剂中，杀菌剂的使用量逐年递增，它主要用来防治各种病原微生物所引起的植物病害，对病原物有杀死作用或抑制生长作用，但又不妨碍植物正常的生长，是防治植物病害的一种最为经济有效的方法(陈红军，2009)。由于长期使用的商品化杀菌剂容易使药剂产生抗性，使得原本具有高效的杀菌剂失去活性，因此只有不断开发出新的产品，杀菌产业才能健康地发展下去(祁之秋等，2006)。这样，设计、合成结构新颖的氮杂环化合物是寻找和开发新型杀菌剂的重要途径。在含氮杂环化合物中，嘧啶、吲哚、喹啉和杂环酰胺等是许多生物活性杂环类化合物的药效基团，扮演着重要的角色，因此常被人们用作创制新型农用杀菌剂的官能团库。从这些杂环化合物中构建和开发结构新型、杀菌活性高效的先导化合物已经成为农药合成化学的一个重要研究方向，并发表了大量的关于此类化合物的合成和杀菌活性研究的科研报道(Sanemitsu et al.，2008)。我们有理由相信，随着人们对氮杂环类化合物研究的不断深入，今后会出现更多新型氮杂环或稠杂环结构的新农药，让原本因环境压力而备受非议的农药市场焕发出新的活力。

1.1 具有杀菌活性的嘧啶类化合物在农药创制中的研究进展

嘧啶环是农药创制中最常见的活性结构之一，在农药领域扮演了重要的角色，一直受到广大研究人员的重视，各种含有嘧啶环的杀菌剂层出不穷(尚尔才，1995；Nagata，et al.，2004)。在这方面，吴琴(2009)和任玮静(2013)等还就嘧啶类杀菌剂及具有杀菌活性嘧啶类化合物合成的研究进展、应用及开发前景进行过较为详细的综述。目前已成为商品化的品种主要有12种，图1-1列出了几种最为常见的对灰霉病有特效的已商品化的嘧啶胺类杀菌剂，如早期由日本武田药品工业公司开发的嘧菌腙(ferimzone)杀菌剂1和先正达有限公司开发的二甲嘧酚2(dimethirimol)(刘长令，2006)；后来由日本组合化学工业公司和庵原化学工业公司共同研发的一种农用杀菌剂嘧菌胺3(mepanipyrim)，它主要用来防治苹果和梨的黑星病，黄瓜、草莓、葡萄和番茄等的灰霉病，小麦的白粉病和眼纹病以及网斑病和颖枯病等，而且对作物安全、无药害(林学圃等，1998)；由拜耳公司开发的嘧霉胺4(pyrimethanil)，主要对葡萄孢属各品系均有较高活性，对目前市场上的葡萄孢防治剂无交互抗性(Nomann 1994)。

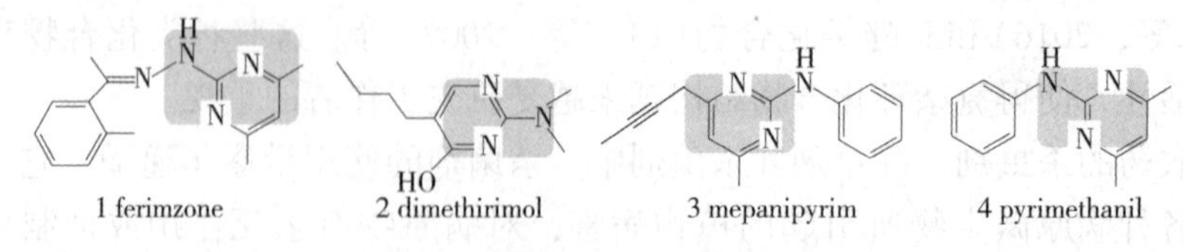

图1-1　一些商品化的嘧啶类杀菌剂的结构(1-4)

由于嘧啶类化合物具有高效、低毒和作用方式独特以及易于修饰和衍生的特点，设计合成含有嘧啶环结构的新型的杂环化合物已成为杂环化合物研究中一个十分活跃的领域。图1-2列举了一些具有高效杀菌活性的嘧啶类的专利化合物，如2000年，Daeuble等公开了一含有喹啉环结构的嘧啶类专利化合物5，其杀菌活性测试表明：在 100mg/L、25mg/L、6.25mg/L 浓度下对小麦白粉病（Wheat powdery mildew）均有明显的杀菌活性；2001 年，Walter（2001）报道了两个噻唑并嘧啶的专利化合物 6 和 7，测试结果显示，二者对黄瓜炭疽病菌（Colletotrichum lagenarium）、黑星病菌（Venturia inaequalis）、小麦白粉病菌（Erysiphe graminis）均有很好的抗菌活性；同年，Braun 等（2001）报道两个专利化合物四氢萘氧（胺）基取代的嘧啶 8 和 9。在 500mg/L 浓度下，化合物 8 对小麦颖枯病（Leptosphaeria nodorum），9 对葡萄霜霉病（Plasmopara viticola）的抑制率为 100%。

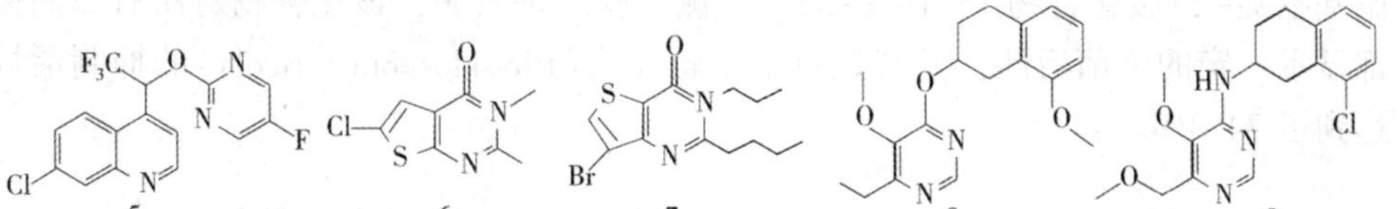

图 1-2　具有重要杀菌活性的嘧啶类专利化合物 5-9

近十几年来，关于设计、合成新型嘧啶类化合物及其杀菌活性研究的文献报道也是屡见不鲜。如在 2002 年，覃章兰等合成了一系列结构未见文献报道的嘧啶并吡喃酮类化合物（图 1-3），并对其进行抑菌活性测试。测试结果发现，合成的大多数化合物对水稻的纹枯病菌（Rhizoctonia solani）和稻瘟病菌（Pyricularia oryzae）具有非常好的杀菌效果，特别是化合物 10（$R^1=Cl$，$R^2=Cl$，$R^3=H$）和化合物 11（$R^1=H$，$R^2=OMe$，$R^3=OMe$）对小麦的赤霉病菌（Fusarium graminearum）、黄瓜的炭疽病菌（Colletotrichum lagenarium）、水稻的纹枯病菌（Rhizoctonia solani）和稻瘟病菌（Pyricularia oryzae）4 种病菌具有高效的杀菌活性，杀菌率均高达 90% 以上。

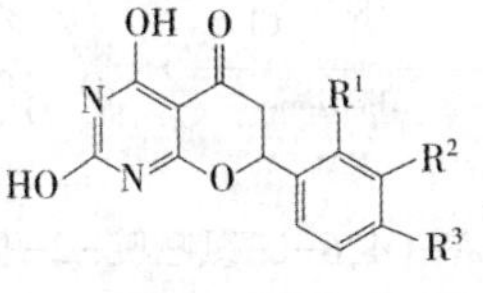

10: R^1=Cl; R^2=Cl; R^3=H
11: R^1=H; R^2=OMe; R^3=OMe

图 1-3　具有良好杀菌活性的嘧啶并吡喃酮化合物 10 和 11

2004 年，吴军等设计以嘧啶酚（12）和各种取代的氯苯（13）通过亲核取代反应合成一系列芳氧基嘧啶类化合物（14）（图 1-4）。杀菌活性测试发现了两个具有很好杀菌活性的产物 14a 和 14b。在 50mg/L 时，化合物 14a（$R^2=NO_2$，$R^3=CF_3$，$R^4=NO_2$）对小麦赤霉病（Gibberella zeae）、水稻纹枯病（Pelliculariasasakii）和西瓜白绢病（Scleerotium rolrsii）的活性较好，分别为 68.4%、89.1%、78.6%；化合物 14b（$R^2=NO_2$，$R^3=CF_3$，$R^4=H$）对黄瓜疫病（Phytophthora melonis）和蔬菜炭疽病（Colletotrichum higginsianum）抑制率分别为 100% 和 62.1%。

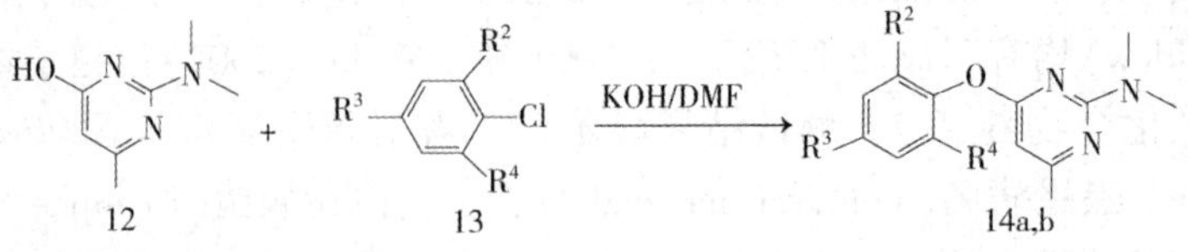

HO　N　N　12　+　R^3　R^2　Cl　R^4　13　KOH/DMF　R^2　O　N　N　R^3　R^4　N　14a,b

图 1-4　合成具有杀菌活性的苯氧基取代的嘧啶化合物 14a 和 14b

2005 年，袁德凯等合成了具有杀菌活性的 4-氯-*N*，*N*-二乙基-6-甲基-5-硝基嘧啶-2-胺化合物 15(图 1-5)。生测试验结果表明，该化合物对所有致病菌都显示一定的杀菌活性，尤其是对苹果轮纹病(Physalospora piricola)的抑制活性达到了 74.3%。

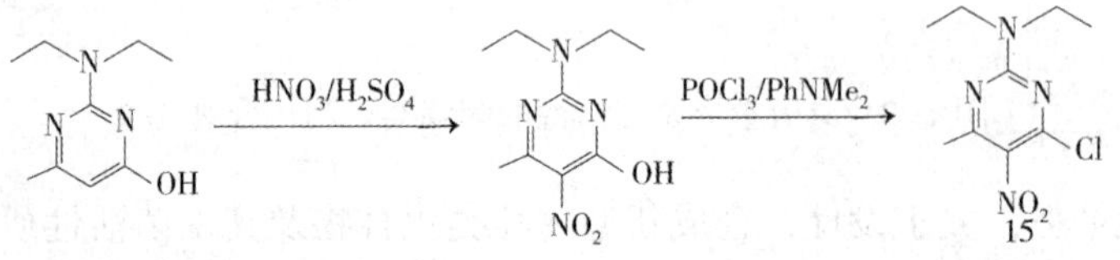

N　N　N　OH　HNO_3/H_2SO_4　N　N　N　OH　NO_2　$POCl_3/PhNMe_2$　N　N　N　Cl　NO_2　15

图 1-5　合成 4-氯-*N*，*N*-二乙基-6-甲基-5-硝基嘧啶-2-胺(15)

2007 年，黄明智等设计通过甲氧基苯甲酸(16)的酰氯化，然后再与氨基嘧啶(18)的酰胺化得到一系列未见文献报道的 *N*-(2-嘧啶基)苯甲酰胺类化合物 19(图 1-6)，通过抑菌活性测试显示，在 25mg/L 浓度二氯取代的化合物对稻瘟病菌(Rice blast)的抑菌活性最好，其抑制率为 85.1%.

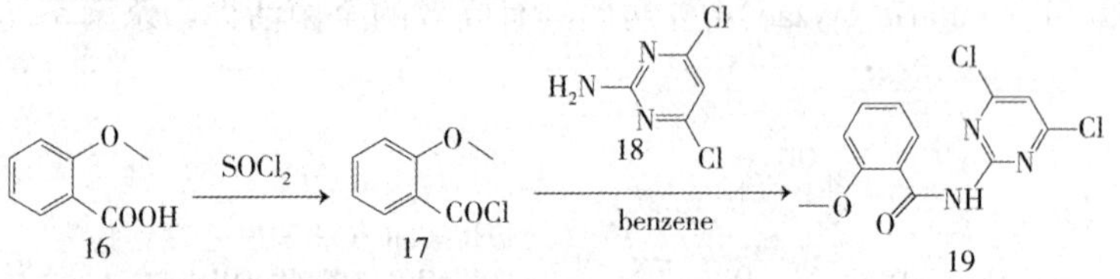

O　COOH　16　$SOCl_2$　O　COCl　17　H_2N　N　N　Cl　Cl　18　benzene　O　O　NH　N　N　Cl　Cl　19

图 1-6　合成具有防治稻瘟病菌活性的 *N*-(4,6-二氯嘧啶-2-基)苯甲酰胺(19)

2007 年，柴宝山等对杀菌剂嘧菌环胺的合成方法进行了改进和创新，他们以甲基环丙酮(20)作为反应物与乙酸乙酯(21)经一步反应，制得相应的环丙酰基丙酮(22)，然后与苯基胍(23)反应合成得到嘧菌环胺(24)(图 1-7)。该方法具有环保、经济和工艺简单等优点。进一步的杀菌活性测试发现，该杀菌剂具有广谱的杀菌活性，在浓度 100mg/L 时对白粉病(Powdery mildew)、灰霉病(Gray mold)、稻瘟病(Rice blast)具有很好的杀菌效果，而且即使在浓度 25mg/L 时对灰霉病和稻瘟病仍有很好的防效。

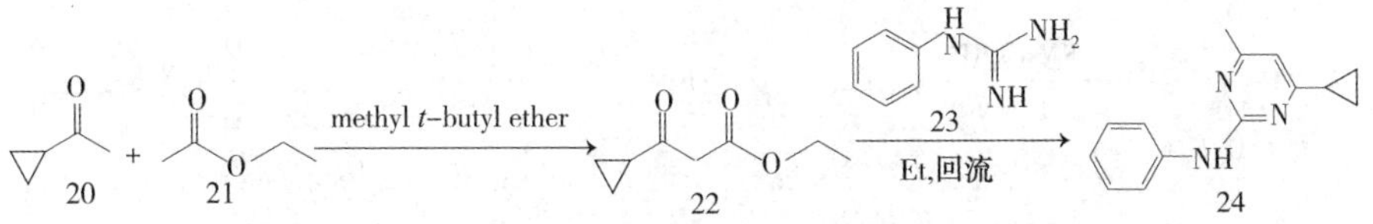

图 1-7 杀菌剂嘧菌环胺(24)合成方法的改进

2010 年，柴宝山等(2010)又设计合成一系列结构新颖的含有 2-氨基嘧啶结构的醚酯或醚酰胺类化合物 25a～k(图 1-8)。作者对其进行杀菌活性测试分析发现，这些化合物具有广谱的杀菌活性，在浓度为 100mg/L 下，它们对作物的白粉病(Powdery mildew)、灰霉病和稻瘟病具有良好的杀菌效果，即使在 25mg/L 的浓度下对灰霉病(Gray mold)和稻瘟病(Rice blast)仍然有很好的杀菌效果。

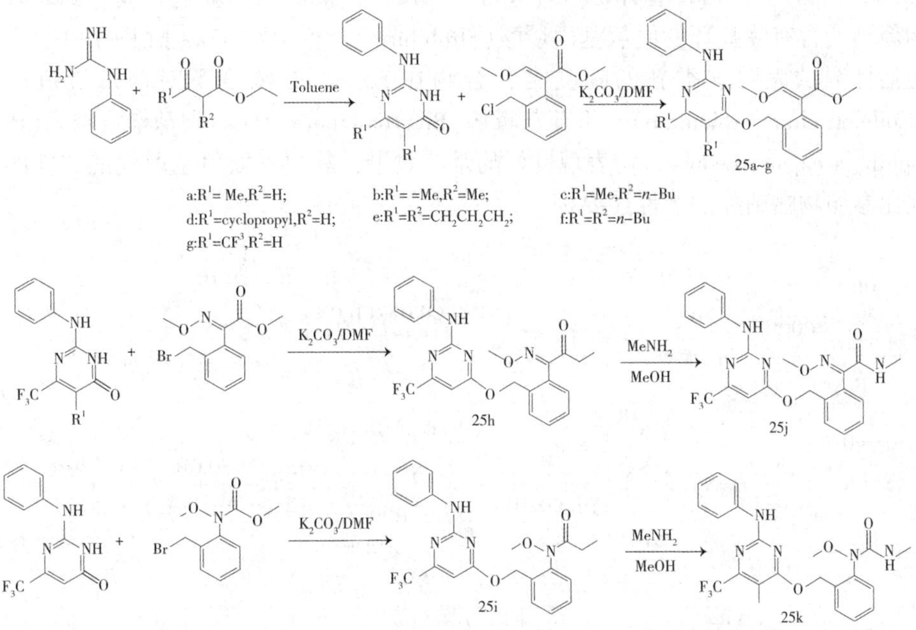

图 1-8 合成含 2-氨基嘧啶结构的醚酯或醚酰胺类化合物(25a-k)

2011 年，Sun 等报道使用 3,4,5-三甲氧基苯甲酸(26)与 2-异丙基-6-甲基-4-羟基嘧啶(27)与或酰氯(28)进行酯化反应合成一类结构未见文献报道的嘧啶酯类化合物 29 和 30a～c(图 1-9)。对其杀菌活性测试显示，这些化合物对稻恶苗病菌(Gibberella fujikuroi)、玉米赤霉(Gibberella zeae)、花生褐斑(Cercospora arachidicola)、葡萄孢菌(Botrytis cinerea)、水稻纹枯病菌(Rhizoctonia solani)等表现出良好的防治效果，其中对稻恶苗病菌的防治效果最好。

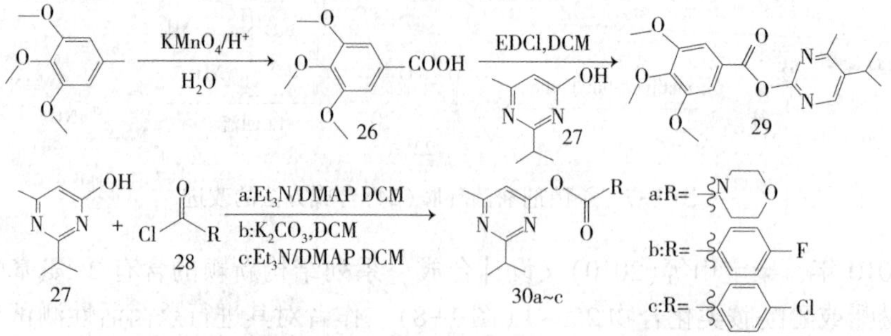

图 1-9　合成结构新颖的具有重要杀菌活性的嘧啶酯类化合物类化合物(29 和 30a-c)

2012 年，Zhang 等设计以邻羟基苯乙酸(31)为原料首先合成邻羟基苯乙酯(33)，然再与 2-烷氧基嘧啶(35)进行取代反应，最后经乙烯化合成得到 8 种结构新颖的含有嘧啶环的甲氧基丙烯酸(Strobilurin)类衍生物 37a~h(图 1-10)，杀菌活性测试表明这类新的嘧啶类化合物在 50μg/mL 浓度下对西瓜炭疽病菌(Colletotrichum orbiculare)、番茄灰霉病(Botrytis cinerea Pers)和辣椒疫霉病(Phytophthora capsici Leonian)均表现良好的杀菌效果，其中三氟甲基取代的 37d 的活性比参照物嘧菌酯的活性还要好。

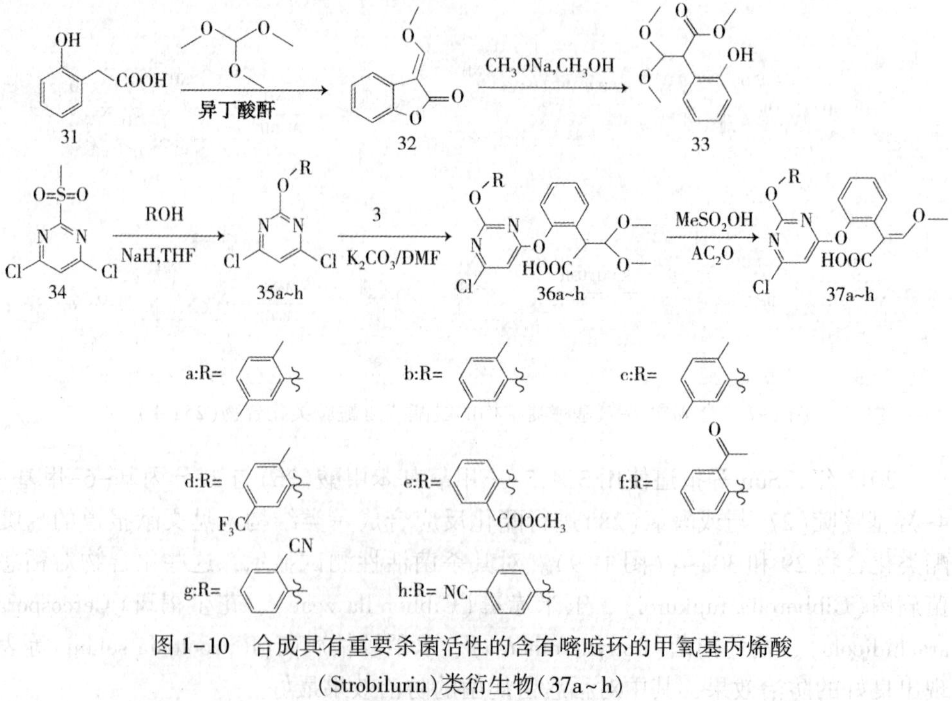

图 1-10　合成具有重要杀菌活性的含有嘧啶环的甲氧基丙烯酸(Strobilurin)类衍生物(37a~h)

2016 年，Liu 等人为了研发新的杀葡萄灰霉病药物，设计合成了一系列 4-芳基-6-三氟甲基-2-氨基嘧啶类化合物，其合成路线如图 1-11 所示，各种取代的苯乙酮(38)在乙醇钠催化下与三氟乙酸乙酯反应生成 1,3-二酮中间体(39)，然后与盐酸胍在甲醇钠催化下发生缩合环化反应，即得目标产物 2-氨基嘧啶衍生物 40。杀菌活性实验表明，大多数所合成的化合物无论对敏感的灰霉病(Gray mold)菌株还是对抗性菌株，在体外和体内都表现出很高的杀菌活性，其中 R 为 2-F 和 4-F 的产物杀菌活性最高，它们的 EC_{50} 分别为 0.8μg/mL 和 1.3μg/mL，优于参考药物嘧霉胺。

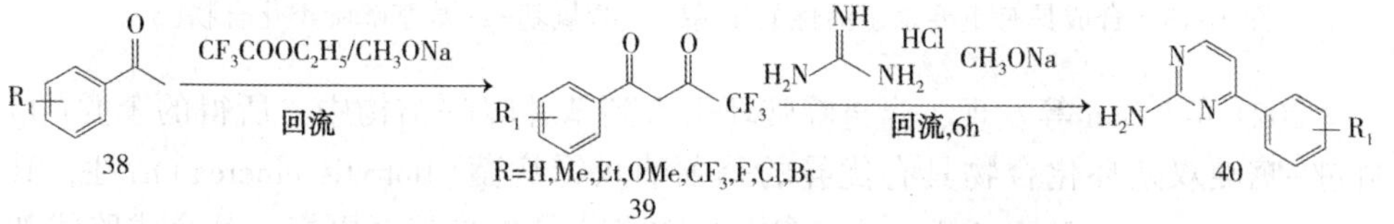

R_1 38 $CF_3COOC_2H_5/CH_3ONa$ 回流 R_1 CF_3 R=H,Me,Et,OMe,CF_3,F,Cl,Br 39 NH H_2N NH_2 HCl CH_3ONa 回流,6h H_2N N N R_1 40

图 1-11 合成具有杀葡萄灰霉病菌活性的 4-芳基-2-氨基嘧啶类化合物(40)

2019 年，Zhang 等又设计以取代苯肼(41)为原料与丙烯酰胺(42)缩合，合成 *N*-芳基吡唑酮(43)，经 $FeCl_3$ 氧化得 3-羟基吡唑(44)。然后，3-羟基吡唑连续与 4,6-二氯嘧啶(45)和酚或芳胺(46)进行亲核取代反应生成相应的吡唑氧基嘧啶衍生物 47 和 48(如图 1-12 所示)。对所合成的新化合物进行杀菌活性测试表明，这类嘧啶化合物对小麦白粉病(Wheat powdery mildew)表现出良好的杀菌活性，其中当 R 为 CF_3，R^1 和 R^2 为 H，X 为 O 时的产物活性最高，其 EC_{50} = 1.22mg/L，比参照物嘧菌酯的活性还要好，具有很好的研究开发价值。

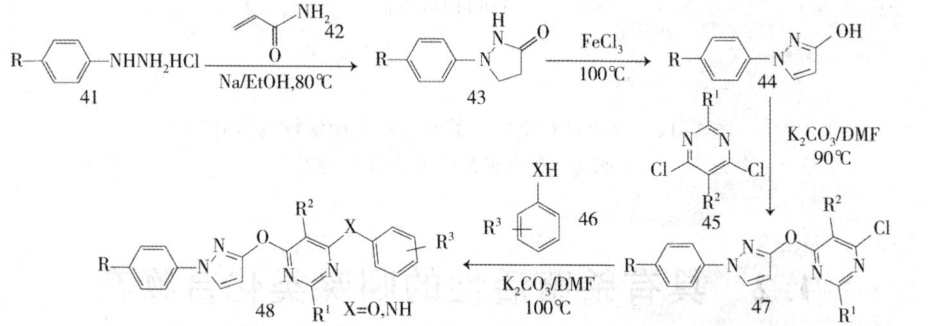

R—$NHNH_2HCl$ 41 NH_2 O 42 Na/EtOH,80℃ R H N O 43 $FeCl_3$ 100℃ R N N OH 44 R^1 N N Cl Cl R^2 45 K_2CO_3/DMF 90℃ R N N O R^2 Cl N N R^1 47 XH R^3 46 K_2CO_3/DMF 100℃ R N N O R^2 X R^3 N N R^1 48 X=O,NH

图 1-12 合成具有重要杀小麦白粉病菌活性的吡唑氧基嘧啶衍生物(48)

2020 年，Deng 等采用类似的合成方法(如图 1-13 所示)，通过 4,6-二氯-2-苯基嘧啶(49)与各种取代酚 50 进行亲核取代反应，合成了相应的 27 种嘧啶芳基醚类化合物(51)。生物活性测试显示，这类化合物对各种植物致病菌都具有较好的杀菌活性，其中当 R 为 2-Cl 时的产物对油菜菌核病菌(Sclerotinia sclerotiorum)和水稻纹枯病菌(Rhizoctonia solani)的杀菌活性最好，其 EC_{50}值 3.33mg/L，比参考药物嘧霉胺还要高，有望用于制备新型杀菌剂。

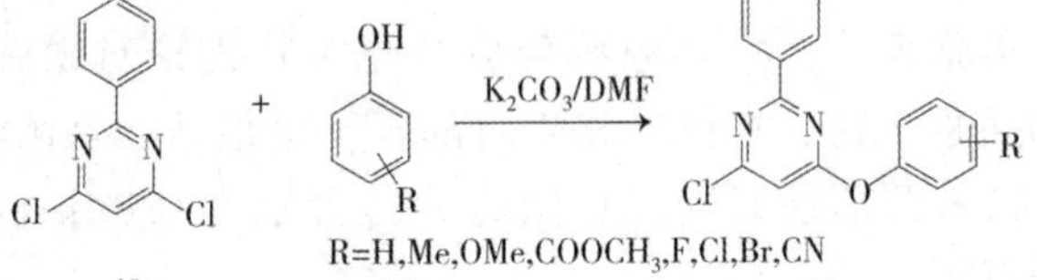

49 50 51

图 1-13　合成具有重要杀菌活性的 4-氯-6-芳氧基-2-苯基嘧啶类化合物(51)

2021 年，Sun 等发现，当将嘧啶环引入到苯并咪唑结构中，所得的苯并[d]咪唑-嘧啶双杂环化合物具有优异的杀葡萄灰霉病菌(Botrytis cinerea)活性，其 EC_{50}值为 0.13~0.24μg/mL，这与参考药物多菌灵相当甚至更好。其合成路线如图 1-14 所示，将 2-乙酰基苯并咪唑(52)与芳醛 53 反应生成相应的查尔酮 54，然后与硫脲进行缩合环化反应，这样在咪唑环 2-位构建了嘧啶环 55，然后进一步结构修饰，经酯水解(56)和羧酸的酰胺化得到目标产物 57。

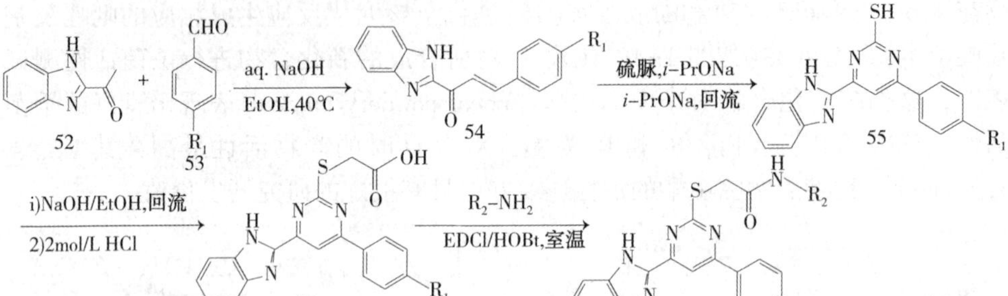

52 53 54 55 56 57

图 1-14　合成具有重要杀葡萄灰霉病菌活性的苯并[d]咪唑-嘧啶双杂环类化合物(57)

1.2　具有杀菌活性的吲哚类化合物在农药创制中的研究进展

吲哚，其结构为苯并吡咯的氮杂环结构，因其骨架的结构优势，它的 1-位、2-位和 3-位等可以进行官能团的修饰，引入不同性质的药效基团，使其衍生物具有重要的生物和药理活性，因此也常被人们用作活性亚结构单元进行杂环类农药的创制(Abdel-Aty, 2010; 江镇海, 2010; Xu, et al., 2011)。如, 2003年由日本日产公司开发的杀菌剂吲唑磺酰胺58(Amisulbrom)(图1-15), 他们利用亚结构拼接法, 将吲哚环引入到三唑环结构中, 这样组成的杀菌活性分子具有广谱性、高活性和安全性等优点, 尤其对马铃薯晚疫病(Potato late blight)、大豆霜霉病(Soybean downy mildew)、番茄疫病(Tomato blight)、甜瓜霜霉病(Muskmelon downy mildew)和葡萄霜霉病(Grape downy mildew)等都具有很好的防治效果。

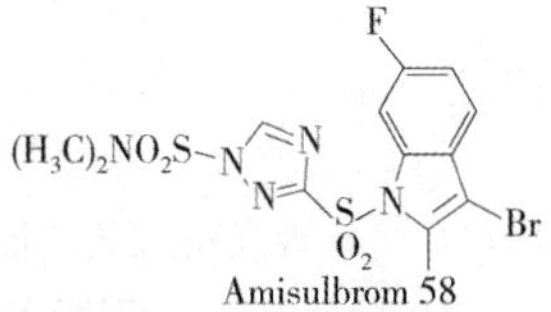

F
$(H_3C)_2NO_2S$
N N N S O_2 N Br
Amisulbrom 58

图1-15 含吲哚结构的吲唑磺酰胺杀菌剂 Amisulbrom 58 的结构

近几年来, 关于新型的具有吲哚环结构的杂环化合物设计、合成及杀菌活性研究的报道比较多, 这些工作为开发和创制新型农用杀菌剂提供了重要的参考价值和很好的可选底物(Barden, 2010)。如在2008年, 刘磊等利用亚结构拼接原理设计以2-吲哚酰氯(59)为反应物首先与氨基醇反应生成β-羟基酰胺60, 然后在P_2S_5/Et_3N系统的作用下对其进行关环反应, 制得新型的2-吲哚基噻唑啉化合物61(图1-16)。通过对其进行抑菌实验发现, 该化合物在50mg/L浓度下对所测的10种植物菌株的抑制率均在70%以上, 尤其是对茄棉疫(Eggplant cotton blight)、油菜菌核(Sclerotinia Sclerotiorum)和芦笋茎枯(Asparagus stem blight)表现出非常好的防治效果, 其抑制率达到了100%。

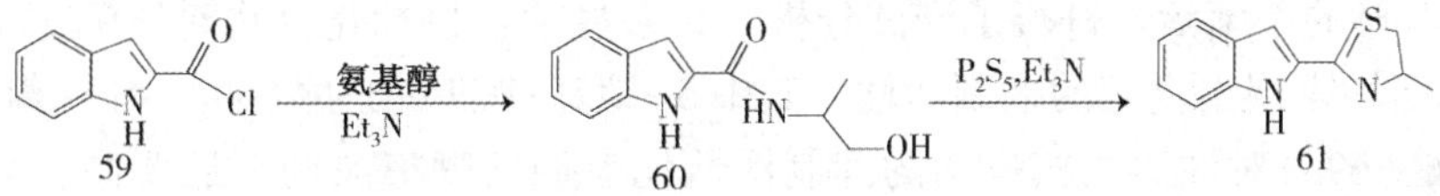

O Cl N H 59 —氨基醇 / Et_3N→ O N H HN OH 60 —P_2S_5, Et_3N→ N H S N 61

图1-16 合成具有重要杀菌活性的2-吲哚基-4-甲基-噻唑61

2013年, 王美岩等使用吲哚(62)等为原料, 经Vilsmeier-Hacck乙酰化得到相应的3-乙酰基吲哚(63), 然后其与2-噻吩醛(64)进行羟醛缩合反应得到相应的吲哚噻吩查尔酮65。最后, 查尔酮65再与甲氧基胺或乙氧基胺发生缩合反应, 合成得到新型的含吲哚环结构的2-丙烯-1-酮肟醚66和67(图1-17)。对它们的杀菌活性测试发现, 这两种化合物对番茄灰霉菌(Botrytis cinerea)抑制活性较高, 在浓度为100μg/mL时抑制率分别为81%和74%。

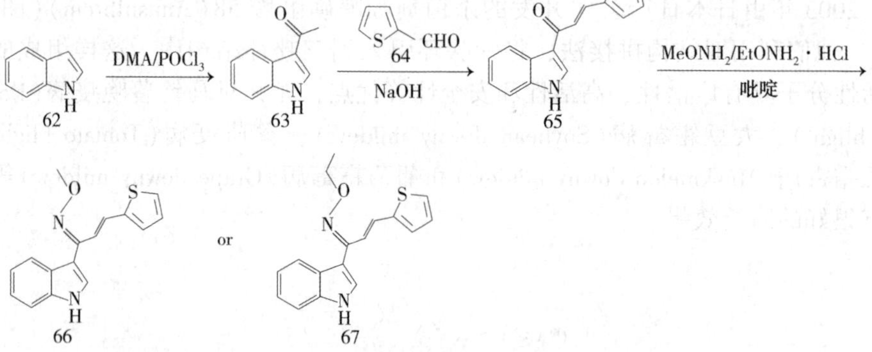

图 1-17　合成具有重要杀番茄灰霉菌活性的含吲哚环的
3-(噻吩-2-基)-2-丙烯-1-酮肟醚 66 和 67

2015 年，车志平等通过取代吲哚(68a～e)的 Vilsmeier-Haack 甲酰化反应，设计合成了 5 种吲哚-3-醛类化合物 69a～e(如图 1-18 所示)。采用菌丝生长速率法对所合成的吲哚类化合物进行了抗菌活性实验，结果表明：这 5 种吲哚-3-醛类化合物对玉米的大斑病菌(Exserohilum turcicum)和小斑病菌(Bipolaris maydis)均表现出不同程度的抑制活性，尤其是 5-硝基取代的吲哚-3-醛(69d)对玉米大斑病菌的抑制活性与商品化的杀菌剂噁霉灵的活性相当。这一工作为进一步研究吲哚类农用杀菌剂提供了很好的参考。随后，2016 年，陈根强等又将上述所合成的 5 种吲哚-3-醛类化合物 69a～e 作为测试样品，对番茄灰霉病菌(Botrytis cintrea)、油菜菌核病菌(Sclerotinia sclerotiorum)、烟草疫霉病菌(Phytophthora nicotianae)、万年青炭疽病菌(AIT anthrax)和小麦茎基腐病(Wheat Crown Rot)的杀菌活性进行了测试分析，结果显示：目标化合物对所测试的植物病原真菌均表现出良好的抑制活性，其中 5-硝基-吲哚-3-醛(69d)和 5-氰基-吲哚-3-醛(69e)对油菜菌核病菌的抑制活性比参照的噁霉灵药剂还要高，其 EC_{50} 值分别为 0.00004g/L 和 0.007g/L，分别是噁霉灵的 325 倍和 1.86 倍。

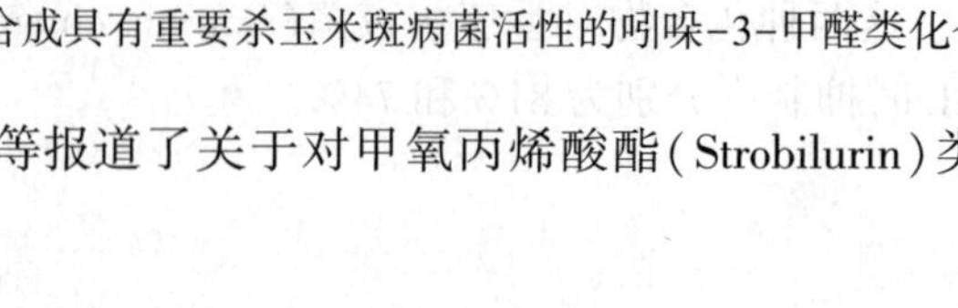

a:R=H;b:R=6-Me;c:R=4-Me;d:R=5-NO_2;e:R=5-CN

图 1-18　合成具有重要杀玉米斑病菌活性的吲哚-3-甲醛类化合物 69a～e

2015 年，Xie 等报道了关于对甲氧丙烯酸酯(Strobilurin)类杀菌剂进行结构修饰和改进，使用2-乙酰基吲哚(70)为原料，首先与羟胺进行肟化反应得到相应的吲哚醛肟(71)，然后再与卤甲基苯基酯(72a 和 72b)或卤甲基苯基酰胺酯(72c)进行 Williamson 醚合成反应，生成了 21 个结构新颖的含有吲哚环结构的甲氧丙烯酸酯(Strobilurin)类化合物 73~77(如图 1-19 所示)。对它们的杀菌活性测试发现，引入吲哚环结构后，这些化合物的杀菌活性得到了明显的提高，具有广谱的杀菌活性，绝大多数化合物对稻瘟病(Pyricularia oryzae)、葡萄孢菌(Botrytis cinerea)、小麦白粉病(Erysiphe graminis)、葫芦科刺盘孢(Colletotrichum lagenarium)、黄瓜霜霉病菌(Pseudoperonospora cubensis)和新疆玉米普通锈病(Puccinia sorghi schw)都展现出很好的杀菌活性。

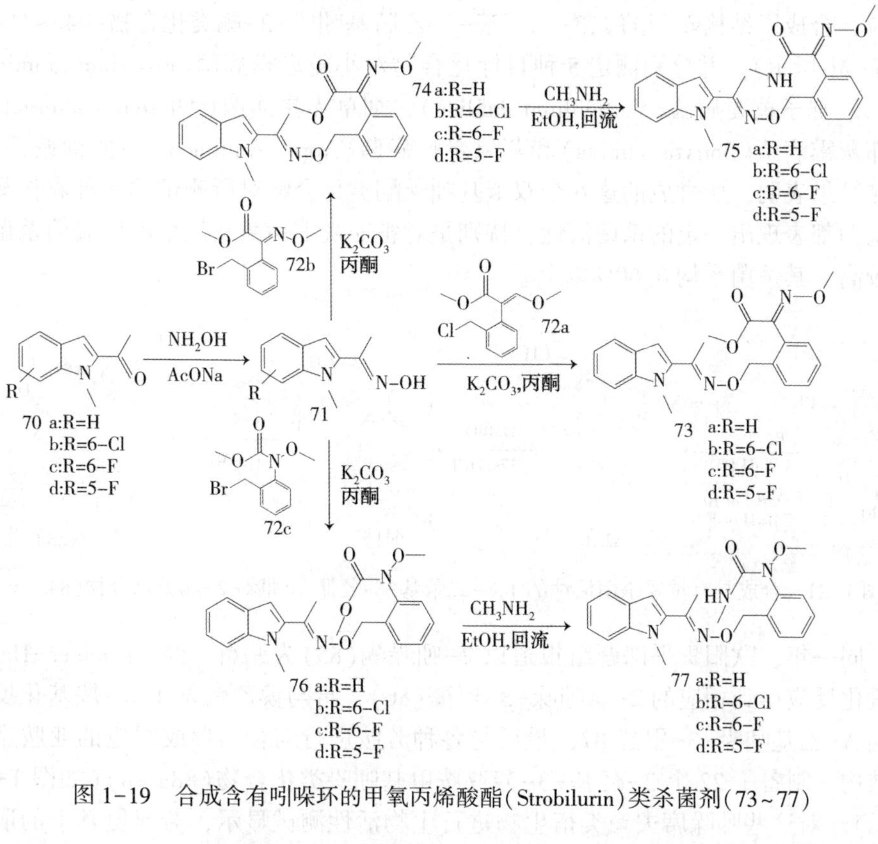

图 1-19 合成含有吲哚环的甲氧丙烯酸酯(Strobilurin)类杀菌剂(73~77)

2017 年，马养民课题组(2017)设计以吲哚-2-酮(78)为原料经与芳香醛 79 进行 Knoevenagel 缩合反应，合成了一系列 3-芳亚甲基吲哚-2-酮衍生物 80(如图 1-20 所示)。初步抑菌活性测试表明：目标化合物 80a-d 对油菜菌核病菌(Sclerotinia sclerotiorum)表现出良好的杀菌活性，其 EC_{50}为 62.5μg/mL，这与对照多菌灵的活性相当。

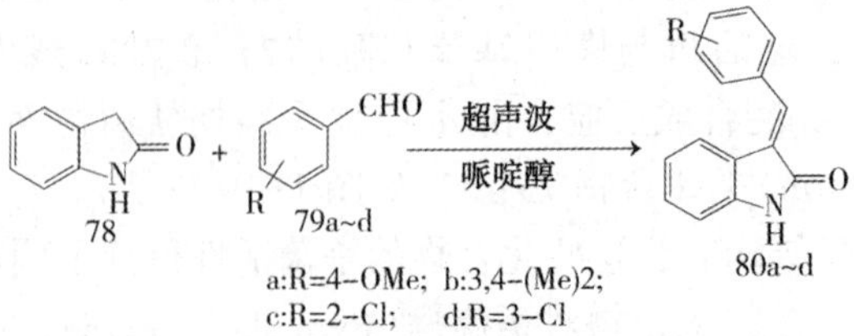

图 1-20　合成具有重要抗油菜菌核病菌活性的 3-芳亚甲基吲哚-2-酮 80a-d

同一年，麻妙锋等(2017)设计以 3-吲哚乙腈(81)为反应物，经与苄基卤的吲哚 *N*-烷基化反应(82)、在 DMSO 作用下的 2-位氧化反应(83)和 3-位苄基化反应，合成了结构新颖的 1,3-二苄基-3-乙腈基吲哚-2-酮类化合物(84a～f)(如图 1-21 所示)。并分别测定 5 种目标化合物对小麦赤霉病菌(Fusarium gramineaarum)、茄子黄萎病菌(Verticillium dahliae)、烟草赤星病菌(Alternaria alternata)、番茄灰霉病菌(Botrytis cintrea)和苹果炭疽病菌(Apple Anthracnose)的抑菌活性。生测结果表明，所合成的这 6 个双苄基吲哚酮类化合物对所测试的 5 种农作物的致病菌都表现出一定的杀菌活性，特别是对番茄灰霉病菌及烟草赤星病菌杀菌活性较高，其杀菌率均在 60%以上。

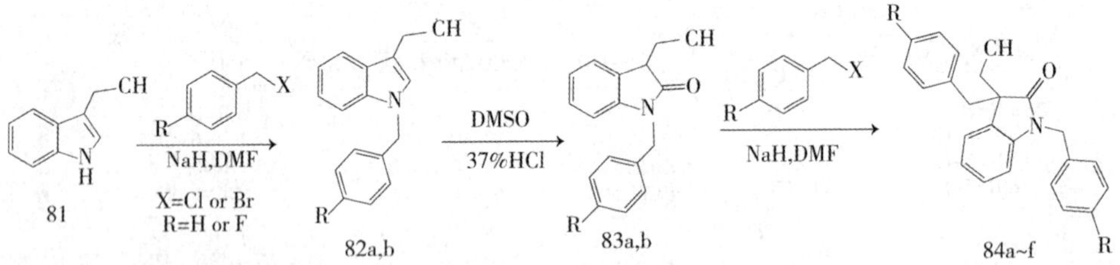

图 1-21　合成具有重要杀菌活性的 1,3-二苄基-3-乙腈基吲哚-2-酮类化合物(84a～f)

同一年，欧阳贵平课题组报道以 2-吲哚酮(85)为原料，经 Vilsmieer-Hacck 甲酰化反应得到相应的 2-氯吲哚-3-甲醛(86)，再与溴乙烷发生 *N*-烷基化反应得到 *N*-乙基吲哚-3-甲醛 87，最后与各种芳胺进行缩合，形成相应的亚胺席夫碱结构，制备了 22 个 2-羟基-3-芳亚胺甲基吲哚类化合物(88a～u)(如图 1-22 所示)。对这些吲哚席夫碱类衍生物进行生物活性测试显示，芳亚氨基上的取代基为吸电子的氯或硝基的化合物 88a 和 88k 对水稻白叶枯病菌(Xanthomonas oryzae pv. oryzae)、柑橘溃疡病菌(Xanthomonas axonopodis)和烟草青枯病菌(Ralstonia solanacearum)等植物病菌具有良好抑菌活性。

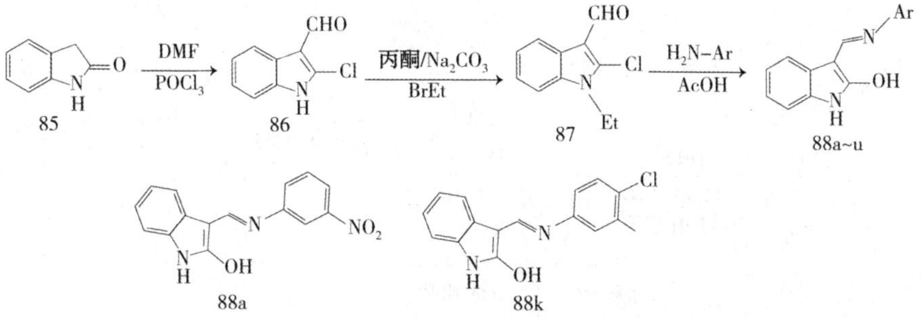

图 1-22 合成具有良好抑菌活性的 2-羟基-3-芳亚胺甲基吲哚(88a~u)

2017，Arora 等报道了关于 2-芳基吲哚(92)的合成及其它们的抗植物致病菌活性的研究。该合成以取代的苯乙酮(89)和苯肼(90)作为反应物，经缩合反应生成相应的苯腙(91)，然后在多聚磷酸(PPA)的作用下发生分子内环化反应，得到了目标化合物 92(如图 1-23 所示)。通过体外杀菌活性测试显示，这类 2-芳基吲哚化合物对植物致病菌立枯丝核菌(Rhizoctonia solani)和镰刀念珠菌(Fusarium monilliforme)的杀菌活性相比参照物多菌灵的活性相当。

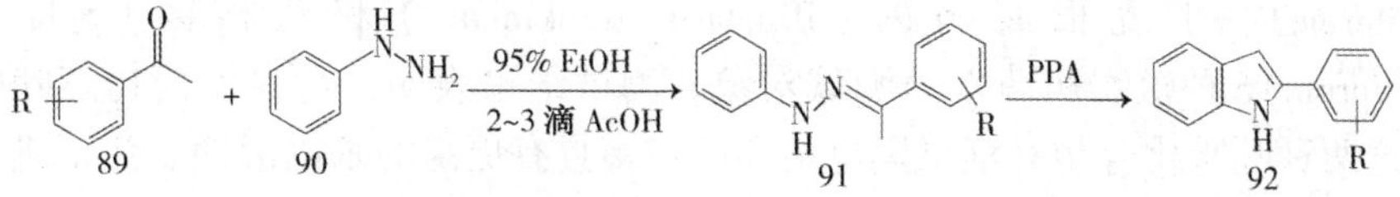

图 1-23 合成具有杀立枯丝核菌和镰刀念珠菌活性的 2-芳基吲哚类化合物(92)

2018 年，巫受群等设计以 *N*-正丁基-2-氯吲哚-3-甲醛(93)为起始化合物，首先与吗啉发生 SN_2亲核取代反应，得到 *N*-正丁基-2-吗啉基-3-吲哚醛(94)。同时，不同取代的羧酸(95a~e)在浓硫酸为催化剂条件下与水合肼反应，生成相应的酰肼 96a~e。最后，以中间体 94 作为先导化合物与取代的酰肼 96a~e 进行缩合反应，合成一系列结构新颖的 *N*-丁基-2-吗啉基吲哚酰腙类化合物 97a~e(如图 1-24 所示)。对所合成的目标化合物进行抗植物致病菌活性的研究，测试结果表明这 5 种吲哚类衍生物对水稻白叶枯病菌(Xanthomonas oryzae pv)均表现出良好的杀菌活性，在 200μg/mL 浓度时的杀菌率分别为 81.54%、78.67%、80.54%、91.67%、76.22%，超过对照药叶枯唑和噻菌铜(杀菌活性分别为 72.95%、69.24%)。

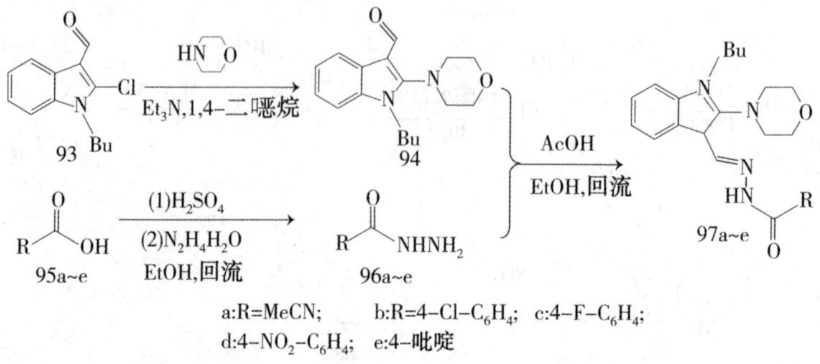

图 1-24 合成杀菌活性的 2-吗啉基-*N*-丁基-吲哚酰腙类化合物(97a~e)

2018 年，Dutov 等设计以 1,3-二硝基-5-三氟甲基苯(98)为原料(如图 1-25 所示)，经肟的芳基化反应得到中间体 99a~b，然后苯环上的硝基在水合肼作用下发生还原反应，得到氨基取代的中间产物 100a~b。进一步，在酸性条件下进行加热反应，使之发生分子内的环化，从而构建了多取代的吲哚类化合物 101a~b，即 4-羟基-6-三氟甲基-2-苯基吲哚。作者对所合成的这两种吲哚产物进行杀菌活性测试，选取苹果黑星菌(Venturia inaequalis)、立枯丝核菌(Rhizoctonia solani)、尖芽孢镰刀菌(Fusarium oxysporum)、念珠镰孢菌(Fusarium moniliforme)、小麦根腐病菌(Bipolaris sorokiniana)和菌核菌(Sclerotinia sclerotiorum)6 种植物病菌作为测试对象。测试结果表明，与参照药物三唑酮相比，这两种吲哚化合物对苹果黑星菌和菌核菌具有更高的杀菌活性。为了进一步增加这两种吲哚化合物的水溶性，作者又对其进行了结构修饰，通过 Mannich 的甲基化反应，引入二甲氨基甲基基团，得到化合物 102a 和 102b。活性构效关系表明，当二甲氨基甲基基团位于吲哚的苯环上时，杀菌活性会大大降低；而当该取代基位于吲哚的吡咯环时，其杀菌活性不受影响。

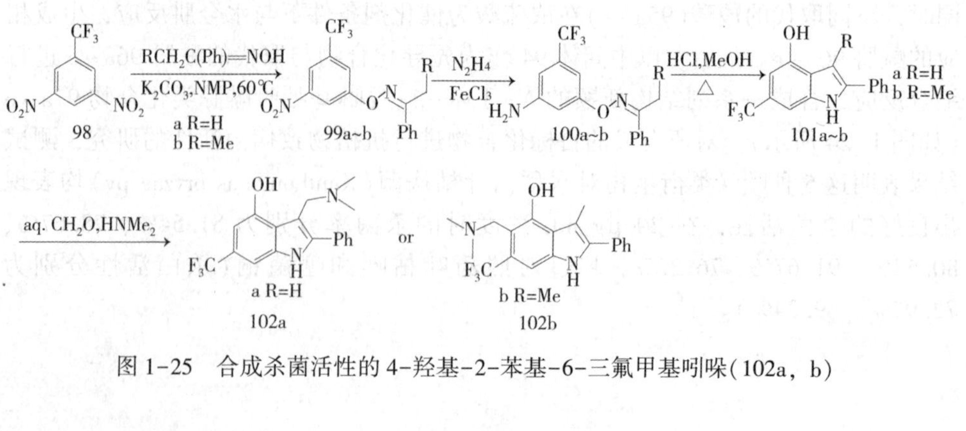

图 1-25 合成杀菌活性的 4-羟基-2-苯基-6-三氟甲基吲哚(102a，b)

2020年，Zeng等研究发现，他们所合成的4-氟取代的吲哚(105)对立枯丝核菌丝(Rhizoctonia solani)表现出优异的杀菌活性，其EC_{50}值为0.062μg/mL，比井冈霉素A(Validamycin A)的效力大概高出300倍(EC_{50}=183.00μg/mL)。进一步，体内生物活性测定也证实该化合物显示出比井冈霉素A更好的杀菌活性。该合成如图1-26所示，主要利用1-氟-2-甲基-3-硝基苯(103)与*N*,*N*-二甲基甲酰胺二甲缩醛(DMF-DMA)的Leimgruber-Batcho反应来实现的。活性机制研究表明，4-氟取代的吲哚不仅能引起立枯丝核菌丝(R. solani)显著的形态和结构变化，也会导致线粒体膜电位的丧失和干扰DNA合成。因此，该化合物表现出优良杀菌活性，在防治水稻纹枯病方面具有很好的应用前景。

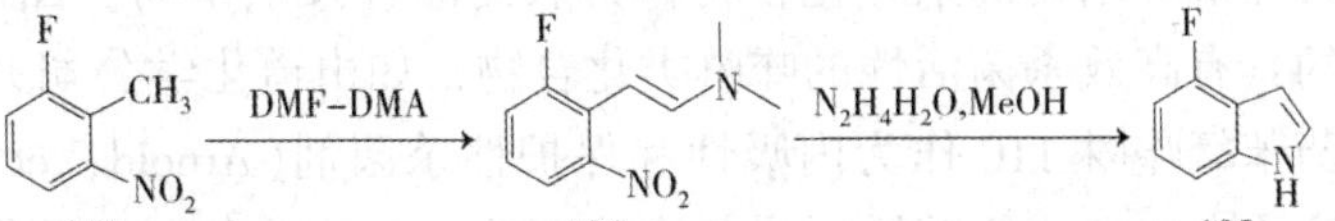

F CH_3 NO_2 103 DMF-DMA F N NO_2 104 $N_2H_4H_2O$,MeOH F N H 105

图1-26 合成具有重要杀立枯丝核菌活性的4-氟吲哚(105)

2020年，Wei等以2-吲哚酮(106)为原料，首先经Vilsmeier-Hacck甲酰化反应，得到2-氯吲哚-3-甲醛(107)，然后吲哚环上的氮原子在K_2CO_3/KI催化体系下与烷基氯进行*N*-烷基化反应得到产物108。最后所得产物与各种硫醇在$NaHSO_4/SiO_2$催化下将3-位的醛基转变为缩硫醛形式，合成相应的产物109(如图1-27所示)。通过抗植物病毒活性测试显示，这类化合物对烟草花叶病菌(Tobacco mosaic virus)表现出良好的杀菌活性，部分化合物的杀菌活性比市售的利巴韦林(Ribavirin)更有效，其中当R^1为2,4-二氯苯基、R^2为2-羟基乙基时的产物活性最高，其EC_{50}值为88.5μg/mL。进一步，经微尺度热泳分析结果也表明该化合物能够与烟草花叶病毒外壳蛋白发生强烈的相互作用。因此，该工作为吲哚类衍生物作为新型抗植物病毒药物的应用提供了有力的证据。

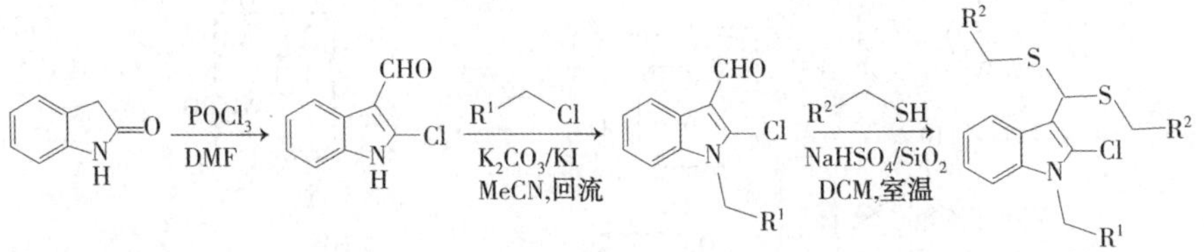

N H O 106 $POCl_3$ DMF CHO N H Cl 107 R^1 Cl K_2CO_3/KI MeCN,回流 CHO N Cl R^1 108 R^2 SH $NaHSO_4/SiO_2$ DCM,室温 R^2 S S R^2 N Cl R^1 109

图1-27 合成具有重要杀烟草花叶病菌活性的

N-烷基-2-氯吲哚-3-缩硫醛衍生物(109)

1.3 具有杀菌活性的喹啉类化合物在农药创制中的研究进展

喹啉是有机化学中一个常见且非常重要的氮杂环结构，许多含有喹啉结构的杂环化合物具有非常重要的生物和药理活性，因此也理所当然成为人们在新农药创制中最常用到的杂环结构之一(田俊峰等，2011；Musiol, et al., 2010)。随着科技工作者和各大农药公司对喹啉类化合物在农药方面的广泛研究和不断探索，近年来多个含喹啉环结构的杂环化合物作为农药品种投放市场。图 1-28 列出一些已商品化的具有高效杀菌活性的喹啉类化合物，如由道化学公司开发的已商品化的喹啉农药苯氧喹啉 110 作为内吸性和保护性杀菌剂(Arnold, et al., 1992)，对白粉病的防治有特效，能够抑制附着孢的生长，而且对农作物无药害，对环境安全，可有效防治禾谷类作物、甜菜类作物、瓜类作物和蔬菜类作物的白粉病等，是很好的综合防治药剂，但其具体的作用机理目前还是未知，有待深入研究；该公司所开发的喹啉酰胺农药 111 具有杀菌和杀虫的双重活性(Hackler, et al., 1993)，它在 100mg/L 的浓度下，可用作高效的杀菌剂，对水稻的稻瘟和葡萄的灰霉病具有 100%的防治效果，在 400mg/L 的浓度下，又可用作高效的杀虫剂，对农作物一些常见的害虫，如棉蚜、甜菜夜蛾、烟草夜蛾幼虫和二点叶蝉等具有完全防治的效果。由艾格福公司(Macritchie, et al., 1998)研发的 6-溴喹啉农药 112 对稻瘟病、麦类白粉病、葡萄霜霉病和苹果黑星病等具有非常好的杀菌效果。由美国孟山都公司开发的 7-溴-5-氯丙烯酸喹啉酯杀菌剂 113 对于防治麦类的白粉病和作物的叶斑病具有特效；已商品化的 4-甲基-6-乙氧基喹啉杀菌剂 114，主要针对一些储藏病害具有很好的防治效果，如防治苹果和梨的灼烧病具有特效；该公司开发的 7-氯-4-咪唑基喹啉 115 可以有效防治谷物类白粉病和黄瓜的白粉病。

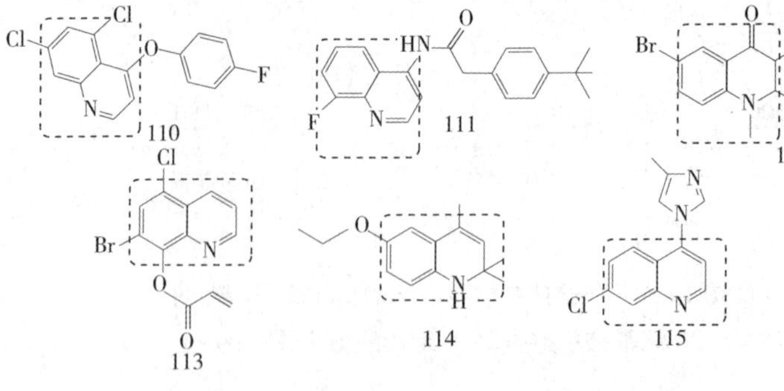

图 1-28　一些商品化的喹啉类杀菌剂(110~115)的结构

喹啉类化合物为农药化学的发展开拓了广阔空间，最近十几年国内外对结构新颖的喹啉类农用杀菌剂的研发产生了浓厚的兴趣，为寻找高效低毒的新型喹啉类农药做了大量的工作。例如，在2001年，Kirby等设计以7-氯-4-羟甲基喹啉(116)为反应物与各种取代的苯酚(117)进行缩合反应，合成了一系列7-氯-4-芳氧基喹啉类化合物118(如图1-29)。经杀菌活性测试发现，该类化合物对小麦白粉病(Powdery mildew of wheat)具有很好的防治活性。

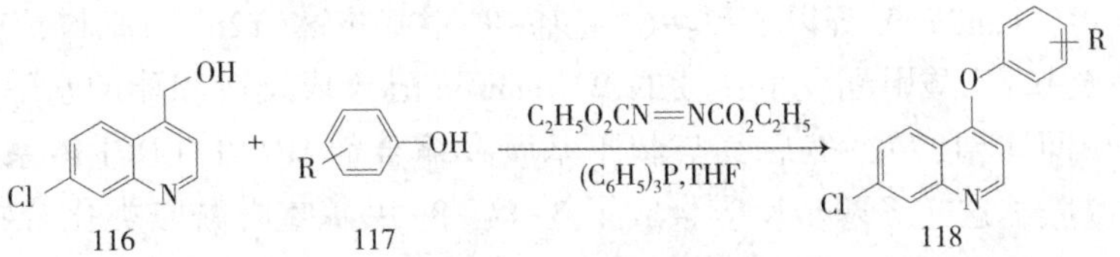
OH
Cl
N
116
+
R
OH
117
$C_2H_5O_2CN{=}NCO_2C_2H_5$
$(C_6H_5)_3P$,THF
R
O
Cl
N
118

图1-29 合成具有重要杀小麦白粉病菌活性的7-氯-4-芳氧基喹啉化合物118

2004年，Crowley等以6-羟基喹啉(119)为原料经2步反应，即与2-羟基丁酸乙酯(120)的光延(Mitsunobu)反应(得中间体121)和氨基的酰胺化反应，合成了结构新颖的喹啉类化合物122(如图1-30所示)。对其进行植物致病菌杀菌活性实验显示，该化合物在20mg/L浓度下，对番茄晚疫病(Phytophthora infestans)、葡萄霜霉病(Grape downy mildew)和终极腐霉病(Ultimate pythium)均有超过60%的防治率。

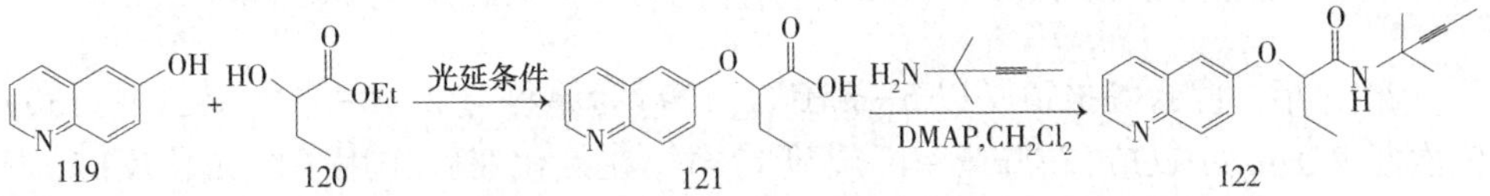
OH
N
119
+
HO
O
OEt
120
光延条件
N
O
O
OH
121
H_2N
DMAP,CH_2Cl_2
N
O
O
N
H
122

图1-30 合成具有重要杀菌活性的含酰胺结构的喹啉醚类化合物122

2012年，郝树林等通过合成方法的改进，以实验室自制的邻氟对叔丁基苯胺(123)为原料经两步反应就合成了杀菌剂Tebufloquin(125)(如图1-31所示)。杀菌活性实验表明，该杀菌剂在400mg/L剂量下，对稻瘟病(Rice blast)防效10%，对玉米锈病(Corn rust)的杀菌率达到了90%，对小麦白粉病(Wheat powdery mildew)的杀菌率达到了100%。制备这一高效杀菌活性化合物的合成方法具有操作简便、条件温和、所用化学试剂廉价易得和产物收率高等优点，具有非常好的应用和开发价值，对工业化生产Tebufloquin有很好的指导意义。

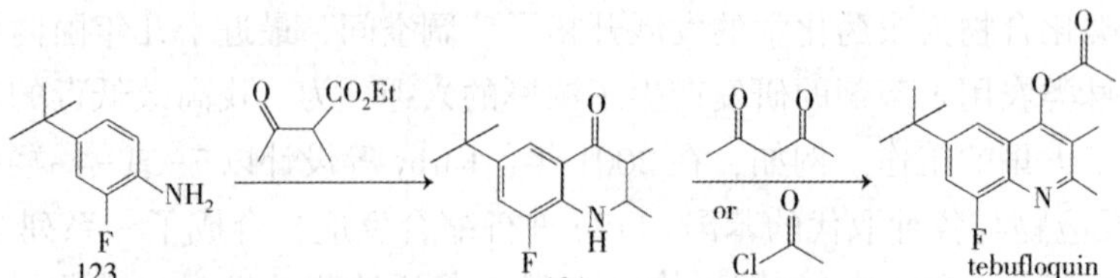

123 124 125

图 1-31 合成具有杀菌活性的 4-乙酰氧基-6-叔丁基-8-氟-2,3-二甲基喹啉 125

2014 年，Lamberth 等以 3-溴-6-羟基-8-甲基喹啉(126)为原料，首先与 2-溴-2-(甲硫基)乙酸甲酯发生连续的 Williamson 醚合成反应和酯的水解反应，得到相应的中间体(127)，然后其与叔丁基胺在缩合剂 HOAT/EDCl 体系下，将羧基转变为酰胺，这样经两步反应合成了 3-溴-8-甲基喹啉酰胺类化合物 128(结构类似于化合物 122)(如图 1-32 所示)。通过对该化合物进行植物致病菌杀菌活性实验发现，这一化合物对马铃薯和番茄的晚疫病菌(Potato and tomato late blight)、小麦叶枯病(Wheat leaf blotch)和葡萄白粉病(Grape powdery mildew)等均表现出非常好的防治效果。

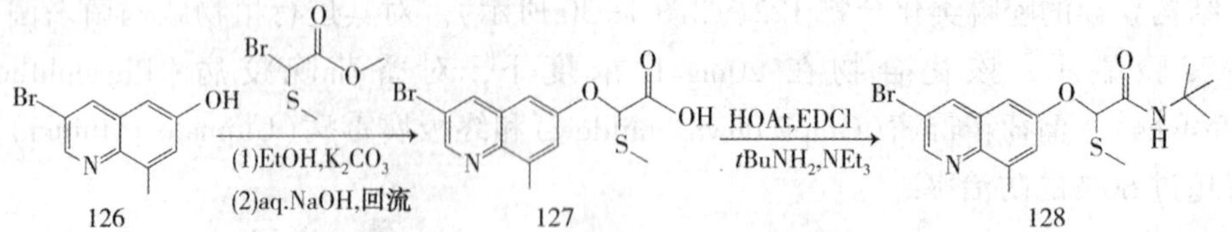

126 127 128

图 1-32 合成具有重要杀菌活性的 3-溴-8-甲基喹啉衍生物 128

2015 年，倪云等报道了以 5-氯靛红(129)为原料与 2，6-二氟苯乙酮(130)依次经 Pfitzinger 反应(得喹啉-4-羧酸 131)、在氯化亚砜作用下酰氯化反应(得酰氯喹啉 132)和与胺类的酰胺化反应，合成一系列未见文献报道的含氟喹啉酰胺类化合物(133)(如图 1-33 所示)。对它们进行杀菌活性实验发现，这类化合物对小麦全蚀病(Gaeumannomyces graminis)有优异的抑制活性，对小麦赤霉病(Fusahum graminearum sehw)、小麦纹枯病(Rhizoctonia cerealis)、水稻稻瘟病(Pyricularia grisea)表现出中等抑制活性。

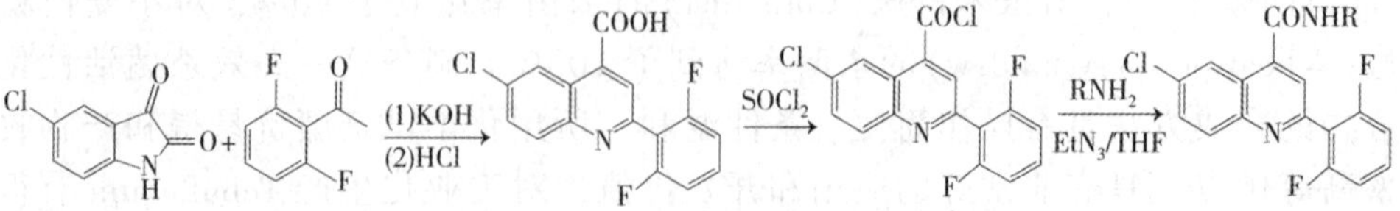

129 130 131 132 133

图 1-33 合成具有杀菌活性的 6-氯-2-(2,6-二氟苯基)喹啉-4-酰胺类化合物 133

同一年，成光辉等报道了以4-氟苯酚(134)为原料经与氯丙烯的Williamson醚合成反应(135)、Claisen重排反应(136)、硝化反应(137)和锌粉还原反应(138)和与丙烯醛的Skraup喹啉合成等一系列反应，合成得到未见文献报道的5-氟-7-烯丙基-8-羟基喹啉化合物139(如图1-34)。对其进行杀菌活性实验发现，该化合物对苹果腐烂病菌(Cytospora mandshurica)、棉花枯萎病菌(Fusarium oxysporium)、柑橘炭疽病菌(Colletotrichum gloeosporioides)和小麦全蚀病菌(Gaeumannomyces graminis)等均具有良好的抑制作用。

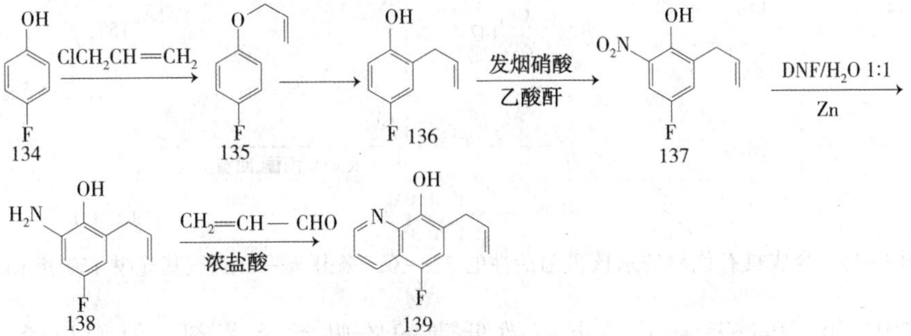

图1-34 合成具有重要杀菌活性的7-烯丙基-5-氟-8-羟基喹啉139

2017年，Liu课题组报道了以含氟的邻甲基苯胺(140)为原料，首先与2-乙酰基丙酸乙酯(141)经Dobner喹啉合成反应，构建了相应的喹啉衍生物2,3-二甲基-4-羟基喹啉(142)，然后再与氯乙酰氧甲基苯(143)进行酯化反应，合成了结构新颖的含氟取代的苄氧羧酸喹啉酯类化合物(144)(如图1-35所示)。对其进行植物致病菌杀菌活性测试发现，这类化合物对稻瘟病(Rice blast)和黄瓜霜霉病(Cucumber downy mildew)表现出良好的防治效果。

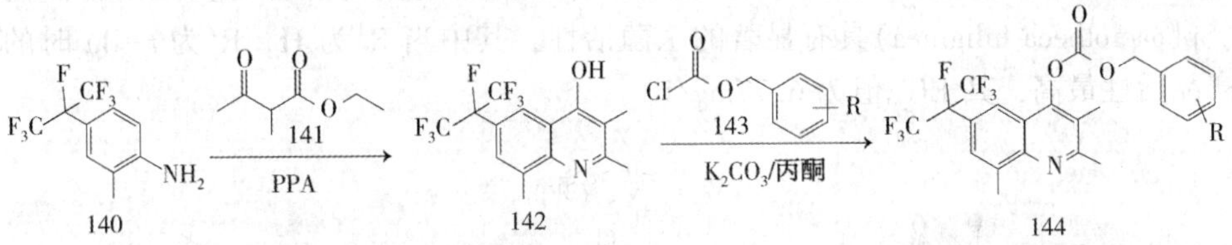

图1-35 合成具有杀稻瘟病和黄瓜霜霉病菌活性的多取代喹啉类衍生物144

2019年，Yang课题组受上述研究成果启发，报道了一种类似的合成方法(如图1-36所示)。他们以邻三氟甲基苯胺(145)为原料，首先与三氟乙酰基乙酸乙酯(146)经Dobner喹啉合成反应，制得了2,8-双三氟甲基4-羟基喹啉(147)，然后分别与丁酰氯(148)和3-哌啶基丙酰氯(149)进行酯化反应，合成了相应的三氟甲基取代的脂肪酸喹啉酯化合物150和151。对二者进行杀菌活性测试发现，这两种化合物表现了优异的杀核盘菌(Sclerotinia sclerotiorum)活性，其EC_{50}值分别为 0.41μg/mL 和 0.55μg/mL。初步的活性机制研究表明，该两种化合物可引起细胞膜通透性的变化，使得活性氧物种积累，线粒体膜电位的丧失，这样有效抑制核盘菌菌核的萌发和形成。

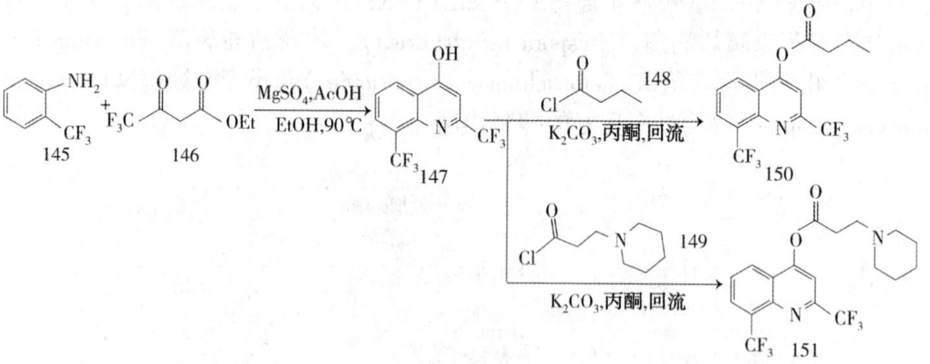

图 1-36　合成具有优异的杀核盘菌活性的 2,8-双三氟甲基-4-酰氧基喹啉 150 和 151

2019 年，Pei 等为了寻求高效低毒的喹啉类杀菌剂，他们以杀菌剂 Tebufloquin 为结构模板，进行结构修饰和改造，设计合成了一系列喹啉的 4-位为酰氧基甲氧基取代的 Tebufloquin 类衍生物。合成路线如图 1-37 所示，以对叔丁基苯胺(152)为起始原料，首先与乙酸酐进行酰化反应，得到氨基保护的化合物 153，然后采用氟试剂 Selectfluor 进行氟取代反应(154)和随后的氨基去保护反应，得到氟代苯胺 155。这样，中间体 155 与 2-甲基乙酰乙酸乙酯发生 Dobner 喹啉合成反应，构建喹啉杀菌剂 Tebufloquin(156)。最后，156 与各种脂肪酸氯甲基酯类化合物(157)进行 Williamson 醚合成反应生成相应的 Tebufloquin 醚类衍生物 158。通过杀菌活性实验表明，这类 Tebufloquin 醚类衍生物对黄瓜白粉病菌(Sphoaerotheca fuliginea)具有显著的杀菌活性，其中当 R^1 为 H，R^2 为 t-Bu 时的产品活性最高，其 EC_{50} 值为 6.77mg/L。

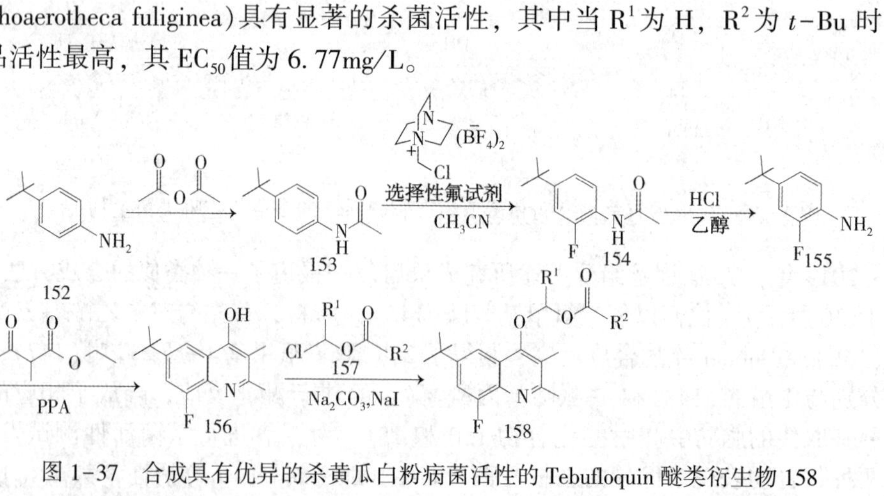

图 1-37　合成具有优异的杀黄瓜白粉病菌活性的 Tebufloquin 醚类衍生物 158

2020年，Zhu等根据新白叶藤碱Neocryptolepine所具有的广谱的生物活性，设计合成了一系列Neocryptolepine的衍生物。合成路线如图1-38所示，首先各种取代的喹啉(159)经碘甲烷甲基化得到各种*N*-甲基喹啉盐(160)，然后其在碱性双氧水作用下发生开环反应，转变为邻甲氨基芳醛(161)。最后，邻甲氨基芳醛(161)与各种吲哚在对甲基苯磺酸催化下环合成吲哚并[2,3-b]喹啉类生物碱衍生物(162)。通过研究它们对一些植物致病菌，包括立枯病丝核菌(Rhizoctonia solani)、灰霉病菌(Botrytis cinerea)、禾谷镰刀菌(Fusarium graminearum)、蜜环菌(Armillaria mellea)、菌核菌(Sclerotinia sclerotiorum)和稻瘟病菌(Magnaporthe grisea)的杀菌活性发现，这类Neocryptolepine衍生物对这6种菌表现出显著的杀菌活性，特别是当R为H，R^1为8-Cl取代基时的产品，对灰霉病菌展现出优异的杀菌活性，其EC_{50}值0.07μg/mL。

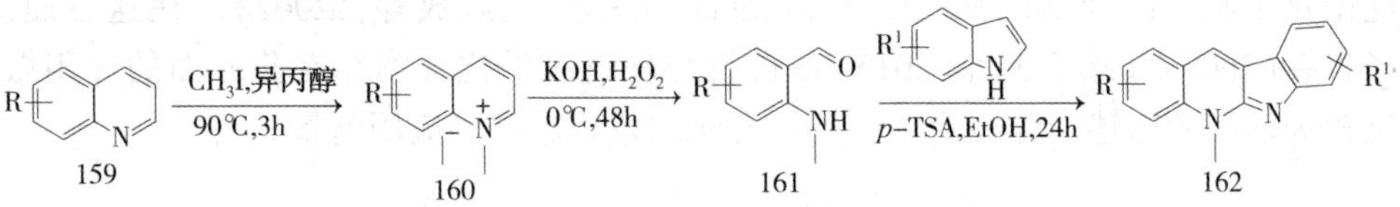

CH_3I,异丙醇 90℃,3h；KOH,H_2O_2 0℃,48h；*p*-TSA,EtOH,24h

159 160 161 162

图1-38 合成具有重要杀植物致病菌活性的
新白叶藤碱Neocryptolepine衍生物162

2021年，Yang等受天然的喹啉-2-羧酸类衍生物的活性启发，对其进行结构改造，以期获得杀菌活性优良的喹啉衍生物。其合成路线如图1-39所示，首先喹啉-2-羧酸(163)经氯化亚砜处理将羧酸转变为酰氯官能团得到2-酰氯喹啉164，然后其与芳基肼(165)发生亲核取代反应，合成一系列喹啉-2-酰肼类化合物166。通过杀菌活性实验发现，这类化合物对一些常见的植物致病菌均具有很好的杀菌活性，特别是当R为4-F取代基时的化合物活性最高，对菌核菌(Sclerotinia sclerotiorum)、立枯丝核菌(Rhizoctonia solani)、灰霉病菌(Botrytis cinerea)和禾谷镰刀菌(Fusarium graminearum)的EC_{50}酯分别为0.39μg/mL，0.46μg/mL，0.19μg/mL和0.18μg/mL，比参考药物多菌灵的活性还要高。

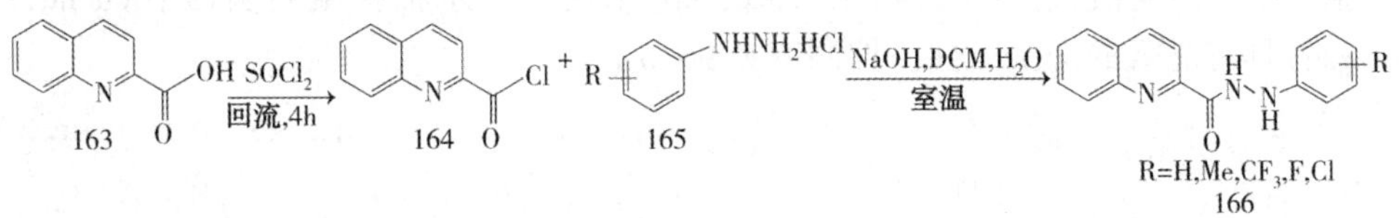

$SOCl_2$ 回流,4h；$NHNH_2HCl$；NaOH,DCM,H_2O 室温

163 164 165

R=H,Me,CF_3,F,Cl
166

图1-39 合成具有重要杀植物致病菌活性的
N'-芳基喹啉-2-酰肼类化合物166

1.4 具有杀菌活性的杂环酰胺类化合物在农药创制中的研究进展

在农用化学品中，酰胺或内酰胺类化合物作为杀菌剂已经有几十年的历史，由于其具有活性高效、对作物安全和对环境污染少等优点，一直受到农药和药物工作者的极大重视，其合成和生物活性研究一直是农药化学研究的热点(Arnoldi, et al., 1990; Walczak, et al., 2014)。如图 1-40 为常见几种酰胺类杀菌剂：Bayer Leverkusen 公司开发的甲呋酰胺 167(fenfuram)，德国巴斯夫公司开发的啶酰菌胺 168(boscalid)，日本住友化学工业公司开发的呋吡菌胺 169(furametpyr)和沈阳化工研究院开发的氟吗啉 170(flumorph)等(刘武成等，2002)。在这方面，杨吉春(2008)和郑玉国等(2015)各自就杂环酰胺类化合物在农药方面的应用做过较为详细的综述，并展望了该类化合物的发展趋势和应用前景。

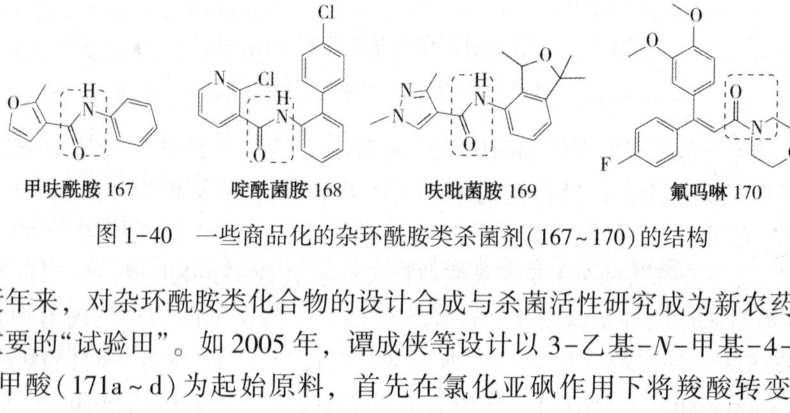

甲呋酰胺 167　啶酰菌胺 168　呋吡菌胺 169　氟吗啉 170

图 1-40　一些商品化的杂环酰胺类杀菌剂(167~170)的结构

近年来，对杂环酰胺类化合物的设计合成与杀菌活性研究成为新农药创制的一个重要的"试验田"。如 2005 年，谭成侠等设计以 3-乙基-*N*-甲基-4-取代吡唑-5-甲酸(171a~d)为起始原料，首先在氯化亚砜作用下将羧酸转变为酰氯(172a~d)，然后与 3-甲基-1H-吡唑-5(4H)-酮(173a~d)反应，构建吡唑酰胺类化合物 174a~d(如图 1-41 所示)。对这四种吡唑酰胺类化合物进行杀菌活性实验，结果表明溴代产物 174d 在 25μg/mL 浓度下对水稻稻瘟病菌(Pyricu laria oryzae)具有显著的抑菌活性，抑制率为 95.6%。

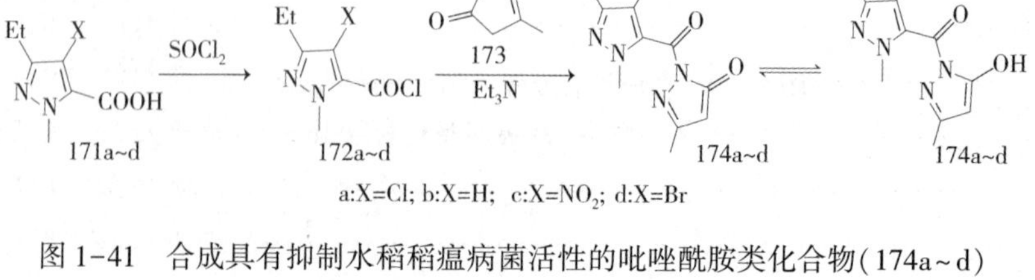

a:X=Cl; b:X=H; c:X=NO_2; d:X=Br

图 1-41　合成具有抑制水稻稻瘟病菌活性的吡唑酰胺类化合物(174a~d)

2006年，程华等利用活性亚结构拼接原理设计将肟醚结构引入到酰胺类化合物结构中。作者设计的合成路线如图1-42所示，首先对甲氧基苯甲醛(175)与盐酸羟胺发生缩合反应，得到相应的对甲氧基苯甲醛肟(176)。同时，2-氨基-2,3-二甲基丁腈(177)与2-氯丙酰氯(178)在甲苯溶剂中反应形成相应的酰胺结构，即2-氯-*N*-[(1-氰基-1,2-二甲基)丙基]乙酰胺(179)。然后产物176和179在碱性条件下进行Williamson醚合成反应，得到了结构新颖的肟醚-酰胺类化合物180(如图1-42所示)。对其进行杀菌活性测试表明，该化合物在500mg/L的浓度下对小麦白粉病菌(Erysiphe graminis)具有较好的抑制活性(80%)。

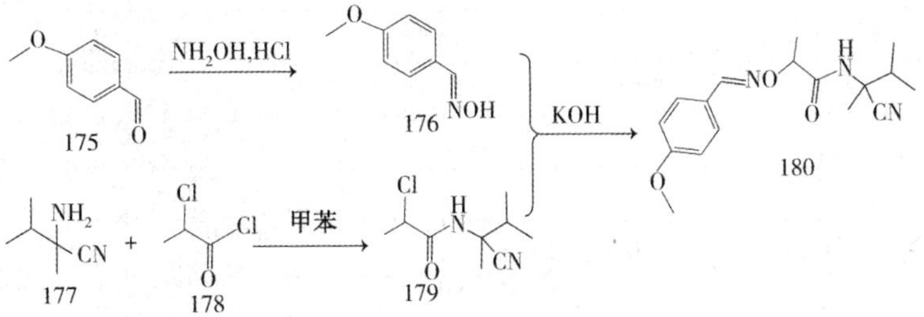

图1-42 合成具有杀小麦白粉病菌活性的肟醚-酰胺类化合物180

2012年，薛伟课题组设计以对氯苯甲酰氯(181)和邻氨基苯甲酸(182)为起始原料，首先经酰胺化反应得到酰胺化合物183，然后在回流的乙酸酐溶液中发生分子内的脱水环化反应得到化合物184，最后该化合物经2-氨基苯并噻唑(185)的亲核开环反应，合成结构未见文献报道的含苯并噻唑杂环的双酰胺类化合物186(如图1-43所示)。对其进行杀菌活性实验表明，该化合物对青枯病原菌(Ralstonia solanacearum)具有良好的防治效果，在200μg/mL的浓度下抑制活性为88%。

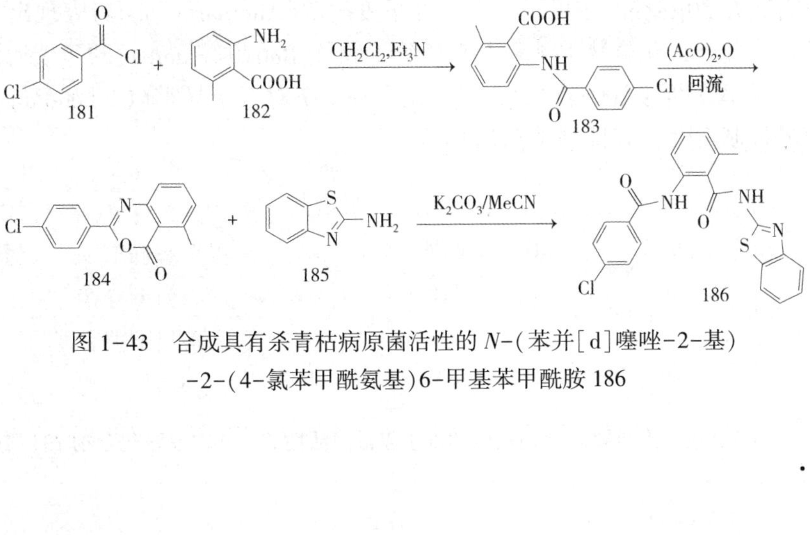

图1-43 合成具有杀青枯病原菌活性的*N*-(苯并[d]噻唑-2-基)-2-(4-氯苯甲酰氨基)6-甲基苯甲酰胺186

2013年，吴志兵等设计合成了具有杀菌活性的酰胺键桥连吡唑和1,2,3-噻二唑双杂环类化合物192。该合成路线如图1-44所示，首先4-甲基-1,2,3-噻二唑-5-羧酸(187)在氯化亚砜作用下转变为相应的酰氯化合物188。同时，(3,5-二氟苯基)肼(189)与2-氰基-3-乙氧基丙烯酸甲酯(190)经环化反应得到5-氨基-1-(3,5-二氟苯基)-1H-吡唑-4-羧酸甲酯191。最后，188和191二者经酰胺化反应得到目标化合物192。对目标化合物的杀植物真菌活性测试表明，该化合物在50mg/L浓度下对小麦赤霉病菌(Fusarium graminearum)具有非常好的抑制防效活性，杀菌率达到71.0%，明显高于对照药剂噁霉灵(54.9%)。

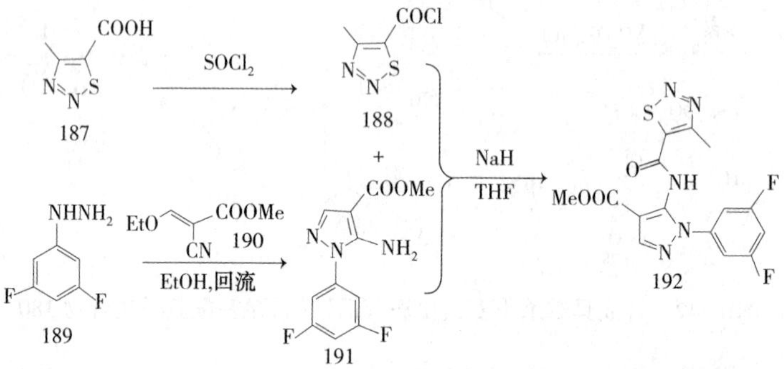

图1-44　合成具有杀小麦赤霉病菌活性的酰胺键桥连吡唑和1,2,3-噻二唑双杂环类化合物192

2015年，Li等设计以邻溴芳香亚胺(193)为原料，首先与正丁基锂进行锂卤交换反应，然后再与一氧化碳发生连续的羰基化和环化反应，最后经酸处理以“一锅法”的合成方式得到内酰胺产物194，或经烷基卤处理得到烷基化的内酰胺产物195~197(如图1-45)。通过对目标化合物进行初步的杀菌活性实验发现，这类化合物在50μg/mL浓度下，对番茄早疫病菌(Alternaria solani)表现出良好的杀菌活性。此外，化合物194和195对葡萄孢菌(Botrytis cinerea)的防效活性非常好，其抑制率分别为100%和76.5%；化合物197对玉米赤霉(Gibberella zeae)具有很好的抑制活性，其抑制率高达91.2%。

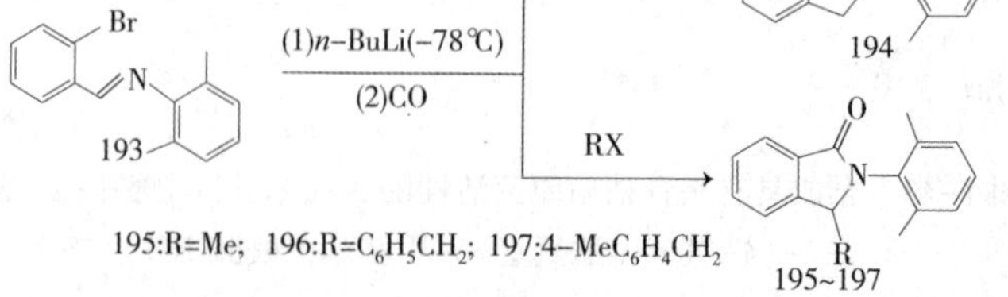

图1-45　合成具有重要杀葡萄孢菌和玉米赤霉菌活性的苯并内酰胺化合物194~197

2017 年，Xu 等通过类似的方法，首先邻溴芳香亚胺化合物(198)经与正丁基锂和一氧化碳反应制备相应的内酰胺化合物。然后再分别与丁酰氯或对氟苯酰氯进行酰基化反应，得到了酰基化的内酰胺化合物 199 和 200，如图 1-46 所示。对二者进行初步的植物致病菌杀菌活性实验。结果表明，这两种化合物对核盘菌(Sclerotinia sclerotiorum)的防治效果与参照物嘧菌酯(azoxystrobin)相当，抑制率均达到了 100%。另外，化合物 200 对番茄早疫病原菌茄链格孢(Alternaria solani)的防治效果比参照物还要好，其抑制率为 66%，而参照物的抑制率为 47%。

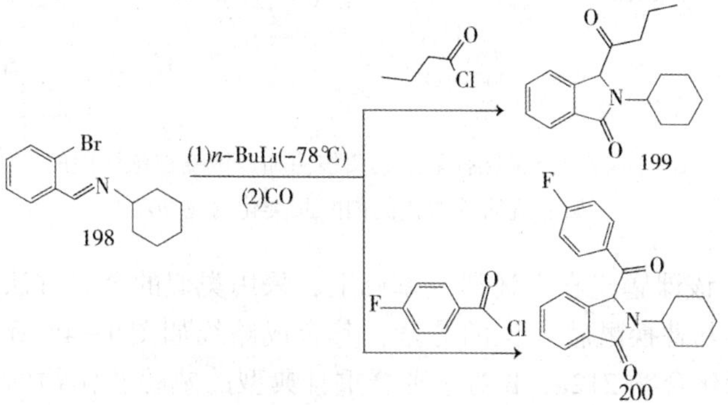

图 1-46 合成具有重要杀核盘菌和茄链格孢菌活性的酰基取代的苯并内酰胺类化合物 199 和 200

2019 年，Wang 等将芳基乙酸(201)和四氢吡咯-2-羧酸(202a)或四氢吡啶-2-羧酸(202b)经氯化亚砜处理，分别进行酰基化反应和酯化反应，制得相应的芳基乙酰氯(203)和四氢吡咯-2-羧酸甲酯(204a)或四氢吡啶-2-羧酸甲酯(204b)。进一步，二者在三乙胺为碱条件下进行 *N*-酰基化反应，构建相应的酰胺类产物(205a，b)；接着，将所得酰胺产物在强碱叔丁醇钾催化下，发生分子内的亲核环化反应生成了内酰胺化合物 206a，b。最后，将该环化产物与胡椒基酰氯进行酯化反应，得到了含有胡椒基的杂环内酰胺类化合物 207a，b(如图 1-47 所示)。对所合成的目标化合物进行初步的杀菌活性实验表明，与对照品噁霉灵相比，所有制备的化合物对常见的 12 种植物病原真菌均表现出广谱和中度抗真菌活性，尤其是对油菜菌核菌(Sclerotinia sclerotiorum)和桃褐腐病菌(Monilinia fructicola)具有良好的杀菌活性。特别当 R 为 2-甲基，$n=1$ 的产物，在 100μg/mL的浓度下对油菜菌核病菌的杀菌率高达 95.16%；而 R 为 2-甲基，$n=2$的产物对辣椒疫霉菌(Phytophthora capsici)的杀菌率高达 91.25%。因此，这些合成的内酰胺化合物可以作为发现新型农业杀菌药物的先导结构进行进一步的研究和探索。

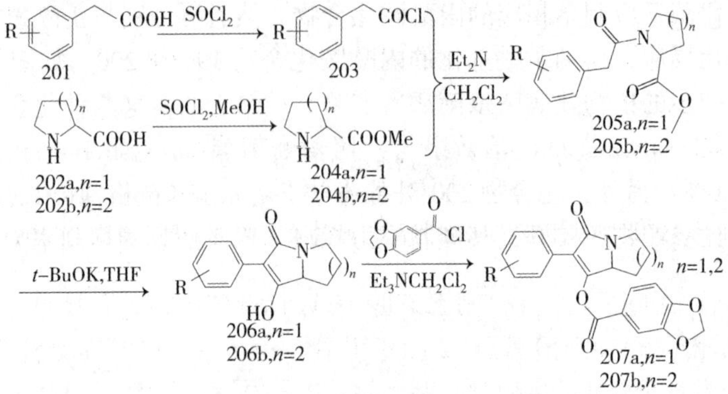

R COOH $SOCl_2$ → R COCl; 201, 203

Et_3N, CH_2Cl_2 → 205a, *n*=1; 205b, *n*=2

N H COOH ($)_n$ $SOCl_2$, MeOH → N H COOMe ($)_n$

202a, *n*=1; 202b, *n*=2; 204a, *n*=1; 204b, *n*=2

t-BuOK, THF → R, HO, O, N, ($)_n$; 206a, *n*=1; 206b, *n*=2

Cl, O; $Et_3NCH_2Cl_2$ → R, *n*=1,2; 207a, *n*=1; 207b, *n*=2

图 1-47 合成具有杀油菜菌核菌和辣椒疫霉菌活性的
胡椒酰氧基取代的内酰胺类化合物 207

2020 年，该课题组在上述研究基础上，采用类似的合成方法进行了结构的修饰，用胡椒基替换酰胺 *a* 位的芳基，其合成路线如图 1-48 所示。随后，这些合成的目标化合物 212a，b 对 4 种严重且典型的威胁农作物的真菌，包括立枯丝核菌(Rhizoctonia solani)、细链隔孢菌(Alternaria tenuifolia)、茶炭疽病菌(Gloeosporium theae-sinensis)和禾谷镰刀菌(Fusarium graminearum)进行了杀菌活性评估。结果表明，这类化合物对细链隔孢菌具有良好的杀菌活性，高于市售杀菌剂多菌灵。这些研究工作为内酰胺类似物作为抗真菌药物在农业上的应用提供了依据。

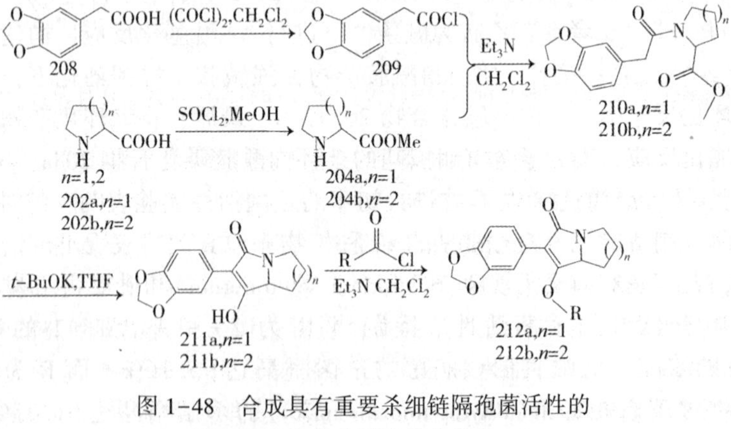

208 COOH $(COCl)_2$, CH_2Cl_2 → 209 COCl

Et_3N, CH_2Cl_2 → 210a, *n*=1; 210b, *n*=2

N H COOH ($)_n$, *n*=1,2; 202a, *n*=1; 202b, *n*=2 — $SOCl_2$, MeOH → N H COOMe; 204a, *n*=1; 204b, *n*=2

t-BuOK, THF → HO; 211a, *n*=1; 211b, *n*=2

R Cl O; Et_3N CH_2Cl_2 → O R; 212a, *n*=1; 212b, *n*=2

图 1-48 合成具有重要杀细链隔孢菌活性的
胡椒基取代的内酰胺类化合物 212

1.5 立题依据、设计思路和研究内容及目的意义

1.5.1 立题依据和设计思路

氮元素是构成生命体最主要的元素之一。在众多的生物和生理活性的杂环化合物中，含氮元素的杂环化合物占有非常大的比例。由于它们具有广泛的生物药理活性，在农药研究领域，氮杂环类农药品种几乎覆盖了植物保护的各个方面，为农药的发展开辟了新的天地，代表了未来农药的发展方向。目前，在已上市的商品化农药品种中，大多数都是含氮的杂环化合物。因此，从结构新颖的含氮杂环化合物中寻求和开发高活性的先导化合物已成为新型农药创制的重点研究领域之一。在氮杂环化合物中，最近出现的稠杂环化合物是农药研究中的一颗新星，这类化合物中有一些生物活性极高的品种，已受到极大的重视，成为化学农药研究的热点(陈文彬，等，2000)。

活性亚结构拼接原理是创制新型有机杂环类农药分子的基本思路之一(杨华铮，2003；张一宾，2008)，其指导思想是将作用方式相同或不同的两种或两种以上的已知高活性亚结构片断通过化学反应拼接在同一分子中，希望能使其生物活性叠加，产生新的药效或者提高其活性的选择性作用，以期产生新的先导化合物。利用活性亚结构拼接原理构建新型、高活性的有机杂环化合物已在农药和医药领域的设计和开发上得到了广泛的应用，目前已有较多的成功的范例(李兴海，等，2003；Cena，et al.，2008；Choi，et al.，2010；Liu，et al.. 2010)。例如，Guan，等(2010)利用活性亚结构拼接法，将甲氧基丙烯酸酯类杀菌剂 Strobilurin A 与生物活性的香豆素环通过化学反应拼接在同一分子中，合成了一系列新型香豆素类衍生物(如图 1-49 所示)。通过杀菌活性试验从中发现，叔丁基和甲基取代的化合物 SYP-3375 对黄瓜霜霉病(CDM)、黄瓜灰霉病(CGM)、小麦白粉病(WPM)、水稻纹枯病(RSB)和苹果腐烂病菌(AVC)都具有很好的杀菌活性，尤其是对 CDM 在 6.25mg/L 的浓度下，其杀菌率高达 95%，有望成为先导化合物开发出新型的农业杀菌剂。总之，在新农药创制已成为农药工业发展当务之急的形势下，活性亚结构拼接法不失为一条可以摸索前进的道路。

从文献综述部分关于嘧啶、吲哚、喹啉、杂环酰胺等农用杀菌剂及合成此类具有高杀菌活性新型化合物的研究进展可以看出，这些氮杂环活性骨架的研究内容相当广泛，已成为开发新型氮杂环类农用杀菌剂频繁使用的活性结构单元。鉴于它们重要的活性信息，我们以这些氮杂环为研究对象，依据亚结构拼接原理进

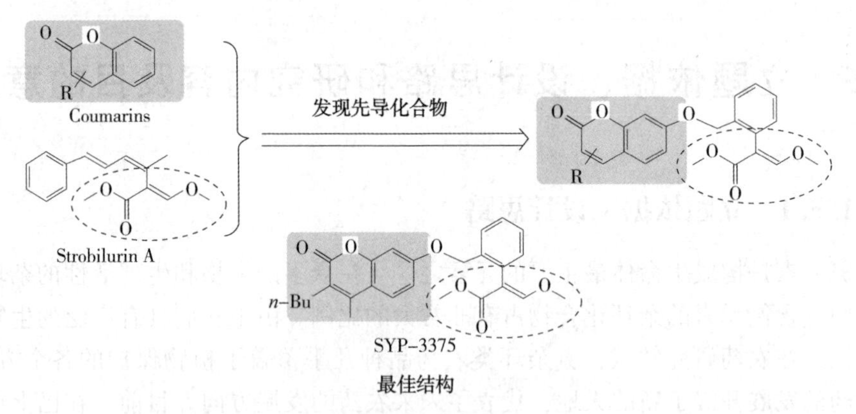

图 1-49　利用亚结构拼接合成新型杀菌活性的香豆素类化合物

行分子设计，将以上两种不同活性结构骨架以稠合的形式构建于同一分子中，或引入活性的亚结构基团，以期合成结构多样化、具有良好活性的新型氮杂环类化合物。

1.5.2　研究内容和意义

本书研究的主要内容是利用亚结构拼接原理，开发出简便而又有效的合成方法将嘧啶、吲哚、喹啉、内酰胺中不同两种活性骨架结构单元以稠合的形式构建于同一分子中，或引入活性的亚结构基团，从而合成结构未见文献报道的2-氨基嘧啶并吲哚类、吲哚并喹啉类、喹啉并五元内酰胺类和2-芳基或吡啶乙烯基喹啉-3-羧酸类化合物，并通过杀菌活性实验，探讨其结构与活性的关系，以期筛选出具有良好杀菌活性的化合物。从新的具有良好杀菌活性的氮杂环化合物的发现到商品化应用需要经历一个长期的过程和大量的工作，我们的研究工作希望能为这个巨大的工程增添一点力量，为今后开发高效杀菌活性的先导化合物提供重要参考和相应理论指导，从而更好地为农业生产服务。

研究内容具体包括以下六部分。

1. 2-氨基嘧啶并[4,5-b]吲哚的设计、合成及杀菌活性测试

设计以*N*-烷基2-氯-3-吲哚醛或3-乙酰基-2-氯-*N*-烷基吲哚为反应底物，通过与硝酸胍进行连续的缩合和环化反应，将2-氨基嘧啶结构与吲哚环以稠合的形式构筑同一分子，合成得到一系列2-氨基嘧啶并[4,5-b]吲哚类化合物，其合成路线如图1-50所示。通过反应条件的优化实验找出最佳反应条件，并对所合成的目标化合物进行初步的杀菌活性测试，从中筛选出具有良好活性的化合物。

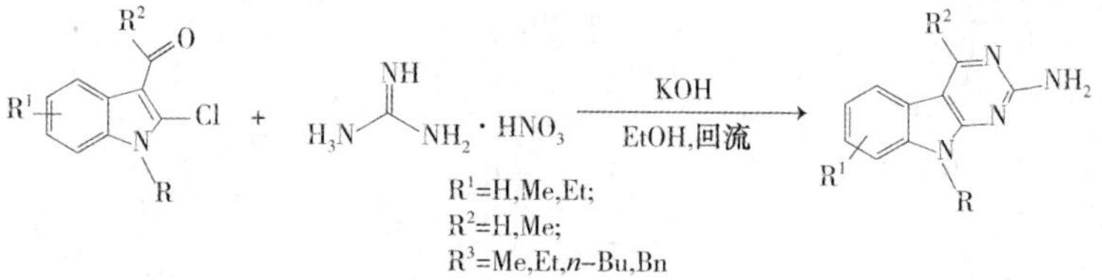

KOH

EtOH,回流

R^1=H,Me,Et;
R^2=H,Me;
R^3=Me,Et,n-Bu,Bn

图 1-50 设计 2-氨基嘧啶并[4,5-b]吲哚类化合物的合成策略

2. Neocryptolepine 生物碱类似物吲哚并[2,3-b]喹啉类化合物的设计合成及杀菌活性测定

设计以上述的 3-乙酰基-2-氯-N-烷基吲哚作为反应物，与各种靛红或邻氨基苯甲酮经简单有效而又环境友好的一步连续反应策略，合成了一系列结构未见文献报道的吲哚并[2,3-b]喹啉类生物碱衍生物，其设计路线如图 1-51 所示。对这一新的合成策略进行反应机理的探讨，推测其可能发生的反应历程，对所合成的目标化合物进行初步的杀菌活性测试，从中筛选出具有良好活性的化合物。

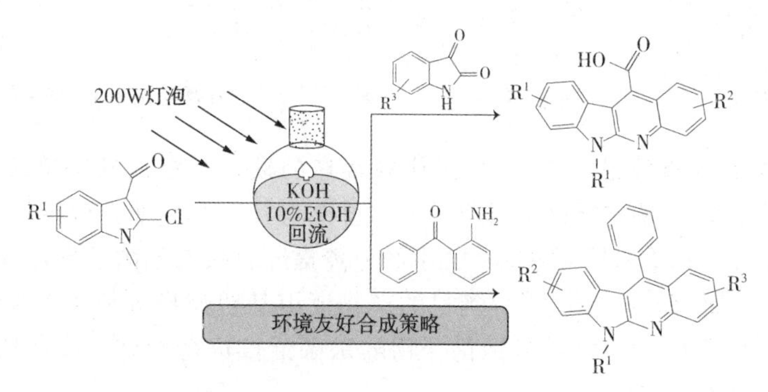

图 1-51 设计 6-甲基吲哚并[2,3-b]喹啉类化合物的合成策略

3. N-取代吡咯并[3,4-b]喹啉-1-酮类化合物设计合成及杀菌活性测定

根据上一内容的设计理念，使用实验室自制的 2-氯甲基喹啉-3-甲酸乙酯为反应物与各种芳胺、脂肪胺和脂肪二胺，经一步连续反应，将具有活性的喹啉环与五元内酰胺环稠合在一起，合成得到一系列结构新颖的 N-芳基/烷基取代的吡咯并[3,4-b]喹啉-1-酮类化合物，其设计路线如图 1-52 所示。通过对反应条件的优化实验找出最佳反应条件，并对所合成的目标化合物进行初步的杀菌活性测试，从中筛选出具有良好活性的化合物。

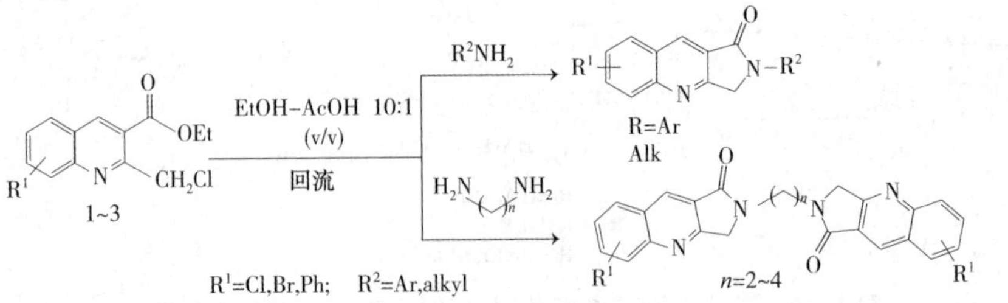

图 1-52　设计 *N*-取代吡咯并[3,4-b]喹啉-1-酮类化合物的合成策略

4. 合成(*E*)-6-氯-2-(芳/杂芳基乙烯基)喹啉-3-羧酸及杀菌活性测定

使用上一部分制备的6-氯-2-氯甲基喹啉-3-甲酸乙酯作为反应物与各种取代的芳醛或吡啶醛，通过巧妙设计的“三步一锅法”高效合成(*E*)-6-氯-2-(芳/杂芳基乙烯基)喹啉-3-羧酸类化合物，如图1-53所示，并对目标化合物的杀菌活性进行测试，以期从中筛选出具有良好活性的化合物。

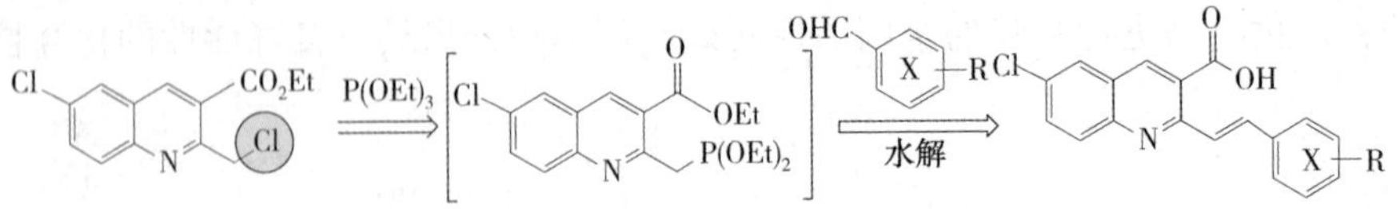

图 1-53　设计“三步一锅法”合成(*E*)-6-氯-2-(芳/杂芳基乙烯基)喹啉-3-羧酸

5. 亚甲基桥连喹啉和1,2,3-三唑双杂环的设计、合成及杀菌活性测定

继续以2-氯甲基喹啉这一反应平台，首次将其与叠氮钠进行亲核取代反应，所得产物2-氯-3-叠氮甲基喹啉(A)不经分离提纯直接与乙酰乙酸乙酯进行环化脱水反应，从而“两步一锅法”得到目的产物亚甲基桥连喹啉和1,2,3-三唑双杂环化合物，如图1-54，并对目标化合物的杀菌活性进行测试，以期从中筛选出具有良好活性的化合物。

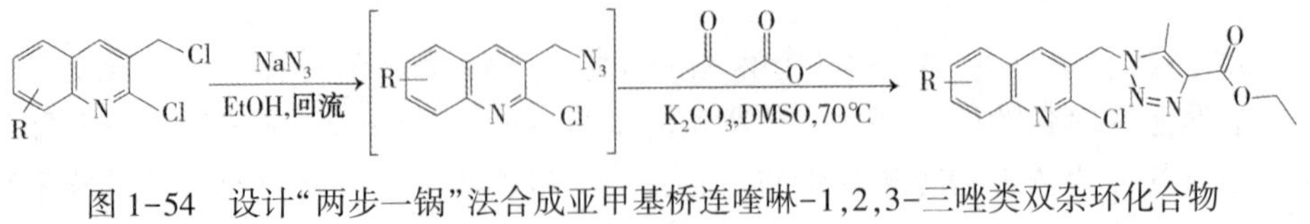

图 1-54　设计“两步一锅”法合成亚甲基桥连喹啉-1,2,3-三唑类双杂环化合物

6. 所合成氮杂环化合物的杀菌活性测试实验

选取稻梨孢(Pyricularia oryzae)、灰葡萄孢(Botrytis cinerea)、古巴假霜霉(Pseudoperonospora cubenis)、禾本科布氏白粉菌(Blumeria graminis)、玉米柄锈(Puccinia sorghi)、葫芦科刺盘孢(Colletotrichum orbiculare)作为供试靶标，黄瓜(Cucumis sativus L.，品种为京新4号)，小麦(Triticum aestivum L.，品种为周麦

12号)和玉米(Zea mays L.，品种为白黏)作为寄主作物。采用孢子萌发测试方法测试目标化合物对稻梨孢(稻瘟病)和灰葡萄孢(蔬菜灰霉病)的抑制活性，杀菌剂稻瘟灵和氟啶胺用来做对照实验；采用盆栽苗测试方法测定化合物对黄瓜霜霉病(Cucumber downy mildew)、小麦白粉病(Wheat powdery mildew)、小麦锈病(Wheat rust)、黄瓜炭疽病(Cucumber anthracnose)的杀菌活性，杀菌剂氰霜唑、醚菌酯、戊唑醇、咪鲜胺用来做对照实验。

孢子萌发试验采用HTS评价方法。盆栽试验是根据对照的发病程度，采用目测方法，调查试验样品的杀菌活性。结果参照美国植病学会编写的《A Manual of Assessment Keys for Plant Diseases》，用100~0来表示，结果调查分四级，100级代表无病或孢子无萌发，80级代表孢子少量萌发或萌发但无菌丝生长，50级代表孢子萌发约50%，且萌发后菌丝较短，0级代表最严重的发病程度或与空白对照相近。

第2章　2-氨基嘧啶并[4,5-b]吲哚的合成及杀菌活性研究

2.1 引　　言

含有嘧啶-2-胺结构的化合物是一类非常重要的*N*-杂环化合物，广泛应用在农业领域，常被用作为杀菌剂，如嘧霉胺1(Pyrimethanil)、嘧菌环胺2(Cyprodinil)(如图2-1)。由于其具有广谱、高效、作用方式独特等特点，在农药创制研究中一直都是比较活跃的研究对象，或将是杀菌剂市场的又一匹黑马(赵平，2017)。如张齐等(2017)报道合成的4-吡啶基-2-氨基嘧啶化合物3，(图2-1)对细菌和真菌具有较好的抑制效果，其中对枯草芽孢杆菌(Bacillus subtilis)有较强的抑制作用，最低抑菌浓度为7.80μg/mL。

另一方面，吲哚类化合物是含氮杂环中非常重要的一类，广泛应用在农药工业中，以其特有的化学结构使得衍生出的农药具有独特的生理活性，因此在新型农药创制中占有很重要的地位，成为首选的活性亚结构骨架之一。目前，国内外关于含有吲哚环骨架结构化合物的合成与杀菌活性研究的报道较多。例如，刘磊等(2008)报道了关于2-吲哚基噻唑啉化合物4，(图2-1)的合成，并且发现它们对茄棉疫、油菜菌核和芦笋茎枯具有重要的抑制活性；张明智等(2013)通过结构改造合成一类天然生物碱Pimprinine的衍生物吲哚基取代的1,3,4-噁二唑类化合物5，(图2-1)，并发现它们对小麦叶枯病菌(Septoria tritici)、蚕豆单胞锈菌病菌(Uromyces viciae-fabae)和腐霉菌(Pythium dissimile)等具有很好的杀菌活性(图2-1)。

基于以上发现以及按照亚结构拼接原理，我们设想如果将二者拼结起来，可能会得到新型的具有良好杀菌活性的氮稠杂环化合物。为此，在本章我们设计以*N*-烷基2-氯-3-吲哚醛为反应底物，通过与硝酸胍的缩合环化反应，将2-氨基嘧啶结构与吲哚环以稠合的形式构筑于同一分子中，合成得到一系列2-氨基嘧啶并[4,5-b]吲哚类化合物，并对它们的杀菌活性进行初步测试研究，以期筛选出具有较好杀菌活性的新化合物。

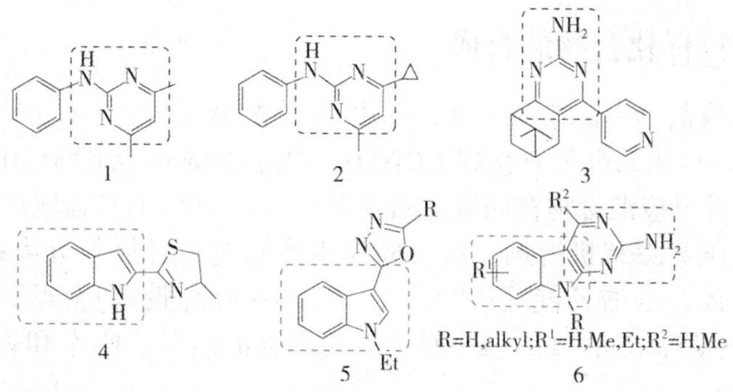

图 2-1 含有 2-氨基嘧啶和吲哚环结构的杀菌剂以及目标化合物的结构(1~6)

2.2 化学实验部分

2.2.1 仪器和主要试剂

WRS-1B 数字熔点仪(上海仪器设备厂); VARIAN Scimitar 2000 系列傅立叶变换红外光谱仪(美国瓦里安有限公司); Agilent 400-MR 型核磁共振仪(美国安捷伦公司); EA 2400II 型元素分析仪(美国珀金埃尔默公司); Agilent1100 系列 LC/MSD VL ESI 型液质联用仪(美国安捷伦公司); Customer micrOTOF-Q125 型高分辨质谱仪(美国布鲁克公司); WP-2330-1 紫外分析仪; RE-52AA 型旋转蒸发仪(上海亚荣生化仪器厂)。2-吲哚酮、5-甲基-2-吲哚酮、7-甲基-2-吲哚酮、7-乙基-2-吲哚酮、三氯氧磷、碘甲烷、溴乙烷、碘代正丁烷、苄基氯、硝酸胍，均为分析纯，购于阿拉丁试剂公司(上海，中国)。

2.2.2 设计的合成路线

设计以 *N*-烷基-2-氯-3-甲(乙)酰基吲哚(Gao, et al., 2009)为反应物与硝酸胍在无水乙醇为溶剂、氢氧化钾为碱催化剂、回流温度下进行环化缩合反应，简便而又有效地合成了一系列结构新颖的 2-氨基嘧啶并[4,5-b]吲哚类化合物，如图 2-2 所示。

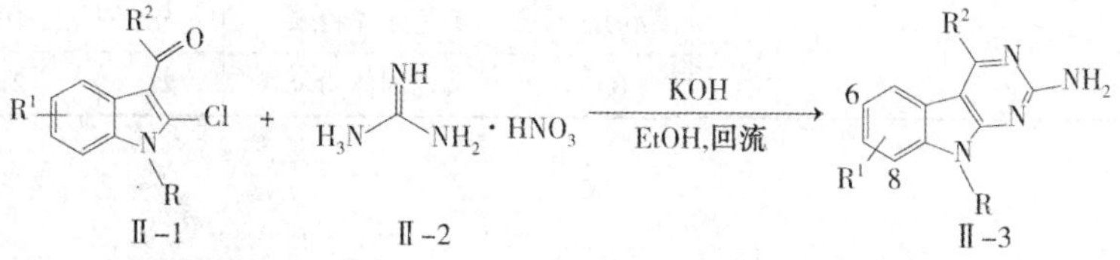

图 2-2 目标化合物 2-氨基嘧啶并[4,5-b]吲哚类化合物(II-3a-b′)的合成路线

2.2.3 目标化合物的合成

依次将称取的 *N*-烷基-2-氯-3-甲(乙)酰基吲哚(1mmol)、硝酸胍(2)(0.249g，2mmol)和无水氢氧化钾 KOH(0.112g，2mmol)溶解于 10mL 的无水乙醇中。然后将此反应混合物在回流的温度下反应 8~10h(TLC 监测反应进程)。反应结束后，减压蒸除有机溶剂，所得固体粗产物进行柱层析分离提纯[固定相 200~400 目硅胶，乙酸乙酯/石油醚(1/2，v/v)为洗脱液]，得到目标化合物 *N*-烷基-2-氨基嘧啶并[4,5-b]吲哚，其产物的编号、收率和物理参数列于表 2-1中。

表 2-1 目标化合物(II-3a-b′)的收率和物理性质

编号	结构式	R	性状	收率/%	熔点/°C
II-3a	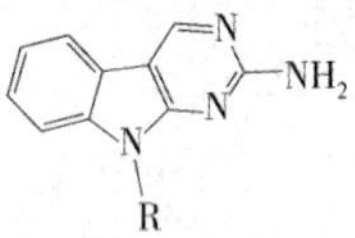	Me	白色固体粉末	83	193~194
II-3b		Et	白色固体粉末	74	138~139
II-3c		*n*-Bu	白色固体粉末	81	114~115
II-3d		Bn	黄色固体粉末	87	213~214
II-3e	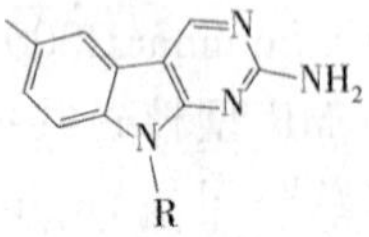	Me	白色固体粉末	78	235~236
II-3f		Et	白色固体粉末	76	177~178
II-3g		*n*-Bu	黄色固体粉末	72	189~191
II-3h		Bn	黄色固体粉末	81	208~209
II-3i	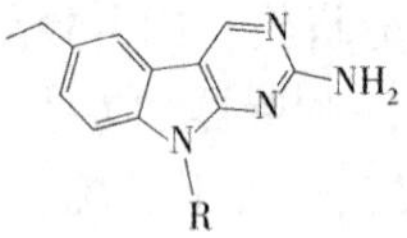	Me	白色固体粉末	75	167~168
II-3j		Et	白色固体粉末	78	157~158
II-3k		*n*-Bu	白色固体粉末	79	163~164
II-3l		Bn	白色固体粉末	75	169-171
II-3m	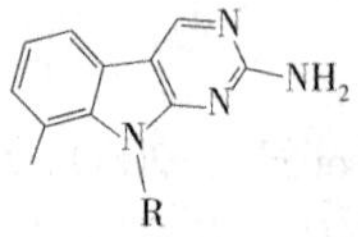	Me	白色固体粉末	79	222~223
II-3n		Et	橘色固体粉末	73	145~146
II-3o		*n*-Bu	白色固体粉末	70	155~157
II-3p		Bn	黄色固体粉末	81	200~201
II-3q	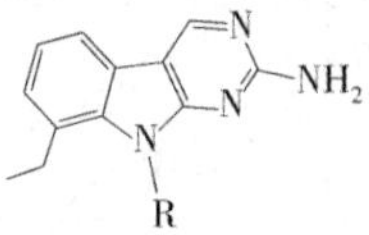	Me	灰色固体粉末	74	216~217
II-3r		Et	黄色固体粉末	77	155~156
II-3s		*n*-Bu	黄色固体粉末	68	163~165
II-3t		Bn	黄色固体粉末	73	210~211

续表

编号	结构式	R	性状	收率/%	熔点/°C
II-3u	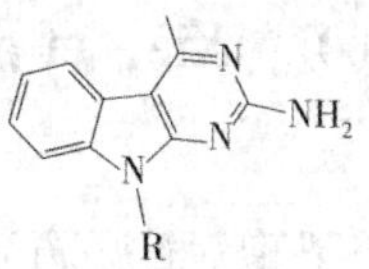	Me	白色固体粉末	71	193~194
II-3v		Et	白色固体粉末	69	151~153
II-3w		*n*-Bu	黄色固体粉末	64	174~175
II-3x		Bn	黄色固体粉末	72	218~220
II-3y	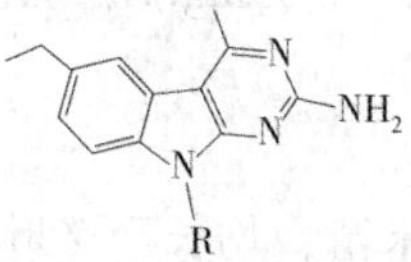	Me	白色固体粉末	75	208~209
II-3z		Et	白色固体粉末	73	149~150
II-3a′		*n*-Bu	白色固体粉末	77	229~230
II-3b′		Bn	白色固体粉末	79	185~186

2.3　杀菌活性测试部分

2.3.1　测试样品

使用上述合成的28个纯度在95%以上的2-氨基嘧啶并[4,5-b]吲哚类化合物作为测试样品。

2.3.2　对照药剂

95%氰霜唑原药　（浙江禾本科技有限公司）
95%醚菌酯原药　（京博农化科技股份有限公司）
96%戊唑醇原药　（宁波三江益农化学有限公司）
95%咪鲜胺原药　（乐斯化学有限公司）
98%稻瘟灵原药　（四川省化学工业研究设计院）
98%氟啶胺原药　（江苏辉丰农化股份有限公司）

2.3.3　供试靶标和供试寄主

稻梨孢(Pyricularia oryzae)
灰葡萄孢(Botrytis cinerea)
古巴假霜霉(Pseudoperonospora cubenis)
禾本科布氏白粉菌(Blumeria graminis)
玉米柄锈(Puccinia sorghi)
黄瓜(Cucumis sativus L.，品种为京新4号)

小麦(Triticum aestivum L.，品种为周麦12号)

玉米(Zea mays L.，品种为白黏)

2.3.4 试验方法(参照文献：柴宝山，等，2007；Xie，et al.，2014)

1. 孢子萌发测试方法

通过在培养液中加入测试样品，测定样品抑制稻梨孢(稻瘟病)和灰葡萄孢(蔬菜灰霉病)的孢子萌发活性。试验样品的浓度均为8.33mg/L；对照药剂稻瘟灵和氟啶胺的浓度均为8.33mg/L。

2. 盆栽苗测试方法

① 寄主植物培养：温室内培养黄瓜、小麦、玉米苗，均长至2叶期，备用。

② 药液配制：准确称取制剂的样品，加入溶剂和0.05%的吐温-20后，配制成400mg/L的药液各20mL，用于活体苗杀菌活性研究。对照药剂氰霜唑、醚菌酯、戊唑醇、咪鲜胺的浓度均为25mg/L。

③ 喷雾处理：喷雾器类型为作物喷雾机，喷雾压力为1.5kg/cm^2，喷液量约为1000L/hm^2。上述试验材料处理后，自然风干，24h后接种病原菌。

④ 接种病原菌：接种器分别将黄瓜霜霉病菌孢子囊悬浮液(5×10^5个/mL)、黄瓜炭疽病菌孢子悬浮液(5×10^5个/mL)和玉米锈病菌孢子悬浮液(5×10^6个/mL)喷雾于寄主作物上，然后移入人工气候室培养(24℃，RH>90，无光照)。24h后，试验材料移于温室正常管理，4~7d后调查试验样品的杀菌活性；将小麦白粉病菌孢子抖落在小麦上，并在温室内培养，5~7d后调查化合物的杀菌活性。

2.3.5 结果调查

孢子萌发试验采用HTS评价方法，盆栽试验是根据对照的发病程度，采用目测方法，调查试验样品的杀菌活性。结果参照美国植病学会编写的《A Manual of Assessment Keys for Plant Diseases》，用100~0来表示，结果调查分四级，100级代表无病或孢子无萌发，80级代表孢子少量萌发或萌发但无菌丝生长，50级代表孢子萌发约50%，且萌发后菌丝较短，0级代表最严重的发病程度或与空白对照相近。

2.4 结果与讨论

2.4.1 合成路线的优化

首先文献调研发现，关于2-氨基嘧啶并吲哚化合物的合成已有一些相关文献报道。Showalter 等(1999)曾报道过 2-氨基吲哚-3-甲酸乙酯与氨腈经连续的两步串联反应合成得到了 4-氯-嘧啶并[4,5-b]吲哚-2-胺化合物(图 2-3a)；Mizar 课题组(2008)使用 *N*-甲基吲哚-2-酮、苯乙酮和盐酸胍作为反应物，KF-Al_2O_3作为催化剂，“三组分一锅”法合成得到了 4-苯基-嘧啶并[4,5-b]吲哚-2-胺化合物(图 2-3b)；类似地，Matasi 等(2005)描述了 *N*-乙酰基吲哚-3-酮、苯甲醛和盐酸胍，在 NaOH 作为催化剂条件下，“三组分一锅”法合成得到了 4-氨基-嘧啶并[5,4-b]吲哚-2-胺化合物(图 2-3c)。然而这些报道所合成的嘧啶并吲哚-2-胺类化合物仅是零星或偶然的工作，并没有开发出一条总体有效的合成路线。Biswas 及合作者(2012)报道了一项令人印象深刻的研究，他们将 3-氯/碘吲哚醛和盐酸胍置于密闭的容器内，在二甲基亚砜为溶剂、CuI 作为催化剂 1,10-邻菲罗啉作为配体、碳酸铯作为碱的条件下一步合成得到了 2-氨基-5H-嘧啶并[5,4-b]吲哚(Scheme 1d)。然而，烦琐而又苛刻的反应条件限制了该合成方法的广泛应用。

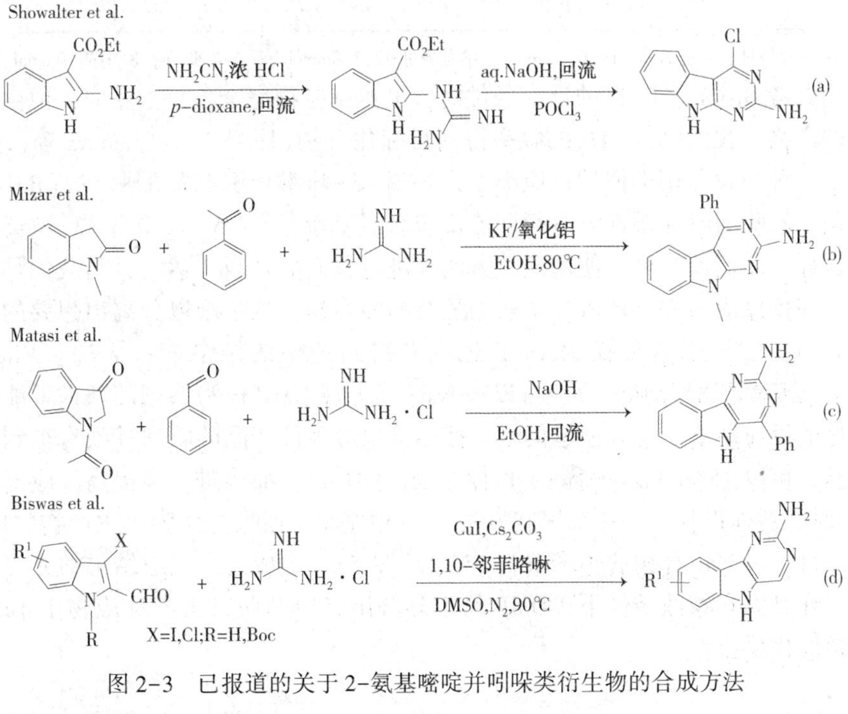

图 2-3　已报道的关于 2-氨基嘧啶并吲哚类衍生物的合成方法

鉴于此，我们决定开发一个简便有效、适用范围广的合成方法来制备此类化合物。这样，我们以 2-氯-*N*-甲基-3-吲哚甲醛(1)与硝酸胍的反应为研究对象，尝试使用不同的反应条件来进行优化实验(见表 2-2)，以期寻找到最佳的反应条件。

表 2-2　合成 *N*-甲基-9H-嘧啶并[4,5-b]吲哚-2-胺的反应条件和收率(II-3a)

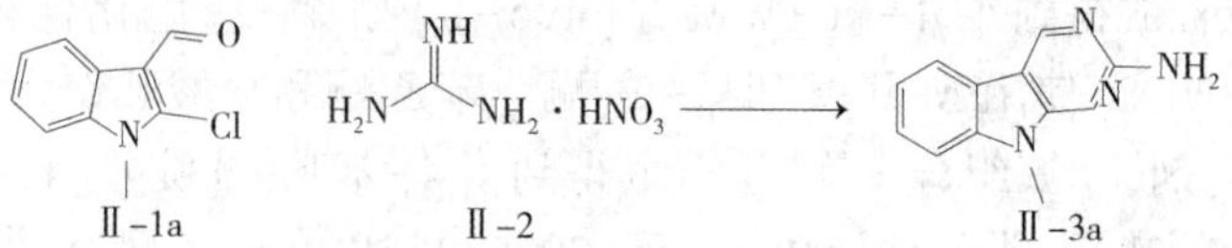

Ⅱ-1a　Ⅱ-2　Ⅱ-3a

序号	反应条件	时间/h	收率/%
1	Cs_2CO_3，1，10-邻菲咯啉，CuI，DMSO，N_2	10	11
2	*t*-BuOK，EtOH，refluxing	10	痕量
3	*t*-BuOK，DMF，90℃	10	痕量
4	NaH，DMF，90℃	10	27
5	NaH，DMF，120℃	10	15
6	EtONa，EtOH，回流	10	19
7	EtONa，DMF，90℃	10	45
8	KOH，EtOH，回流	8	83[c]

注：反应条件：反应物Ⅱ-1a(0.5mmol)，硝酸胍Ⅱ-2(1.0mmol.)；分离收率；KOH(1.0mmol)。

当参考 Biswas(2012)的反应条件时，虽然反应物完全参与了反应，但生成了较多的产物，我们仅以 11%的收率得到目标化合物(序号 1)；Chandra 等(2011)报道了一种与我们相类似的反应类型，2-氯-3-喹啉甲醛与盐酸胍在 *t*-BuOK 为催化剂，乙醇为溶剂条件下进行回流反应合成嘧啶并[4,5-b]喹啉-2-胺类化合物。这样，我们预想可以使用这一方法来进行我们的合成。然而，与我们预想的相反，在该反应条件下却得到了较为复杂的混合物，从中难以分离出想要的产物(序号 2)。尝试将溶剂换为 DMF 也没有得到理想的结果(序号 3)。Vijay 等(2015)报道邻氯醛与胍的反应可以在 NaH 作为碱 DMF 作为溶剂的条件下能够取得较好的反应结果。令人遗憾的是，使用该反应条件产品的收率并没有得到明显的提高，仅以 15%的收率得到了目标产物(序号 4)。而当进一步提高反应温度到 120℃时，意外得到了 2-(二甲基氨基)-1-甲基-3-吲哚醛作为了主产物(如图 2-4 所示)，目标化合物的收率仅为 15%(序号 5)。造成这一反应结果的原因可能是由于在高温和碱性条件下，DMF 易于分解出二甲基胺，再与反应物II-1a发生了亲核取代反应。

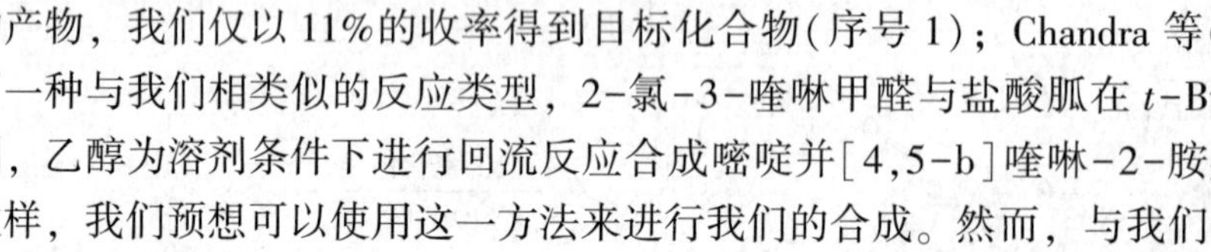

DMF,NaH 120℃　Ⅱ-1a　Ⅱ-2　Ⅱ-3a,收率 15%　Ⅱ-4,收率 51%

图 2-4　意外形成的化合物 II-4 作为反应的主产物

进一步，我们尝试使用 EtONa 作为碱在乙醇或 DMF 中进行反应也都没有得到理想的结果，目标产物的收率仍很低(序号 6 和 7)。经历这些失败的尝试，我们惊喜地发现，使用廉价易得的 KOH 作为碱就可以很好地促进这一反应的进行，KOH 的用量为 2.0 当量时，目标产物的收率为最好，其收率高达 83%(序号 8)。

2.4.2 化合物的表征

在上述优化的反应条件，所有的目标化合物均都顺利合成。它们的结构均已通过了核磁谱图得以证实。在这里，我们以化合物Ⅱ-3n 为例加以说明。如图 2-5 所示的化合物Ⅱ-3n 的氢核磁谱图中，化学位移在 1.30 处的 3 质子三重峰和 3.09 处的 2 质子的四重峰归属于乙基上 5 个氢；2.69 处的 3 质子单峰归属 8-甲基的氢；5.04 处较宽的 2 质子单峰为氨基上的氢；7.12 和 7.70 处的两个多重峰归属于苯环上的 3 个氢；8.72 处的单峰归属于嘧啶环上的 1 个氢。这样，所测的氢谱图中氢的个数、峰型和出现的化学位移与预想的结构相一致。

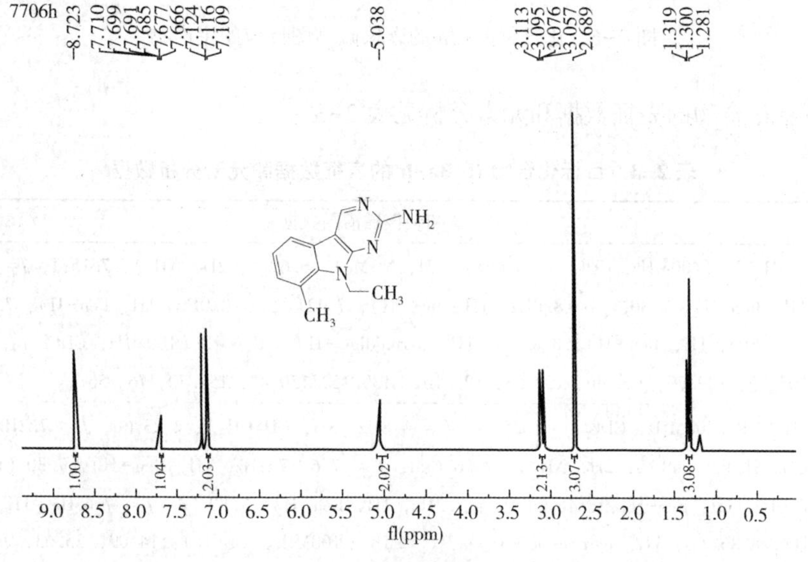

图 2-5 化合物 II-3n 的氢核磁谱图反应的主产物

进一步在化合物 II-3n 的碳核磁谱图中(图 2-6)，在 15.93 处信号归属 *N*-乙基上的甲基碳；19.61 处信号峰归属芳环上的甲基碳；37.61 处信号峰归属 *N*-乙基上的亚甲基碳；在 107.45~161.36 区域出现的 10 个信号峰，正好与其结构芳香碳的个数相一致。综合以上分析，化合物的实际结构与我们预想的一致。

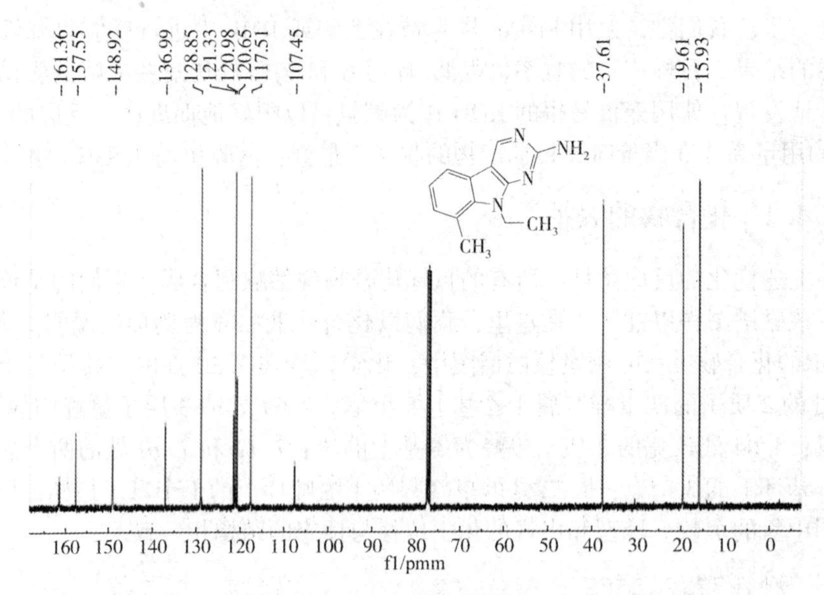

图 2-6 化合物 II-3n 的碳核磁谱图反应的主产物

所有化合物的表征数据和元素分析见表 2-3。

表 2-3 目标化合物 II-3a-b′的表征数据和元素分析数据

编号	氢和碳核磁谱图数据
II-3a	^{1}H NMR(400MHz, $CDCl_3$): 3.65(s, 3H, N-Me), 6.69(s, 2H, NH_2), 7.15(t, J=8.0Hz, 1H, Ben-H), 7.30(t, J=8.0Hz, 1H, Ben-H), 7.42(d, J=8.0Hz, 1H, Ben-H), 7.88(d, J=7.6Hz, 1H, Ben-H), 8.85(s, 1H, pyrimidine-H); ^{13}C NMR (100MHz, $CDCl_3$): 27.46, 105.59, 109.79, 119.46, 120.53, 125.161, 139.15, 150.49, 157.70, 162.56.
II-3b	^{1}H NMR (400MHz, $CDCl_3$): 1.25 (t, J = 6.8Hz, 3H, CH_2CH_3), 4.23 (q, J = 7.2Hz, 2H, CH_2CH_3), 6.68 (s, 2H, NH_2), 7.16 (dd, J = 7.6, 7.2Hz, 1H, Ben-H), 7.30 (t, J = 8.0Hz, 1H, Ben-H), 7.46 (d, J = 7.2Hz, 1H, Ben-H), 7.89 (d, J = 7.6 Hz, 1H, Ben-H), 8.86 (s, 1H, pyrimidine-H); ^{13}C NMR (100MHz, $CDCl_3$): 14.09, 35.63, 105.62, 109.83, 119.80, 120.71, 120.91, 125.13, 138.05, 150.58, 157.10, 162.53.
II-3c	^{1}H NMR (400MHz, $CDCl_3$): 0.86 (t, 3H, J = 7.2Hz, n-Bu), 1.25 (t, J = 7.2Hz, 2H, n-Bu), 1.69 (t, J = 7.2Hz, 2H, n-Bu), 4.20 (t, J = 7.2Hz, 2H, n-Bu), 6.62 (s, 2H, NH_2), 7.14 (dd, J = 7.6, 7.2Hz, 1H, Ben-H), 7.29 (dd, J = 8.0, 7.6Hz, 1H, Ben-H), 7.46 (d, J = 7.2Hz, 1H, Ben-H), 7.90 (d, J = 7.2Hz, 1H, Ben-H), 8.84 (s, 1H, pyrimidine-H); ^{13}C NMR (100MHz, $CDCl_3$): 14.12, 20.09, 30.72, 105.49, 110.02, 119.73, 120.62, 120.88, 125.09, 138.47, 150.57, 157.48, 162.53. Anal. Calcd for $C_{14}H_{16}N_4$: C, 69.97; H, 6.71; N, 23.32%. Found: C, 70.18; H, 6.85; N, 23.17%.

续表

编号	氢和碳核磁谱图数据
II-3d	^{1}H NMR (400MHz, $CDCl_3$): 5.46 (s, 2H, $PhCH_2$), 6.77 (s, 2H, NH_2), 7.13~7.26 (m, 7H, Ben-H), 7.37 (d, J = 7.2Hz, 1H, Ben-H), 7.87 (d, J= 7.2Hz, 1H, Ben-H), 8.93 (s, 1H, pyrimidine - H); ^{13}C NMR (100MHz, $CDCl_3$): 44.00, 105.55, 110.34, 119.83, 120.82, 121.26, 125.17, 127.36, 127.72, 129.00, 137.65, 138.29, 150.89, 157.74, 162.73.
II-3e	^{1}H NMR (500MHz, $CDCl_3$): 2.73 (s, 3H, Me), 3.76 (s, 3H, N-Me), 6.09 (s, 2H, NH_2), 7.06 (d, J = 7.4Hz, 1H, Ben-H), 7.20 (d, J = 8.0Hz, 1H, Ben-H), 7.33 (t, J = 7.8Hz, 1H, Ben-H), 8.83 (s, 1H, pyrimidine-H); Anal. Calcd for $C_{12}H_{12}N_4$: C, 67.90; H, 5.70; N, 26.40%. Found: C, 68.13; H, 5.95; N, 26.25%.
II-3f	^{1}H NMR (500MHz, $CDCl_3$): 1.41 (t, J = 7.2Hz, 3H, N-CH_2CH_3), 2.73 (s, 3H, Me), 4.33 (q, J = 7.2Hz, 2H, *N*-CH_2CH_3), 6.11 (s, 2H, NH_2), 7.05 (d, J = 7.4Hz, 1H, Ben-H), 7.22 (d, J = 8.0Hz, 1H, Ben-H), 7.32 (t, J = 7.8Hz, 1H, Ben-H), 8.84 (s, 1H, pyrimidine-H); MS (FAB) *m/z*: 227.1 ([M+H]$^+$, 100). Anal. Calcd for $C_{13}H_{14}N_4$: C, 69.00; H, 6.24; N, 24.76%. Found: C, 68.69; H, 6.40; N, 25.06%.
II-3g	^{1}H NMR (500MHz, $CDCl_3$): 0.92 (t, J = 7.4Hz, 3H, *n*-Bu), 1.31 (t, J = 7.4Hz, 2H, *n*-Bu), 1.75 (t, J = 7.4Hz, 2H, *n*-Bu), 2.71 (s, 3H, Me), 4.18 (t, J = 7.4Hz, 2H, *n*-Bu), 6.10 (s, 2H, NH_2), 7.04 (d, J = 7.4Hz, 1H, Ben-H), 7.09 (d, J = 8.0Hz, 1H, Ben-H), 7.31 (t, J = 7.8Hz, 1H, Ben-H), 8.71 (s, 1H, pyrimidine-H); MS (FAB) *m/z*: 255.1 ([M+H]$^+$, 100). Anal. Calcd for $C_{15}H_{18}N_4$ C, 70.84; H, 7.13; N, 22.03%; Found: C, 71.01; H, 6.99; N, 22.26%.
II-3h	^{1}H NMR (500MHz, $CDCl_3$): 2.74 (s, 3H, Me), 5.49 (s, 2H, $PhCH_2$), 6.10 (s, 2H, NH_2), 7.03 (d, J = 7.4Hz, 1H, ArH), 7.08 (d, J = 8.0Hz, 1H, ArH), 7.21~7.28 (m, 6H, ArH), 8.88 (s, 1H, ArH); MS (FAB) *m/z*: 289.1 ([M+H]$^+$, 100). Anal. Calcd for $C_{18}H_{16}N_4$: C, 74.98; H, 5.59; N, 19.43%; Found: C, 74.69; H, 5.81; N, 19.22%.
II-3i	^{1}H NMR (400MHz, $CDCl_3$): 1.26 (t, J = 7.6Hz, 3H, CH_3CH_2), 2.73 (q, J = 7.6Hz, 2H, CH_3CH_2), 3.68 (s, 3H, Me), 6.66 (s, 2H, NH_2), 7.22 (d, J = 7.6Hz, 1H, Ben-H), 7.40 (d, J = 8.0Hz, 1H, Ben-H), 7.79 (s, 1H, Ben-H), 8.87 (s, 1H, pyrimidine-H); ^{13}C NMR (100MHz, $CDCl_3$): 16.90, 27.49, 28.73, 105.60, 109.57, 118.62, 120.62, 125.08, 136.56, 137.54, 150.33, 157.79, 162.43; MS (FAB) *m/z*: 227.1 ([M+H]$^+$, 100).
II-3j	^{1}H NMR (400MHz, $CDCl_3$): 1.26 (t, J = 7.6Hz, 3H, CH_3CH_2), 1.29 (t, J = 7.6Hz, 3H, CH_3CH_2), 2.72 (q, J = 7.6Hz, 2H, CH_3CH_2), 4.27 (q, J = 7.6Hz, 2H, CH_3CH_2), 6.71 (s, 2H, NH_2), 7.21 (d, J = 8.4Hz, 1H, Ben-H), 7.46 (d, J = 8.0Hz, 1H, Ben-H), 7.80 (s, 1H, Ben-H), 8.87 (s, 1H, pyrimidine-H); ^{13}C NMR (100MHz, $CDCl_3$): 16.10, 20.96, 27.86, 35.15, 106.08, 109.67, 118.73, 120.47, 125.33, 136.76, 137.66, 149.92, 157.19, 162.06.

续表

编号	氢和碳核磁谱图数据
II-3k	^{1}H NMR (400MHz, $CDCl_3$): 0.91 (t, J = 7.6Hz, 3H, n-Bu), 1.24-1.32 (m, 5H, CH_3CH_2 and n-Bu), 1.72 (q, J = 7.6Hz, 2H, n-Bu), 2.73 (q, J = 7.6Hz, 2H, CH_3CH_2), 4.22 (t, J = 7.2Hz, 2H, n-Bu), 6.63 (s, 2H, NH_2), 7.20 (d, J = 8.0Hz, 1H, Ben-H), 7.42 (d, J = 8.4Hz, 1H, Ben-H), 7.79 (s, 1H, Ben-H), 8.87 (s, 1H, pyrimidine-H); ^{13}C NMR (100MHz, $CDCl_3$): 13.92, 16.94, 19.94, 28.77, 30.75, 40.53, 105.43, 109.86, 118.83, 120.74, 124.99, 136.28, 136.74, 150.35, 157.46, 162.27; MS (FAB) m/z: 269.2 ([M+H]$^+$, 100).
II-3l	^{1}H NMR (400MHz, DMSO-d_6): 1.24 (t, J = 7.6Hz, 3H, CH_3CH_2), 2.71 (q, J = 7.6Hz, 2H, CH_3CH_2), 5.47 (s, 2H, $PhCH_2$), 6.72 (s, 2H, NH_2), 7.23 (d, J = 7.6Hz, 1H, Ben-H), 7.27-7.32 (m, 6H, Ben-H), 7.81 (s, 1H, Ben-H), 8.93 (s, 1H, pyrimidine-H); ^{13}C NMR (100MHz, $CDCl_3$): 16.42, 28.57, 43.44, 104.88, 109.65, 118.66, 120.67, 125.08, 127.34, 127.69, 128.96, 136.62, 136.82, 137.75, 150.62, 157.20, 162.38;
II-3m	^{1}H NMR (400MHz, $CDCl_3$): 2.74 (s, 3H, Me), 3.98 (s, 3H, N-Me), 6.10 (s, 2H, NH_2), 7.04~7.09 (m, 2H, Ben-H), 7.67 (dd, J = 8.4, 8.4Hz, 1H, Ben-H), 8.70 (s, 1H, pyrimidine-H); ^{13}C NMR (100MHz, $CDCl_3$): 20.19, 30.19, 107.41, 117.14, 117.96, 120.63, 121.85, 128.23, 128.28, 129.44, 148.30, 160.86;
II-3n	^{1}H NMR (400MHz, $CDCl_3$): 1.33 (t, J = 7.2Hz, 3H, N-CH_2CH_3), 2.69 (s, 3H, Me), 4.47 (q, J = 7.2Hz, 2H, N-CH_2CH_3), 6.20 (s, 2H, NH_2), 7.03~7.07 (m, 2H, Ben-H), 7.65 (dd, J = 8.4, 8.0Hz, 1H, Ben-H), 8.71 (s, 1H, pyrimidine-H); ^{13}C NMR (100MHz, $CDCl_3$): 15.93, 19.61, 37.61, 107.45, 117.51, 120.65, 120.98, 121.33, 128.85, 136.99, 148.92, 157.35, 161.36. MS (FAB) m/z: 227.1 ([M+H]$^+$, 100).
II-3o	^{1}H NMR (400MHz, $CDCl_3$): 1.02 (t, J = 7.6Hz, 3H, n-Bu), 1.47 (q, J = 8.0Hz, 2H, n-Bu), 1.81 (q, J = 8.0Hz, 2H, n-Bu), 2.81 (s, 3H, Me), 4.53 (t, J = 8.0Hz, 2H, n-Bu), 6.19 (s, 2H, NH_2), 7.19 (d, J = 8.4Hz, 1H, Ben-H), 7.32 (d, J = 8.4Hz, 1H, Ben-H), 7.80 (dd, J = 8.4, 8.4Hz, 1H, Ben-H), 8.84 (s, 1H, pyrimidine-H); ^{13}C NMR (100MHz, $CDCl_3$): 13.86, 19.63, 20.01, 32.94, 42.65, 107.49, 117.58, 120.78, 121.07, 121.28, 129.05, 137.51, 148.37, 157.93, 160.96. Anal. Calcd for $C_{15}H_{18}N_4$: C, 70.84; H, 7.13; N, 22.03%. Found: C, 70.96; H, 7.06; N, 22.14%.
II-3p	^{1}H NMR (400MHz, $CDCl_3$): 2.44 (s, 3H, Me), 5.76 (s, 2H, $PhCH_2$), 6.69 (s, 2H, NH_2), 6.90~6.94 (m, 2H, Ben-H), 7.02 (d, J = 8.4Hz, 1H, Ben-H), 7.10 (t, J = 7.6Hz, 1H, Ben-H), 7.23~7.29 (m, 3H, Ben-H), 7.87 (dd, J = 8.4, 8.4Hz, 1H, Ben-H), 8.97 (s, 1H, pyrimidine-H); ^{13}C NMR (100MHz, DMSO-d_6) δ (ppm): 19.11, 45.45, 105.53, 117.77, 121.06, 121.43, 121.67, 125.54, 127.39, 128.35, 129.18, 136.85, 139.49, 150.79, 158.33, 162.76; Anal. Calcd for $C_{18}H_{16}N_4$: C, 74.98; H, 5.59; N, 19.43%. Found: C, 75.12; H, 5.62; N, 19.25%.

续表

编号	氢和碳核磁谱图数据
II-3q	^1H NMR (400MHz, $CDCl_3$): 1.30 (t, J = 7.6Hz, 3H, CH_3CH_2), 3.08 (q, J = 7.6Hz, 2H, CH_3CH_2), 3.97 (s, 3H, N-Me), 6.04 (s, 2H, NH_2), 7.09~7.13 (m, 2H, Ben-H), 7.67~7.71 (m, 1H, Ben-H), 8.72 (s, 1H, pyrimidine-H); ^{13}C NMR (100MHz, $CDCl_3$): 16.77, 25.44, 30.11, 107.51, 117.26, 121.49, 126.92, 127.30, 127.83, 137.26, 149.12, 158.15, 161.14; Calcd. for $C_{13}H_{14}N_4H[M+H]^+$ 227.1291, found 227.1262.
II-3r	^1H NMR (400MHz, $CDCl_3$): 1.42 (t, J = 7.6Hz, 3H, CH_3CH_2), 1.46 (t, J = 7.6Hz, 3H, N-CH_3CH_2), 3.13 (q, J = 7.6Hz, 2H, CH_3CH_2), 4.58 (q, J = 7.6Hz, 2H, N-CH_3CH_2), 6.25 (s, 2H, NH_2), 7.23~7.27 (m, 2H, Ben-H), 7.83 (dd, J = 7.2, 7.2Hz, 1H, Ben-H), 8.85 (s, 1H, pyrimidine-H); ^{13}C NMR (100MHz, $CDCl_3$): 15.50, 16.32, 25.45, 37.73, 107.71, 117.48, 121.24, 121.59, 127.11, 127.39. 136.16, 148.57, 158.67, 161.13;
II-3s	^1H NMR (400MHz, $CDCl_3$): 0.89 (t, J = 7.6Hz, 3H, n-Bu), 1.21 (t, J = 7.6Hz, 3H, CH_3CH_2), 1.34 (q, J = 7.6Hz, 2H, n-Bu), 1.67-1.74 (m, 2H, n-Bu), 2.70 (q, J = 7.6Hz, 2H, CH_3CH_2), 4.53 (t, J = 7.6Hz, 2H, n-Bu), 6.20 (s, 2H, NH_2), 7.08 (d, J = 8.4Hz, 1H, ArH), 7.12-7.16 (m, 1H, Ben-H), 7.81 (dd, J = 8.4, 8.4Hz, 1H, Ben-H), 8.83 (s, 1H, pyrimidine-H); Anal. Calcd for $C_{16}H_{20}N_4$: C, 71.61; H, 7.51; N, 20.88%. Found: C, 71.77; H, 7.58; N, 20.67%.
II-3t	^1H NMR (400MHz, $CDCl_3$): 1.20 (t, J = 7.6Hz, 3H, CH_3CH_2), 2.68 (q, J = 7.6Hz, 2H, CH_3CH_2), 5.75 (s, 2H, $PhCH_2$), 6.69 (s, 2H, NH_2), 7.02 (d, J = 8.4Hz, 1H, Ben-H), 7.06~7.11 (m, 3H, Ben-H), 7.19~7.26 (m, 3H, Ben-H), 7.90 (dd, J = 8.4, 8.4Hz, 1H, Ben-H), 8.96 (s, 1H, pyrimidine-H); ^{13}C NMR (100MHz, DMSO-d_6) δ (ppm): 14.51, 23.32, 45.45, 105.53, 117.77, 121.06, 121.43, 121.67, 125.54, 127.39, 128.35, 129.18, 136.85, 139.49, 150.79, 158.33, 162.76; Anal. Calcd for $C_{19}H_{18}N_4$: C, 75.47; H, 6.00; N, 18.53%. Found: C, 75.22; H, 5.93; N, 18.81%.
II-3u	^1H NMR (300MHz, $CDCl_3$): 2.80 (s, 3H, Me), 3.77 (s, 3H, N-Me), 6.10 (s, 2H, NH_2), 7.26~7.44 (m, 3H, ben-H), 7.89 (d, J = 7.7Hz, 1H, ben-H); MS (FAB) m/z: 213.1 ([M+H]$^+$, 100); Anal. Calcd for $C_{12}H_{12}N_4$: C, 67.90; H, 5.70; N, 26.40%. Found: C, 68.06; H, 5.56; N, 26.24%.
II-3v	^1H NMR (300MHz, $CDCl_3$): 1.41 (t, J = 7.2Hz, 3H, CH_2CH_3), 2.80 (s, 3H, Me), 4.33 (q, J = 7.2Hz, 2H, CH_2CH_3), 6.07 (s, 2H, NH_2), 7.25~7.29 (m, 1H, Ben-H), 7.36-7.41 (m, 2H, Ben-H), 7.89 (d, J = 7.8Hz, 1H, Ben-H); MS (FAB) m/z: 227.1 ([M+H]$^+$, 100); HRMS (ESI, m/s): Calcd. for $C_{13}H_{14}N_4H[M+H]^+$ 227.1291, found 227.1254.

续表

编号	氢和碳核磁谱图数据
II-3w	^{1}H NMR (300MHz, $CDCl_3$): 0.95 (t, 3H, J = 7.3Hz, n-Bu), 1.38 (q, 2H, J = 7.4Hz, n-Bu), 1.80 (q, 2H, J = 7.4Hz, n-Bu), 2.80 (s, 3H, Me), 4.27 (t, J = 7.3Hz, 2H, n-Bu), 6.00 (s, 2H, NH_2), 7.23~7.29 (m, 1H, Ben-H), 7.37~7.40 (m, 2H, Ben-H), 7.89 (d, J = 7.7Hz, 1H, Ben-H). MS (FAB) m/z: 255.2 ([M+H]$^+$, 100). Anal. Calcd for $C_{15}H_{18}N_4$: C, 70.84; H, 7.13; N, 22.03%. Found: C, 70.69; H, 7.18; N, 22.19%.
II-3x	^{1}H NMR (300MHz, $CDCl_3$): 2.82 (s, 3H, Me), 5.49 (s, 2H, $PhCH_2$), 6.11 (s, 2H, NH_2), 7.21~7.30 (m, 8H, Ben-H), 7.89 (d, 1H, J = 7.2Hz, Ben-H); MS (FAB) m/z: 289.1 ([M+H]$^+$, 100). Anal. Calcd for $C_{18}H_{16}N_4$: C, 74.98; H, 5.59; N, 19.43%. Found: C, 74.75; H, 5.54; N, 19.54%.
II-3y	^{1}H NMR (400MHz, $CDCl_3$): 1.29 (t, J = 7.6Hz, 3H, CH_3CH_2), 2.70 (s, 3H, Me), 2.78 (q, J = 7.6Hz, 2H, CH_3CH_2), 3.70 (s, 3H, N-Me), 6.58 (s, 2H, NH_2), 7.23 (d, J = 8.0Hz, 1H, Ben-H), 7.42 (d, J = 8.0Hz, 1H, Ben-H), 7.71 (s, 1H, Ben-H); ^{13}C NMR (100MHz, $CDCl_3$): 17.06, 22.79, 27.57, 28.82, 103.58, 109.45, 119.85, 121.23, 124.43, 136.61, 137.32, 157.95, 160.83, 161.89; MS (FAB) m/z: 241.1 ([M+H]$^+$, 100).
II-3z	^{1}H NMR (400MHz, $CDCl_3$): 1.25 (t, J = 7.6Hz, 3H, CH_3CH_2), 1.28 (t, J = 7.6Hz, 3H, N-CH_3CH_2), 2.68 (s, 3H, Me), 2.75 (q, J = 7.6Hz, 2H, CH_3CH_2), 4.26 (q, J = 7.6Hz, 2H, N-CH_3CH_2), 6.64 (s, 2H, NH_2), 7.20 (d, J = 8.0Hz, 1H, Ben-H), 7.43 (d, J = 8.0Hz, 1H, Ben-H), 7.69 (s, 1H, Ben-H); ^{13}C NMR (100MHz, $CDCl_3$): 14.12, 17.07, 22.70, 28.81, 35.66, 103.60, 109.50, 120.04, 121.39, 124.47, 136.18, 136.53, 157.31, 160.67, 161.72;
II-3a′	^{1}H NMR (400MHz, $CDCl_3$): 0.88 (t, J = 7.2Hz, 3H, n-Bu), 1.24~1.30 (m, 5H, CH_3CH_2 and n-Bu), 1.70 (q, J = 7.6Hz, 2H, n-Bu), 2.67 (s, 3H, Me), 2.74 (q, J = 7.6Hz, 2H, CH_3CH_2), 4.20 (t, J = 7.2Hz, 2H, n-Bu), 6.56 (s, 2H, NH_2), 7.17 (d, J = 8.0Hz, 1H, Ben-H), 7.40 (d, J = 8.0Hz, 1H, Ben-H), 7.67 (s, 1H, Ben-H); ^{13}C NMR (100MHz, $CDCl_3$): 14.14, 17.04, 20.08, 21.50, 22.82, 28.80, 30.77, 103.45, 109.64, 119.95, 121.32, 124.36, 136.41, 136.57, 157.71, 160.88, 161.90; MS (FAB) m/z: 283.0 ([M+H]$^+$, 100).
II-3b′	^{1}H NMR (400MHz, $CDCl_3$): 1.24 (t, J = 7.6Hz, 3H, CH_3CH_2), 2.69 (s, 3H, Me), 2.72 (q, J = 7.6Hz, 2H, CH_3CH_2), 5.47 (s, 2H, $PhCH_2$), 6.64 (s, 2H, NH_2), 7.21 (d, J = 8.0Hz, 1H, Ben-H), 7.24~7.32 (m, 6H, Ben-H), 7.70 (s, 1H, Ben-H); ^{13}C NMR (100MHz, $CDCl_3$): 17.01, 22.89, 28.78, 44.00, 103.48, 110.00, 120.05, 121.49, 124.44, 127.27, 127.64, 128.96, 136.34, 136.82, 137.83, 157.96, 161.27, 162.08; MS (FAB) m/z: 317.1 ([M+H]$^+$, 100).

2.4.3　目标化合物杀菌活性的研究

采用盆栽苗测试法测定了目标化合物对黄瓜霜霉病(Cucumber downy mildew)、小麦白粉病(Wheat powdery mildew)、小麦锈病(Wheat rust)和黄瓜炭疽病(Cucumber anthracnose)的杀菌活性，测试浓度为400mg/L；孢子萌发测试法测定了目标化合物对稻瘟病(rice blast)和灰霉病(gray mold)的杀菌活性，测试浓度为25mg/L。初步生物活性试验结果见表2-4。

表2-4　目标化合物II-3a-b′的杀菌活性数据

测试样品	盆栽防效/%			孢子萌发抑制率/%		
	CDM	WPM	WR	CA	RB	GM
II-3a	0	0	0	0	0	0
II-3b	0	0	0	0	0	0
II-3c	50	20	10	0	10	0
II-3d	10	0	0	0	0	0
II-3e	0	10	0	0	0	0
II-3f	0	0	10	0	0	0
II-3g	50	30	0	0	0	0
II-3h	40	0	0	0	0	0
II-3i	50	0	0	0	0	0
II-3j	70	20	0	0	0	0
II-3k	90	10	0	0	10	0
II-3l	50	0	0	10	0	0
II-3m	0	20	0	0	0	0
II-3n	10	0	10	0	0	0
II-3o	50	0	0	0	0	0
II-3p	0	10	0	0	0	0
II-3q	10	0	0	0	0	0
II-3r	0	0	10	0	0	0
II-3s	50	0	20	0	0	0
II-3t	20	10	0	0	0	0
II-3u	0	0	0	0	0	0
II-3v	30	0	0	0	0	0
II-3w	70	40	0	0	0	0

续表

测试样品	盆栽防效/%			孢子萌发抑制率/%		
	CDM	WPM	WR	CA	RB	GM
II-3x	0	0	0	20	0	0
II-3y	70	0	0	0	0	0
II-3z	75	0	0	0	10	0
II-3a′	85	10	10	0	10	0
II-3b′	50	0	0	0	0	0
氰霜唑	95	///	///	///	///	///
醚菌酯	///	100	///	///	///	///
戊唑醇	///	///	100	///	///	///
咪鲜胺	///	///	///	98	///	///
稻瘟灵	///	///	///	///	100	///
氟啶胺	///	///	///	///	///	100

注：CDM：黄瓜霜霉病；WPM：小麦白粉病；WR：小麦锈病；CA：黄瓜炭疽病；RB：稻瘟病；GM：灰霉病。

从表2-4可以看出，目标化合物II-3a-b′对黄瓜霜霉病(CDM)表现出一定的抑菌活性，而对其他作物致病苗几乎没有防效活性。通过观察这些化合物的构-效关系比较，我们发现：

① 当嘧啶并[4,5-b]吲哚环上的取代基相同，而*N*-位上的取代基不同时，*N*-位为丁基取代的化合物对黄瓜霜霉病的杀菌活性较高。例如，在4-甲基取代的化合物II-3u-3x中，吲哚*N*-位N丁基取代的II-3w杀菌活性相对最高(70%)。

② 当吲哚环*N*-位上取代基相同时，而嘧啶并[4,5-b]吲哚环上的取代基不同时，观察到6-乙基取代的化合物对黄瓜霜霉病表现出较好的杀菌活性。例如，均为*N*-乙基取代的化合物II-3b、II-3f、II-3j、II-3n、II-3r、II-3v和II-3z中，6-乙基取代的II-3j和II-3z的杀菌活性相对较高，分别为70%和75%。

③ 4-位上甲基取代基的存在与否对化合物的杀菌活性没有明显影响。例如，化合物II-3l和其4-甲基取代的类似物II-3b′的抑菌活性都是50%。

通过对以上构效关系的分析，我们不难解释为什么在我们所合成的这一系列化合物中6-乙基-*N*-丁基取代的化合物II-3k(90%)和II-3a′(85%)对黄瓜霜霉病的杀菌活性最好，对此我们将进行二期实验继续测试其活性以及进一步的结构修饰。

2.5 本章小结

① 利用亚结构基团的拼接原理，设计一条简便而又有效的合成方法将具有生物活性的2-氨基嘧啶和吲哚环以稠合的形式构建于同一分子结构中，得到了28个结构新颖的*N*-取代-9H-嘧啶并[4,5-b]吲哚-2-胺类化合物(3a-3b′)，并对它们进行杀菌活性研究。

② 目标化合物的杀菌试验结果表明：*N*-丁基-6-乙基取代的目标化合物II-3k和II-3a′在浓度400mg/L时对黄瓜霜霉病(CDM)的杀菌活性最好，分别为90%和85%。这些化合物结构新颖，未见文献报道，具有非常好的进一步研究开发价值。对此将进行二期实验继续测试其活性以及进一步的结构修饰。

第3章　6-甲基-吲哚并[2,3-b]喹啉-11-羧酸合成及杀菌活性研究

3.1　引言

在本书的第2章，我们使用*N*-烷基-2-氯-3-甲(乙)酰基吲哚作为反应物与硝酸胍通过简便有效的合成方法将2-氨基嘧啶环与吲哚环拼接于同一分子上。在本章，我们仍选择*N*-烷基-2-氯-3-乙酰基吲哚作为反应物，通过与靛红或取代的靛红反应，将喹啉环和吲哚环拼接在同一分子中，合成一系列吲哚并[2,3-b]喹啉类化合物，并对它们的杀菌活性进行测试研究。

吲哚并[2,3-b]喹啉是天然生物碱Neocryptolepine(中文名新白叶藤碱)的骨架结构，是从西非灌木植物Cryptolepic sanguinolenta中分离得到的(如图3-1)(Sharaf et al.，1996；Cimanga，et al.，1996)。研究表明，这种同时具有吲哚环和喹啉环的平面线性四环稠环体系能够抑制DNA的复制、转录和修复，对DNA双链具有嵌插能力和选择性，是典型的DNA插入剂，具有稳定DNA-拓扑异构酶II共价复合作用(Peczynska-Czoch，et al.，1994；Luniewski，et al.，2012)，所以这类化合物具有显著的杀菌、抗疟和抗肿瘤等生理活性(Wang，et al.，2012；Mei，et al.，2013)。如Jonckers等(2002)报道2-溴取代的吲哚并[2,3-b]喹啉可以作为有前途的新的高效的杀虫杀菌药物先导化合物。

Cryptolepis sanguinolenta

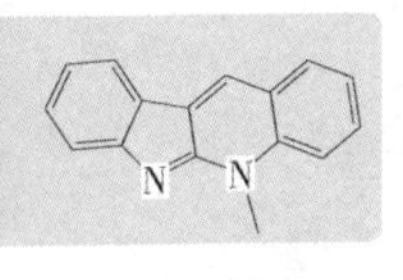

Neocryptolepine

图3-1　天然生物碱Neocryptolepine的结构

因此，关于此类化合物的合成及生物活性的研究一直都受到人们广泛的关

注，成为争相合成的明星分子。然而，现有的合成方法要么反应路线冗长、收率低，要么反应条件苛刻或使用价格昂贵对环境污染严重的有机试剂，限制了它们的广泛应用（Shi，et al.，1999；Parvatkar，et al.，2009；Hostyn，et al.，2011；Bogányi，et al.，2013）。这样，寻找简便有效、环境友好的方法来合成吲哚并[2,3-b]喹啉类衍生物仍然是当前的一项迫切的任务，具有非常好的研究价值。为此，在本章我们开发一种新的合成策略，以第2章的3-乙酰基-2-氯-*N*-甲基吲哚为反应物与各种靛红或2-氨基二苯甲酮在环境友好的10%的乙醇-水反应介质以氢氧化钾为催化剂在200W白炽灯光照的条件下，经一步连续反应构建了吲哚并[2,3-b]喹啉-11-羧酸或11-苯基-吲哚并[2,3-b]喹啉类化合物。该合成方法具有操作简便、所用试剂廉价易得、反应条件温和环境友好等优点，具有非常好的应用价值。而且所合成得到的目标化合物未见文献报道，通过对这些化合物杀菌活性的研究，希望能够为“Neocryptolepine生物碱化合物库”提供尽可能多的分子多样性，为今后高通量筛选有价值的生物模型、得到活性高选择性好的先导化合物提供可能。

3.2 化学实验部分

3.2.1 仪器和主要试剂

WRS-1B数字熔点仪（上海仪器设备厂）；VARIAN Scimitar 2000系列傅立叶变换红外光谱仪（美国瓦里安有限公司）；Agilent 400-MR型核磁共振仪（美国安捷伦公司）；EA 2400II型元素分析仪（美国珀金埃尔默公司）；Agilent 1100系列LC/MSD VL ESI型液质联用仪（美国安捷伦公司）；Customer micrOTOF-Q 125型高分辨质谱仪（美国布鲁克公司）；WP-2330-1紫外分析仪；RE-52AA型旋转蒸发仪（上海亚荣生化仪器厂）。对叔丁基苯胺、水合氯醛、盐酸羟胺、浓硫酸、聚乙二醇-400、*N*-溴代丁二酰亚胺，均为分析纯，购于阿拉丁试剂公司（上海，中国）。

3.2.2 设计的合成路线

设计以实验室自制的*N*-烷基-2-氯-3-乙酰基吲哚为反应物与靛红或取代的靛红在环境友好的10%的乙醇水溶液为介质，氢氧化钾为碱200W白炽灯光照条件下进行回流反应，经一步合成结构新颖的在11-位含有羧基取代的Neocryptolepine生物碱的类似物，如图3-2所示。

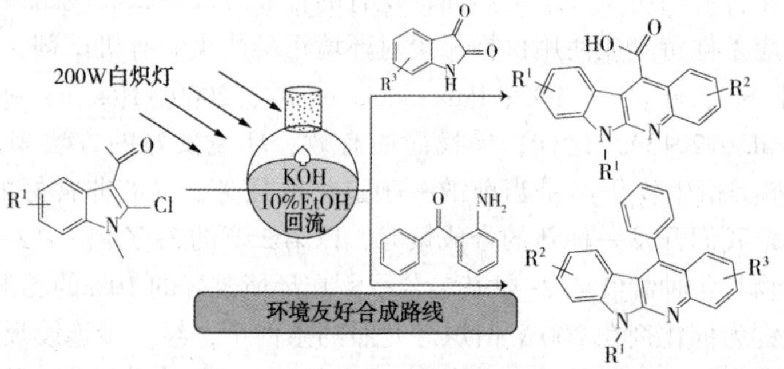

图 3-2 吲哚并[2,3-b]喹啉-11-羧酸或 11-苯基吲哚并[2,3-b]喹啉的合成路线

3.2.3 5-叔丁基靛红(Ⅲ-2e)和5-叔丁基-7-卤靛红(Ⅲ-2f，g)的合成

由于5-叔丁基靛红和5-叔丁基-7-卤靛红未买到，我们进行了实验室自制，其反应方程式和制备过程如下：

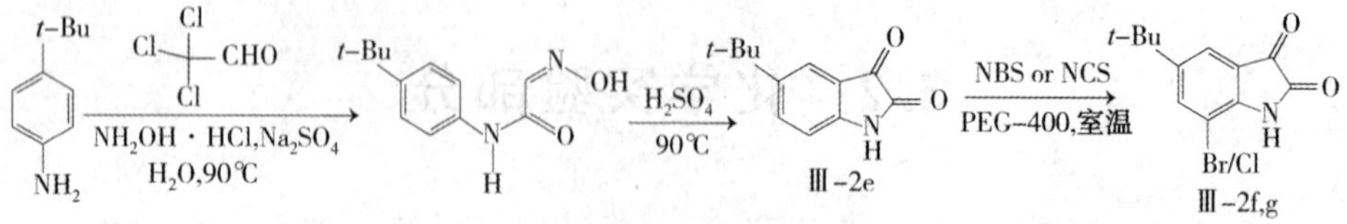

向3000mL的圆底烧瓶中依次加入1000mL水合氯醛的水溶液(水合氯醛量为71.1g，430mmol)、300g硫酸钠、4-叔丁基苯胺(59.6g，400mmol)、浓盐酸(40mL)和400mL盐酸羟胺(83.4g，120mmol)的水溶液。所得反应液加热回流1min，冷却后将析出的固体中间体抽滤，干燥，加入200mL浓硫酸中，在90℃温度下反应10min。反应结束后，冷却至室温，然后慢慢倒入碎冰中，静置30min，析出的固体粗产物抽滤、水洗、干燥、柱层析分离得红色粉末状的5-叔丁基靛红Ⅲ-2e。依次称取0.406g(2.0mmol)的Ⅲ-2e和*N*-溴代(氯代)丁二酰亚胺(2.2mmol)溶解在聚乙二醇-400(5mL)中，在室温下搅拌24h(TLC监测反应的进程)。反应结束后，向反应液中加入少量冰水，将析出的固体粗产物抽滤、干燥、乙醇重结晶得7-卤代的5-叔丁基靛红Ⅲ-2f和Ⅲ-2g。

5-叔丁基靛红(Ⅲ-2e)：Red solid，产率65%，熔点142.3～143.0℃. IR (KBr) ν/cm^{-1}：3458，3303，2963，2904，1749，1718，1625，1486，1366，1131，833，661，494；^{1}H NMR (400MHz，$CDCl_3$) δ (ppm)：9.18 (s，1H，NH)，7.64～7.56 (m，2H，ArH)，6.93 (d，*J* = 8.0Hz，1H，ArH)，1.27 (s，9H，*tert* - butyl)；^{13}C NMR (100MHz，$CDCl_3$) δ (ppm)：31.12，34.59，112.38，117.71，122.59，136.05，147.29，147.44，160.36，183.92；MS

(ESI, *m/z*): 203.9 [M+H]$^+$; HRMS (ESI, *m/z*): Calcd. for $C_{12}H_{13}NNaO_2$ [M+Na]$^+$ 226.0845, found 226.0850. Anal. Calcd for $C_{12}H_{13}NO_2$: C, 70.92; H, 6.45; N, 6.89. Found: C, 70.82; H, 6.40; N, 6.80.

5-叔丁基-7-溴靛红(III-2f)：产率81%；熔点222~223℃；IR (KBr) ν/cm^{-1}: 3465, 3185, 3114, 2360, 1746, 1624, 1482, 1300, 1204, 1166, 889, 703, 676, 600; 1H NMR (400MHz, $CDCl_3$) δ(ppm): 8.48 (s, 1H, NH), 7.69 (s, 1H, Ben-H), 7.59 (s, 1H, Ben-H), 1.29 (s, 9H, *tert*-butyl); ^{13}C NMR (100MHz, $CDCl_3$) δ (ppm): 31.08, 34.88, 105.41, 119.29, 121.70, 138.00, 145.66, 149.20, 158.90, 182.97. Anal. Calcd for $C_{12}H_{12}BrNO_2$: C, 51.09; H, 4.29; N, 4.96. Found: C, 50.97; H, 4.16; N, 5.05.

5-叔丁基-7-氯靛红(III-2g)：产率78%；熔点205~207℃；IR (KBr) ν/cm^{-1}: 3471, 3169, 3121, 2358, 1741, 1633, 1491, 1298, 1196, 1160, 911, 712, 687; ^{1}H NMR (400MHz, $CDCl_3$) δ (ppm): 8.44 (s, 1H, NH), 7.73 (s, 1H, Ben-H), 7.62 (s, 1H, Ben-H), 1.31 (s, 9H, *tert*-butyl); ^{13}C NMR (100MHz, $CDCl_3$) δ (ppm): 31.14, 34.85, 105.37, 119.34, 121.66, 137.97, 145.58, 148.98, 159.01, 183.05. Anal. Calcd for $C_{12}H_{12}ClNO_2$: C, 60.64; H, 5.09; N, 5.89. Found: C, 60.47; H, 4.96; N, 5.75.

3.2.4　目标化合物的合成

3.2.4.1　6-甲基-6H-吲哚并[2,3-b]喹啉-11-羧酸类衍生物(III-3a-l)的合成

向25mL的圆底烧瓶中依次10%的乙醇水溶液，不同取代的靛红(2)(1.5mmol)和粉末状氢氧化钾(1.2g，21mmol)。搅拌使固体完全溶解后，向该反应液中加入3-乙酰基-2-氯-*N*-甲基吲哚(1)(0.217g，1mmol)，然后该反应混合物在200W白炽灯光照条件下进行加热回流反应，大约10h(TLC监测反应进程)。反应结束后，冷却至室温，1mol/L的盐酸酸化至酸性，析出固体粗产物。将析出固体抽滤、自然风干，用无水甲醇重结晶得纯品化合物III-3a-l。所有新化合物的结构均经红外谱图(IR)、氢核磁谱图(^{1}H NMR)、碳核磁谱图(^{13}C NMR)、质谱(ESI-MS)和高分辨质谱(HRMS)得以确证，其物化数据和波谱数据如下：

6-甲基-6H-吲哚并[2,3-b]喹啉-11-羧酸(III-3a)：黄色晶体，产率67%，熔点279~281℃. IR (KBr) ν/cm^{-1}: 3379, 2935, 1655, 1600, 1473, 1433, 1397, 1274, 1125, 748; ^{1}H NMR (400MHz, DMSO-d_6) δ (ppm) 14.65 (s, 1H), 8.28 (d, J = 7.2Hz, 1H), 8.14 (d, J = 7.8Hz, 1H), 8.00 (d, J = 8.4Hz, 1H), 7.70 (t, J = 7.8Hz, 1H), 7.56~7.61 (m, 2H), 7.43 (t, J =

7. 2Hz，1H），7. 23（t，J = 7. 2Hz，1H），3. 91（s，3H）；^{13}C NMR（100MHz，DMSO－d_6）δ 31. 01，113. 70，118. 68，120. 22，120. 97，121. 26，121. 80，124. 01，128. 28，129. 91，130. 06，132. 08，132. 80，141. 86，144. 60，152. 63，168. 48；MS（ESI，m/z）：277. 1［M+H］$^+$；HRMS（ESI）：calcd for $C_{17}H_{13}N_2O_2$［M+H］$^+$ 277. 0972，found 277. 0974.

2,6－二甲基－6H－吲哚并［2,3－b］喹啉－11－羧酸（III－3b）：黄色晶体，产率64%，熔点289～290℃. IR（KBr）ν/cm^{-1}：3488，3064，2923，1664，1608，1473，1385，1271，1238，1173，869，750；^{1}H NMR（400MHz，DMSO－d_6）δ：14. 52（s，1H），8. 12（d，J = 7. 8Hz，1H），8. 02（d，J = 8. 6Hz，1H），7. 85（s，1H），7. 64～7. 68（m，3H），7. 31～7. 36（m，1H），3. 95（s，3H），2. 55（s，3H）；^{13}C NMR（100MHz，DMSO－d_6）δ（ppm）19. 74，31. 02，113. 45，116. 36，118. 86，120. 93，121. 32，121. 73，127. 41，130. 17，132. 33，132. 69，141. 81，144. 82，152. 71，168. 62；MS（ESI，m/z）：291. 1［M＋H］$^+$；HRMS（ESI）：calcd for $C_{18}H_{15}N_2O_2$［M+H］$^+$ 291. 1128，found 291. 1123.

2－甲氧基－6－甲基－6H－吲哚并［2,3－b］喹啉－11－羧酸（III－3c）：黄色晶体，产率68%，熔点298～299 ℃. IR（KBr）ν/cm^{-1} 3442，2938，1658，1606，1468，1355，1232，1133，814，746；^{1}H NMR（400MHz，DMSO－d_6）δ 14. 43（s，1H），8. 17（d，J = 7. 8Hz，1H），8. 05（d，J = 9. 2Hz，1H），7. 64～7. 69（m，2H），7. 51（d，J = 9. 2Hz，1H），7. 43（s，1H），7. 33（t，J = 7. 2Hz，1H），3. 95（s，3H），3. 92（s，3H）；^{13}C NMR（100MHz，DMSO－d_6）δ 28. 09（ppm），55. 75，103. 59，110. 01，113. 26，118. 17，120. 36，122. 20，123. 24，126. 14，129. 34，129. 49，131. 76，142. 37，143. 18，150. 90，155. 77，168. 96；MS（ESI，m/z）：307. 1［M＋ H］$^+$；HRMS（ESI）：calcd for $C_{18}H_{15}N_2O_3$［M＋H］$^+$ 307. 1077，found 307. 1082.

2－乙基－6－甲基－6H－吲哚并［2,3－b］喹啉－11－羧酸（III－3d）：黄色晶体，产率61%，熔点292～293℃. IR（KBr）ν/cm^{-1} 3393，2963，2932，1669，1602，1474，1397，1276，1130，826，747；^{1}H NMR（400MHz，DMSO－d_6）δ（ppm）14. 59（s，1H），8. 23（d，J = 7. 4Hz，1H），7. 95（d，J = 8. 7Hz，1H），7. 92（s，1H），7. 56～7. 63（m，3H），7. 23～7. 27（m，1H），3. 92（s，3H），2. 82（q，J = 7. 6Hz，2H），1. 30（t，J =7. 6Hz，3H）；^{13}C NMR（100MHz，DMSO－d_6）δ（ppm）16. 02，28. 67，30. 96，112. 57，118. 98，119. 54，120. 64，120. 73，121. 61，122. 82，128. 01，130. 78，132. 19，132. 62，139. 58，141. 57，145. 09，152. 13，169. 14；MS（ESI，m/z）：305. 1［M+H］$^+$；HRMS（ESI）：calcd for $C_{19}H_{17}N_2O_2$［M+H］$^+$ 305. 1285，found 307. 1283.

2-叔丁基-6-甲基-6H-吲哚并[2,3-b]喹啉-11-羧酸(III-3e)：黄色晶体，产率69%，熔点 >300℃. IR (KBr) ν/cm^{-1} 3449, 2967, 2872, 1663, 1604, 1472, 1405, 1231, 1128, 830, 745; ^1H NMR (400MHz, DMSO-d_6) δ (ppm) 14.50 (s, 1H), 8.13 (d, J = 7.8Hz, 1H), 8.06 (d, J = 8.9Hz, 1H), 7.99 (d, J = 1.8Hz, 1H), 7.94 (dd, J = 8.9, 2.0Hz, 1H), 7.64～7.69 (m, 2H), 7.34 (dd, J = 6.7, 7.8Hz, 1H), 3.96 (s, 3H), 1.42 (s, 9H); ^{13}C NMR (100MHz, DMSO-d_6) δ (ppm) 28.15, 31.39, 35.08, 110.11, 112.93, 118.38, 119.07, 120.03, 120.63, 123.01, 127.73, 128.79, 129.32, 133.11, 143.14, 144.95, 146.25, 151.91, 169.04; MS (ESI, m/z): 333.16 $[M+H]^+$; HRMS (ESI): calcd for $C_{21}H_{21}N2O_2[M+H]^+$ 333.1598, found 333.1537.

4-溴-2-叔丁基-6-甲基-6H-吲哚并[2,3-b]喹啉-11-羧酸(III-3f)：黄色晶体，产率66%，熔点 >300 °C. IR (KBr) ν/cm^1: 3445, 2960, 2858, 2351, 1584, 1475, 1370, 1250, 1188, 1130, 1035, 830, 788; ^1H NMR (400MHz, DMSO-d_6) δ (ppm): 12.28 (s, 1H, NH), 8.33 (s, 1H, ArH), 8.28 (d, J= 8.3Hz, 1H, ArH), 8.11 (d, J = 8.3Hz, 1H, ArH), 7.96 (s, 1H, ArH), 7.85 (t, J=7.3Hz, 1H, ArH), 7.77 (t, J=7.5Hz, 1H, ArH), 1.43 (s, 9H, *tert*-butyl); ^{13}C NMR (100MHz, DMSO-d_6) δ (ppm): 31.81, 35.13, 104.74, 117.88, 121.14, 126.86, 128.06, 129.49, 129.58, 131.74, 139.19, 140.15, 140.77, 141.02, 145.70, 146.86; MS (ESI, m/z): 412.0 $[M+H]^+$. Anal. Calcd for $C_{21}H_{19}BrN_2O_2$: C, 61.33; H, 4.66; N, 6.81. Found: C, 61.27; H, 4.75; N, 6.64.

4-氯-2-叔丁基-6-甲基-6H-吲哚并[2,3-b]喹啉-11-羧酸(III-3g)：黄色晶体，产率60%，熔点 >300℃. IR (KBr) ν/cm^1: 3444, 2960, 2858, 2350, 1585, 1476, 1377, 1247, 1188, 1125, 1057, 869, 748; ^1H NMR (400MHz, $CDCl_3$) δ (ppm): 8.42 (s, 1H, ArH), 8.23 (d, J=8.4Hz, 1H, ArH), 8.08 (d, J = 8.4Hz, 1H, ArH), 7.79 (s, 1H, ArH), 7.70 (t, J = 7.6Hz, 1H, ArH), 7.62 (t, J=7.6Hz, 1H, ArH), 4.92 (q, J=7.1Hz, 2H, CH_2), 1.45 (t, J = 7.0Hz, 3H, CH_3), 1.38 (s, 9H, *tert*-butyl); ^{13}C NMR (100MHz, $CDCl_3$) δ (ppm): 15.71, 31.63, 34.82, 37.47, 103.03, 115.61, 118.54, 122.52, 124.82, 126.35, 127.93, 129.04, 134.11, 138.98, 139.32, 141.00, 145.71, 146.24; MS (ESI, m/z): 383.0 $[M+H]^+$. Anal. Calcd for $C_{21}H_{19}ClN_2O_2$: C, 68.76; H, 5.22; N, 7.64. Found: C, 68.60; H, 5.45; N, 7.83.

2-氟-6-甲基-6H-吲哚并[2,3-b]喹啉-11-羧酸(III-3h)：黄色晶体，产率62%，熔点 >300℃. IR (KBr) ν/cm^{-1} 3437, 2977, 1720, 1602, 1471, 1403,

1261，1210，1125，821，736；^{1}H NMR（400MHz，DMSO-d_6）δ（ppm）14.70（s，1H），8.20（d，J = 8.4Hz，1H），8.17（dd，J = 3.6，9.2Hz，1H），7.84（dd，J = 2.7，10.2Hz，1H），7.76（d，J = 8.7Hz，1H），7.69～7.74（m，2H），7.34-7.38（m，1H），3.96（s，3H）；^{13}C NMR（100MHz，DMSO-d_6）δ（ppm）28.17，108.83，109.07，110.22，114.18，117.93，119.59，120.81，123.69，129.92，130.52，132.21，143.48，151.90，157.25，159.65，168.40；MS（ESI，m/z）：295.1［M+H］$^+$；HRMS（ESI）：calcd for $C_{17}H_{12}FN_2O_2$［M+H］$^+$ 295.0877，found 295.0884.

2-氯-6-甲基-6H-吲哚并［2,3-b］喹啉-11-羧酸（III-3i）：黄色晶体，产率60%，熔点 >300 °C. IR（KBr）ν/cm^{-1} 3259，2926，1669，1593，1475，1432，1397，1273，1128，822，743；^{1}H NMR（400MHz，DMSO-d_6）δ（ppm）14.73（s，1H），8.38（d，J = 7.8Hz，1H），8.27（s，1H），7.98（d，J = 7.8Hz，1H），7.66（dd，J = 7.8，7.8Hz，1H），7.55～7.59（m，2H），7.24（t，J = 7.2Hz，1H），3.92（s，3H）；^{13}C NMR（100MHz，DMSO-d_6）δ（ppm）30.96，112.53，119.04，119.60，120.61，120.76，121.56，124.18，127.83，131.88，132.16，132.75，133.34，141.57，144.88，152.12，169.17；MS（ESI，m/z）：311.0［M+H］$^+$；HRMS（ESI）：calcd for $C_{17}H_{12}ClN_2O_2$［M+H］$^+$ 311.0582，found 311.0587.

2-溴-6-甲基-6H-吲哚并［2,3-b］喹啉-11-羧酸（III-3j）：黄色晶体，产率64%，熔点 >300 °C. IR（KBr）ν/cm^{-1} 3383，2935，1716，1603，1475，1396，1218，1125，817，739；^{1}H NMR（400MHz，DMSO-d_6）δ（ppm）14.84（s，1H），8.27（d，J = 2.1Hz，1H），8.19（d，J = 7.8Hz，1H），8.06（d，J = 9.0Hz，1H），7.92（dd，J = 9.0，2.1Hz，1H），7.68～7.75（m，2H），7.35～7.74（m，1H），3.97（s，3H）；^{13}C NMR（100MHz，DMSO-d_6）δ（ppm）30.93，103.34，118.28，120.25，120.49，120.91，121.54，122.16，129.55，131.67，132.18，141.61，142.30，151.31，155.77，169.11；MS（ESI，m/z）：355.1［M+H］$^+$；HRMS（ESI）：calcd for $C_{17}H_{11}BrN_2O_2$［M+H］$^+$ 355.0077，found 355.0078.

6,7-二甲基-6H-吲哚并［2,3-*b*］喹啉-11-羧酸（III-3m）：黄色粉末，产率61%，熔点>300℃；IR（KBr）ν/cm^{-1}：3446，2918，1656，1606，741，578；^{1}H NMR（DMSO-d_6，400MHz）δ（ppm）14.46（s，1H，COOH），8.20（t，J = 8.5Hz，2H，ArH），7.95（d，J=8.4Hz，1H，ArH），7.65（t，J=7.4Hz，1H，ArH），7.38（t，J=7.4Hz，1H，ArH），7.26（d，J=7.2Hz，1H，ArH），7.09（t，J=7.4Hz，1H，ArH），4.22（s，3H，CH_3），2.86（s，3H，CH_3）. ^{13}C NMR（DMSO-d_6，100MHz）δ（ppm）170.74，153.33，146.78，143.72，140.75，130.95，128.83，128.05，127.61，127.34，122.34，121.83，120.96（s），

120. 42，119. 98，110. 76，30. 70，19. 67. MS：m/z=290. 1[M+H]$^+$. HRMS(ESI, m/s)：Calcd. for $C_{18}H_{14}N_2O_2H$ [M+H]$^+$ 291. 1091，found 291. 1089.

2,6,7-三甲基-6H-吲哚并[2,3-b]喹啉-11-羧酸(III-3n)：黄色晶体，产率66%，熔点 >300℃；IR (KBr) ν/cm^{-1}：3346，2908，1656，1616，731，567；^{1}H NMR (DMSO-d_6，400MHz) δ(ppm) 13. 53 (s，1H，COOH)，7. 95 (dd，J=15. 2，8. 1Hz，2H，ArH)，7. 77 (s，1H，ArH)，7. 61 (d，J = 8. 5Hz，1H，ArH)，7. 34 (d，J=6. 9Hz，1H，ArH)，7. 16 (t，J=7. 5Hz，1H，ArH)，4. 22 (s，3H，CH_3)，2. 85 (s，3H，CH_3)，2. 52 (s，3H，CH_3). ^{13}C NMR (DMSO-d_6，100MHz) δ (ppm) 169. 17，152. 12，144. 88，141. 57，133. 34，132. 75，132. 16，131. 88，127. 83，124. 18，121. 56，120. 68，119. 60，119. 04，112. 53，30. 96，21. 66，19. 79，19. 00. MS：m/z = 304. 1[M+H]$^+$. HRMS(ESI，m/s)：Calcd. for $C_{19}H_{16}N_2O_2H$ [M+H]$^+$ 205. 1247，found 205. 1245.

2-乙基-6,7-二甲基-6H-吲哚并[2,3-b]喹啉-11-羧酸 (III-3o)：黄色固体，产率 62%；熔点 290. 7 ~ 292. 5℃；IR (KBr) ν/cm^{-1}：3442，2915，1651，1604，744，579；^{1}H NMR (DMSO-d_6，400MHz) δ(ppm) 14. 52 (s，1H，COOH)，8. 03 (d，J = 8. 7Hz，1H，ArH)，7. 96 (d，J = 7. 7Hz，1H，ArH)，7. 80 (s，1H，ArH)，7. 69 (d，J=8. 6Hz，1H，ArH)，7. 38 (d，J=7. 3Hz，1H，ArH)，7. 20 (t，J = 7. 6Hz，1H，ArH)，4. 25 (s，3H，CH_3)，2. 85 (dd，J = 14. 6，6. 9Hz，5H，CH_2，CH_3)，1. 31 (t，J=7. 5Hz，3H，CH_3). ^{13}C NMR (DMSO-d_6，100MHz) δ(ppm) 169. 14，152. 13，145. 09，141. 57，139. 58，132. 62，132. 19，130. 78，128. 01，122. 82，121. 61，120. 69，119. 54，118. 98，112. 57，30. 96，28. 67，19. 78，16. 02. MS：m/z=318. 1[M+H]$^+$. HRMS(ESI，m/s)：Calcd. for $C_{20}H_{18}N_2O_2H$[M+H]$^+$ 319. 1404，found 319. 1402.

2-叔丁基-6,7-二甲基-6H-吲哚并[2,3-b]喹啉-11-羧酸 (III-3p)：黄色晶体，产率 61%；熔点>300℃；IR (KBr) ν/cm^{-1}：3426，2928，1636，1626，751，568；^{1}H NMR (DMSO-d_6，400MHz) δ13. 71 (s，1H，COOH)，8. 08 (d，J=9. 6Hz，1H，ArH)，8. 01 ~ 7. 94 (m，3H，ArH)，7. 41 (d，J = 7. 3Hz，1H，ArH)，7. 24 (t，J = 7. 6Hz，1H，ArH)，4. 30 (s，3H，CH_3)，2. 92 (s，3H，CH_3)，1. 45 (s，9H，C_4H_9). ^{13}C NMR (DMSO-d_6，100MHz) δ (ppm) 169. 20，152. 32，146. 22，144. 88，141. 53，133. 02，132. 17，128. 71，127. 77，121. 65，120. 70，119. 83，119. 03，112. 56，35. 07，31. 39，31. 00，19. 79. MS：m/z = 346. 2[M+H]$^+$. HRMS(ESI，m/s)：Calcd. for $C_{22}H_{22}N_2O_2H$[M+H]$^+$ 347. 1717，found 347. 1784.

2-甲氧基-6,7-二甲基-6H-吲哚并[2,3-b]喹啉-11-羧酸(III-3q)：黄色晶体，产率 68%；熔点>300℃；IR（KBr）ν/cm^{-1}：3546，2818，1756，1706，841，678；^{1}H NMR（DMSO-d_6，400MHz）δ14.53（s，1H，COOH），8.03（d，J=9.2Hz，1H，ArH），7.98（d，J=7.6Hz，1H，ArH），7.49（d，J=9.1Hz，1H，ArH），7.37（d，J=11.4Hz，2H，ArH），7.19（t，J=7.2Hz，1H，ArH），4.24（s，3H，CH_3），3.91（s，3H，CH_3），2.87（s，3H，CH_3）. ^{13}C NMR（DMSO-d_6，100MHz）δ（ppm）169.11，155.77，151.31，142.30，141.61，132.18，131.67，129.55，122.16，121.54，120.91，120.49，120.25，118.78，112.86，103.34，55.77，30.93，19.81. MS：m/z=320.1[M+H]$^+$. HRMS(ESI，m/s)：Calcd. for $C_{19}H_{16}N_2O_3H$[M+H]$^+$ 321.1194，found 321.1286.

4，6，7-三甲基-6H-吲哚并[2,3-b]喹啉-11-羧酸(III-3r)：黄色粉末，产率 65%；熔点>300℃；IR（KBr）ν/cm^{-1}：3346，2816，1646，1616，761，568；^{1}H NMR(DMSO-d_6，400MHz）δ 13.67（s，1H，COOH），7.99（d，J=7.8Hz，1H，ArH），7.93（d，J=8.3Hz，1H，ArH），7.71（d，J=6.9Hz，1H，ArH），7.51~7.46（m，1H，ArH），7.42（d，J=7.5Hz，1H，ArH），7.25（t，J=7.6Hz，1H，ArH），4.32（s，3H，CH_3），2.92（s，3H，CH_3），2.87（s，3H，CH_3）. ^{13}C NMR（DMSO-d_6，100MHz）δ（ppm）169.24，151.69，145.21，141.67，135.20，133.40，132.16，129.60，123.76，123.46，121.68，120.71，119.31，118.93，112.24，30.92，19.76，18.60. MS：m/z=304.1[M+H]$^+$. HRMS(ESI，m/s)：Calcd. for $C_{19}H_{16}N_2O_2H$[M+H]$^+$ 305.1247，found 305.1245.

4-乙基-6,7-二甲基-6H-吲哚并[2,3-b]喹啉-11-羧酸(III-3s)：黄色粉末；产率 60%；熔点>300℃；IR（KBr）ν/cm^{-1}：3436，2939，1649，1612，761，569；^{1}H NMR（DMSO-d_6，400MHz）δ(ppm)13.61（s，1H，COOH），8.04（s，1H，ArH），7.92（d，J=7.5Hz，1H，ArH），7.67（d，J=6.6Hz，1H，ArH），7.47（s，1H，ArH），7.38（d，J=7.1Hz，1H，ArH），7.21（d，J=7.5Hz，1H，ArH），4.31（s，3H，CH_3），3.38（d，J=7.5Hz，2H，CH_2），2.91（s，3H，CH_3），1.44（t，J=7.4Hz，3H，CH_3）. ^{13}C NMR（DMSO-d_6，100MHz）δ（ppm）169.51，151.83，144.65，141.51，140.78，138.41，131.86，127.85，123.89，123.53，121.40，120.92，120.51，111.92，30.83，24.97，19.77，15.35. MS：m/z=318.1[M+H]$^+$. HRMS(ESI，m/s)：Calcd. for $C_{20}H_{18}N_2O_2H$[M+H]$^+$ 319.1404，found 319.1402.

2-氟-6,7-二甲基-6H-吲哚并[2,3-b]喹啉-11-羧酸(III-3t)：深黄色粉末；产率 66%；熔点>300℃；IR（KBr）ν/cm^{-1}：3462，2908，1646，1646，741，574；^{1}H NMR（DMSO-d_6，400MHz）δ 14.71（s，1H，COOH），8.15（dd，J=8.7，5.7Hz，1H，ArH），8.02（d，J=7.7Hz，1H，ArH），7.74（dd，J=12.8，

9.7Hz，2H，ArH)，7.41（d，J=7.2Hz，1H，ArH)，7.22（t，J=7.5Hz，1H，ArH)，4.25（s，3H，CH_3)，2.88（s，3H，CH_3)．^{13}C NMR（DMSO－d_6，100MHz）δ(ppm) 168.57，159.62，157.21，152.23，143.29，141.88，132.69，132.14，130.53，121.66，121.29，120.78，119.96，119.44，118.53，113.69，108.77，108.54，30.95，19.73. MS：m/z=310.1[M+H]$^+$. HRMS(ESI，m/s)：Calcd. for $C_{18}H_{13}FN_2O_2H$[M+H]$^+$ 309.0995，found. 309.1039.

2-氯-6,7-二甲基-6H-吲哚并[2,3-b]喹啉-11-羧酸(III-3u)：深黄色粉末；产率62%；熔点>300℃；IR（KBr）ν/cm^{-1}：3458，2935，1662，1616，751，568；^{1}H NMR（DMSO-d_6，400MHz）δ(ppm) 14.58（s，1H，COOH)，8.09（d，J=9.0Hz，1H，ArH)，8.04（s，1H，ArH)，8.00（d，J=7.8Hz，1H，ArH)，7.79（d，J=8.9Hz，1H，ArH)，7.41（d，J=7.2Hz，1H，ArH)，7.22（t，J=7.6Hz，1H，ArH)，4.24（s，3H，CH_3)，2.87（s，3H，CH_3)．^{13}C NMR（DMSO－d_6，100MHz）δ（ppm）168.48，152.63，144.60，141.86，132.80，132.08，129.99，128.28，124.01，121.80，121.26，120.97，120.22，118.68，113.70，31.01，19.71. MS：m/z=324.1[M+H]$^+$. HRMS(ESI，m/s)：Calcd. for $C_{18}H_{13}ClN_2O_2H$[M+H]$^+$ 325.0706，found 325.0699.

2-溴-6,7-二甲基-6H-吲哚并[2,3-b]喹啉-11-羧酸(III-3v)：黄色固体；产率 59%；熔点>300℃；IR（KBr）ν/cm^{-1}：3446，2918，1656，1606，741，578；^{1}H NMR（DMSO-d_6，400MHz）δ14.50（s，1H，COOH)，8.20（s，1H，ArH)，8.01（d，J=8.8Hz，2H，ArH)，7.87（d，J=8.7Hz，1H，ArH)，7.40（d，J=7.2Hz，1H，ArH)，7.20（t，J=7.5Hz，1H，ArH)，4.24（s，3H，CH_3)，2.87（s，3H，CH_3)．^{13}C NMR（DMSO-d_6，100MHz）δ(ppm) 168.62，152.71，144.82，141.81，132.69，132.33，130.17，127.41，121.73，121.32，120.93，118.86，116.36，113.45，31.02，19.74. MS：m/z=368.0[M+H]$^+$. HRMS（ESI，m/s）：Calcd. for $C_{18}H_{13}BrN_2O_2H$[M+H]$^+$ 369.0199，found 369.0194.

7-乙基-6-甲基-6H-吲哚并[2,3-b]喹啉-11-羧酸(III-3w)：黄色粉末；产率64%；熔点 282.1～282.4℃；IR（KBr）ν/cm^{-1}：3426，2917，1654，1603，745，573；^{1}H NMR（DMSO-d_6，400MHz）δ(ppm) 14.55（s，1H，COOH)，8.09（dd，J=20.7，7.9Hz，2H，ArH)，8.03-7.95（m，1H，ArH)，7.86～7.77（m，1H，ArH)，7.60（d，J=7.7Hz，1H，ArH)，7.47（d，J=6.7Hz，1H，ArH)，7.33-7.24（m，1H，ArH)，4.27（s，3H，CH_3)，3.29～3.22（m，2H，CH_2)，1.42～1.28（m，3H，CH_3)．^{13}C NMR（DMSO-d_6，100MHz）δ(ppm) 169.00，152.65，146.27，140.95，132.99，130.85，129.76，128.05，125.57，

124.29，121.03，120.81，119.62，119.29，112.72，30.98，25.22，17.13. MS：m/z=304.1[M+H]$^+$. HRMS(ESI，m/s)：Calcd. for $C_{19}H_{16}N_2O_2H$[M+H]$^+$ 305.1252，found 305.1245.

7-乙基-2,6-二甲基-6H-吲哚并[2,3-b]喹啉-11-羧酸(III-3x)：黄色固体，产率 57%；熔点 289.6~290.9℃；IR（KBr）ν/cm^{-1}：3435，2916，1653，1601，746，574；^{1}H NMR（DMSO-d_6，400MHz）δ(ppm) 14.54（s，1H，COOH)，8.01（d，J=10.0Hz，1H，ArH)，7.98~7.91（m，1H，ArH)，7.77（s，1H，ArH)，7.63（d，J=8.2Hz，1H，ArH)，7.45-7.38（m，1H，ArH)，7.24（t，J=8.4Hz，1H，ArH)，4.22（s，3H，CH_3)，3.21（s，2H，CH_2)，2.52（s，3H，CH_3)，1.32（s，3H，CH_3). ^{13}C NMR（DMSO-d_6，100MHz）δ(ppm) 168.98，152.05，144.42，140.84，133.62，132.67，132.10，130.77，128.03，127.51，124.15，121.01，120.71，119.44，112.75，31.10，25.22，21.65，17.12. MS：m/z=318.1[M+H]$^+$. HRMS(ESI，m/s)：Calcd. for $C_{20}H_{18}N_2O_2H$[M+H]$^+$ 319.1410，found 319.1402.

2,7-二乙基-6-甲基-6H-吲哚并[2,3-b]喹啉-11-羧酸(III-3y)：黄色粉末，产率 63%；熔点 270.6~272.5℃；IR（KBr）ν/cm^{-1}：3436，2928，1664，1616，749，579；^{1}H NMR（DMSO-d_6，400MHz）δ(ppm) 14.44（s，1H，COOH)，8.01（d，J=8.0Hz，1H，ArH)，7.95（d，J=7.1Hz，1H，ArH)，7.78（s，1H，ArH)，7.67（d，J=8.7Hz，1H，ArH)，7.46-7.37（m，1H，ArH)，7.27~7.19（m，1H，ArH)，4.21（s，3H，CH_3)，3.26-3.16（m，2H，CH_2)，2.83（dd，J=3.4，2.6Hz，2H，CH_2)，1.36-1.23（m，6H，CH_3). ^{13}C NMR（DMSO-d_6，100MHz）δ(ppm) 169.11，152.31，145.09，140.87，139.65，132.53，130.76，127.99，122.81，120.80，119.56，119.33，112.57，30.94，28.67，25.23，17.13，16.00. MS：m/z=332.2[M+H]$^+$. HRMS(ESI，m/s)：Calcd. for $C_{21}H_{20}N_2O_2H$[M+H]$^+$ 333.1566，found 333.1558.

2-叔丁基-7-乙基-6-甲基-6H-吲哚并[2,3-b]喹啉-11-羧酸(III-3z)：黄色粉末，产率 61%；熔点>300℃；IR（KBr）ν/cm^{-1}：3446，2918，1656，1606，741，578；^{1}H NMR（DMSO-d_6，400MHz）δ 14.50（s，1H，COOH)，8.06（d，J=6.8Hz，1H，ArH)，8.02~7.90（m，3H，ArH)，7.44（d，J=4.0Hz，1H，ArH)，7.32~7.23（m，1H，ArH)，4.25（s，3H，CH_3)，3.29-3.21（m，2H，CH_2)，1.43（s，9H，C_4H_9)，1.39~1.32（m，3H). ^{13}C NMR（DMSO-d_6，100MHz）δ(ppm) 169.18，152.50，146.27，144.88，140.83，132.94，130.64，128.73，127.88，120.80，119.82，119.36（s），119.12，112.57，35.07，31.39，30.96，25.22，17.12. MS：m/z=360.2[M+H]$^+$. HRMS(ESI，m/s)：

Calcd. for $C_{23}H_{24}N_2O_2H$ [M+H]$^+$ 361.1879, found 361.1871.

7-乙基-2-甲氧基-6-甲基-6H-吲哚并[2,3-b]喹啉-11-羧酸(III-3a′)：黄色粉末，产率64%；熔点290.6~292.4℃；IR（KBr）ν/cm^{-1}：3446，2918，1656，1606，741，578；^{1}H NMR（DMSO-d_6，400MHz）δ(ppm)14.53（s，1H，COOH），8.03（t，J=9.1Hz，2H，ArH），7.53－7.47（m，1H，ArH），7.42（d，J=3.4Hz，1H，ArH），7.36（s，1H，ArH），7.25（d，J=2.8Hz，1H，ArH），4.22（s，3H，CH_3），3.92（s，3H，CH_3），3.23（d，J=0.8Hz，2H，CH_2），1.34（s，3H，CH_3）.^{13}C NMR（DMSO-d_6，100MHz）δ(ppm)169.11，155.81，151.49，142.31，140.90，131.66，130.62，129.56，127.86，122.17，120.91，120.69，120.29，119.16，112.86，103.35，55.77，30.89，25.24，17.08. MS：m/z=334.1[M+H]$^+$. HRMS(ESI，m/s)：Calcd. for $C_{20}H_{18}N_2O_3H$[M+H]$^+$ 335.1357，found 335.1351.

7-乙基-4,6-二甲基-6H-吲哚并[2,3-b]喹啉-11-羧酸(III-3b′)：黄色固体，产率55%；熔点>300℃；IR（KBr）ν/cm^{-1}：3441，2912，1650，1601，743，574；^{1}H NMR（DMSO-d_6，400MHz）δ(ppm)13.69（s，1H，COOH），8.02（d，J=2.2Hz，1H，ArH），7.89（d，J=7.5Hz，1H，ArH），7.73~7.62（m，1H，ArH），7.44（d，J=1.2Hz，2H，ArH），7.31~7.21（m，1H，ArH），4.27（s，3H，CH_3），3.29-3.21（m，2H，CH_2），2.84（s，3H，CH_3），1.41-1.25（m，3H，CH_3）.^{13}C NMR（DMSO-d_6，100MHz）δ(ppm)169.44，151.96，145.26，140.86，135.09，130.40，129.50，127.86，123.64，120.82，119.49，112.07，30.85，25.20，18.60，17.10. MS：m/z=318.1[M+H]$^+$. HRMS(ESI，m/s)：Calcd. for $C_{20}H_{18}N_2O_2H$[M+H]$^+$ 319.1409，found 319.1402.

2，7-二乙基-6-甲基-6H-吲哚并[2,3-b]喹啉-11-羧酸(III-3c′)：黄色粉末，产率51%；熔点>300℃；IR（KBr）ν/cm^{-1}：3442，2914，1654，1603，744，577；^{1}H NMR（DMSO-d_6，400MHz）δ 14.09（s，1H，COOH），8.12（d，J=2.2Hz，1H，ArH），7.789（d，J=7.5Hz，1H，ArH），7.63~7.52（m，1H，ArH），7.34（d，J=1.2Hz，2H，ArH），7.21~7.10（m，1H，ArH），4.14（s，3H，CH_3），2.91~2.71（m，4H，CH_2），1.84（s，6H，CH_3），1.41~1.25（m，3H，CH_3）.^{13}C NMR（DMSO-d_6，100MHz）δ 169.54，152.96，145.26，140.86，135.09，130.41，129.52，127.85，123.66，120.82，119.49，112.07，30.84，25.20，18.61，17.11. MS：m/z=332.2[M+H]$^+$. HRMS(ESI，m/s)：Calcd. for $C_{21}H_{20}N_2O_2H$[M+H]$^+$ 333.1564，found 333.1537.

7-乙基-2-氟-6-甲基-6H-吲哚并[2,3-b]喹啉-11-羧酸(III-3d′)：黄色粉末，产率54%；熔点279.5~281.0℃；IR（KBr）ν/cm^{-1}：3441，2912，1651，

1609，743，574；[1] H NMR（DMSO－d_6，400MHz）δ 14.65（s，1H，COOH），8.20～8.12（m，1H，ArH），8.04（d，J=5.1Hz，1H，ArH），7.80～7.69（m，2H，ArH），7.46（d，J=3.8Hz，1H，ArH），7.27（dd，J=7.2，4.3Hz，1H，ArH），4.23（d，J=2.5Hz，3H，CH_3），3.28～3.19（m，2H，CH_2），1.34（d，J=2.7Hz，3H，CH_3）.[13] C NMR（DMSO－d_6，100MHz）δ 168.56，159.67，157.26，152.45，143.32，141.21，132.17，131.18，130.58，128.02，121.28，121.04，119.85，119.54，118.88，113.68，108.79，108.56，30.97，25.18，17.04. MS：m/z = 322.1［M＋H］$^+$. HRMS（ESI，m/s）：Calcd. for $C_{19}H_{15}FN_2O_2H$［M＋H］$^+$ 323.1157，found 323.11265.

7－乙基－2－氯－6－甲基－6H－吲哚并［2,3－b］喹啉－11－羧酸（III－3e′）：深黄色粉末，产率 58%；熔点＞300℃；IR（KBr）ν/cm^{-1}：3445，2915，1657，1607，748，579；^{1}H NMR（DMSO－d_6，400MHz）δ（ppm）14.17（s，1H，COOH），8.84（s，1H，ArH），8.59（s，1H，ArH），8.34～8.22（m，1H，ArH），8.15（d，J=6.7Hz，1H，ArH），7.84（d，J=7.1Hz，1H，ArH），7.13（d，J=20.6Hz，2H，ArH），4.09（s，3H，CH_3），3.19－3.15（m，2H，CH_2），1.32（d，J=1.2Hz，3H，CH_3）.[13] C NMR（DMSO－d_6，100MHz）δ（ppm）167.55，153.74，147.56，134.41，132.21，131.81，130.82，128.02，127.20，126.60，124.73，123.77，123.43，122.01，119.01，111.22，33.55，25.46，16.81. MS：m/z = 338.1［M+H］$^+$. HRMS（ESI，m/s）：Calcd. for $C_{19}H_{15}ClN_2O_2H$［M+H］$^+$ 339.0856，found 339.0856.

7－乙基－2－溴－6－甲基－6H－吲哚并［2,3－b］喹啉－11－羧酸（III－3f′）：深黄色粉末，产率 51%；熔点＞300℃；IR（KBr）ν/cm^{-1}：3442，2913，1654，1605，746，575；^{1}H NMR（DMSO－d_6，400MHz）δ（ppm）14.17（s，1H，COOH），8.84（s，1H，ArH），8.59（s，1H，ArH），8.34～8.22（m，1H，ArH），8.15（d，J=6.7Hz，1H，ArH），7.84（d，J=7.1Hz，1H，ArH），7.13（d，J=20.6Hz，2H，ArH），4.09（s，3H，CH_3），3.19～3.15（m，2H，CH_2），1.32（d，J=1.2Hz，3H，CH_3）.[13] C NMR（DMSO－d_6，100MHz）δ（ppm）167.55，153.74，147.56，134.41，132.21，131.81，130.82，128.02，127.20，126.60，124.73，123.77，123.43，122.01，119.01，111.22，33.55，25.46，16.81. MS：m/z = 382.0［M+H］$^+$. HRMS（ESI，m/s）：Calcd. for $C_{19}H_{15}BrN_2O_2H$［M＋H］$^+$ 383.0358，found 383.0350.

9－乙基－6－甲基－6H－吲哚［2,3－b］喹啉－11－羧酸（III－3g′）：黄色粉末状固体，产率 62%；熔点＞300℃；^{1}H NMR（400MHz，DMSO－d_6）δ（ppm）8.20～8.09（m，2H，ArH），8.02（s，1H，ArH），7.83（t，J = 7.3Hz，1H，ArH），

7.63 (d, J=7.9Hz, 1H, ArH), 7.60 (d, J=8.1Hz, 1H, ArH), 7.55 (d, J=8.0Hz, 1H, ArH), 3.96 (s, 3H, NCH_3), 2.81 (dd, J=14.8, 7.4Hz, 2H, CH_2), 1.31 (t, J=7.4Hz, 3H, CH_3); ^{13}C NMR (100MHz, DMSO-d_6) δ(ppm) 168.96, 152.26, 146.30, 141.68, 136.14, 133.06, 129.69, 129.49, 127.96, 125.74, 124.13, 121.87, 119.54, 118.42, 113.15, 109.96, 28.68, 28.16, 16.71; FT-IR (KBr) ν/cm^{-1}: 3434, 2968, 2937, 2366, 1718, 1622, 1570, 1488, 1383, 1280, 1250, 1190, 1125, 810, 720; ESI-MS m/z: 304.12 $[M+H]^+$. HRMS (ESI, m/s): Calcd. for $C_{19}H_{16}N_2O_2H$ $[M+H]^+$ 305.1291, found 305.1288.

9-乙基-2,6-二甲基-6H-吲哚[2,3-b]喹啉-11-羧酸(III-3h′)：黄色粉末状固体，产率67%；熔点279.1～280.0℃；^1H NMR (400MHz, DMSO-d_6) δ(ppm) 8.05～7.97 (m, 2H, ArH), 7.87 (s, 1H, ArH), 7.65 (dd, J=15.0, 8.4Hz, 2H, ArH), 7.56 (s, 1H, ArH), 3.96 (s, 3H, NCH_3), 2.82 (q, J=7.4Hz, 2H, CH_2), 2.58 (s, 3H, CH_3), 1.32 (t, J=7.5Hz, 3H, CH_3); ^{13}C NMR (100MHz, DMSO-d_6) δ(ppm) 169.05, 151.88, 144.87, 141.62, 136.00, 133.35, 132.42, 131.90, 129.39, 127.78, 124.28, 121.75, 119.47, 118.44, 112.97, 109.91, 28.69, 28.13, 21.65, 16.75; FT-IR (KBr) ν/cm^{-1}: 3435, 2969, 2939, 2366, 1720, 1621, 1580, 1486, 1395, 1284, 1253, 1200, 1130, 824, 739; ESI-MS m/z: 318.14 $[M+H]^+$. HRMS (ESI, m/s): Calcd. for $C_{20}H_{18}N_2O_2H$ $[M+H]^+$ 319.1447, found 319.1443.

2,9-二乙基-6-甲基-6H-吲哚[2,3-b]喹啉-11-羧酸(III-3i′)：黄色粉末状固体，产率，60%；熔点282.0～282.5℃；^1H NMR (400MHz, DMSO-d_6) δ(ppm) 14.52 (s, 1H, COOH), 8.03 (d, J=8.6Hz, 1H, ArH), 7.97 (s, 1H, ArH), 7.85 (s, 1H, ArH), 7.69 (d, J=8.6Hz, 1H, ArH), 7.60 (d, J=8.2Hz, 1H, ArH), 7.52 (d, J=8.2Hz, 1H, ArH), 3.93 (s, 3H, NCH_3), 2.91～2.73 (m, 4H, $2CH_2$), 1.30 (dd, J=16.1, 7.8Hz, 6H, $2CH_3$); ^{13}C NMR (100MHz, DMSO-d_6) δ(ppm) 169.06, 151.92, 145.09, 141.60, 139.50, 136.00, 132.61, 130.61, 129.57, 128.01, 122.89, 121.67, 119.45, 118.43, 112.95, 110.11, 28.68, 28.25, 28.03, 16.66, 15.95; FT-IR (KBr) ν/cm^{-1}: 3434, 2969, 2938, 2366, 1724, 1621, 1579, 1487, 1396, 1290, 1267, 1190, 1126, 819, 730; ESI-MS m/z: 332.15 $[M+H]^+$. HRMS (ESI, m/s): Calcd. for $C_{21}H_{20}N_2O_2H$ $[M+H]^+$ 333.1604, found 333.1600.

2-氟-9-乙基-6-甲基-6H-吲哚[2,3-b]喹啉-11-羧酸(III-3j′)：黄色粉末状固体，产率55%；熔点273.4～273.7℃；^1H NMR (400MHz, DMSO-d_6) δ(ppm) 8.19 (dd, J=9.2, 5.6Hz, 1H, ArH), 8.06 (s, 1H, ArH), 7.85 (dd,

$J=10.4$，2. 8Hz，1H，ArH），7. 79 ~ 7. 74（m，1H，ArH），7. 67（d，$J=8.3$Hz，1H，ArH），7. 59（dd，$J=8.3$，1. 5Hz，1H，ArH），3. 97（s，3H，NCH_3），2. 83（q，$J=7.6$Hz，2H，CH_2），1. 32（t，$J=7.6$Hz，3H，CH_3）；^{13}C NMR（100MHz，DMSO－d_6）δ(ppm) 168. 48，159. 61，157. 20，152. 09，143. 35，141. 99，136. 24，130. 43，130. 01，122. 37，119. 74，119. 49，117. 99，114. 18，110. 07，108. 78，28. 68，28. 21，16. 70；FT－IR（KBr）ν/cm^{-1}：3435，2969，2937，2368，1718，1616，1579，1486，1395，1280，1250，1190，1121，838，736；ESI－MS m/z：322. 11［M+H］$^+$. HRMS（ESI，m/s）：Calcd. for $C_{19}H_{15}FN_2O_2H$［M+H］$^+$ 323. 1322，found 323. 1327.

2－氯－9－乙基－6－甲基－6H－吲哚[2,3－b]喹啉－11－羧酸(Ⅲ－3k′)：黄色粉末状固体，产率 51%；熔点 295. 7 ~ 296. 1℃；^{1}H NMR（400MHz，DMSO－d_6）δ(ppm) 8. 12（d，$J=8.8$Hz，2H，ArH），8. 04（s，1H，ArH），7. 82（d，$J=8.9$Hz，1H，ArH），7. 63（d，$J=8.3$Hz，1H，ArH），7. 57（d，$J=8.2$Hz，1H，ArH），3. 95（s，3H，NCH_3），2. 81（q，$J=7.5$Hz，2H，CH_2），1. 31（t，$J=7.5$Hz，3H，CH_3）；^{13}C NMR（100MHz，DMSO－d_6）δ(ppm) 168. 36，152. 43，144. 64，141. 94，136. 35，131. 85，130. 02，130. 01，129. 91，128. 23，124. 22，122. 35，120. 18，118. 12，114. 23，110. 11，28. 66，28. 20，16. 64；FT－IR（KBr）ν/cm^{-1}：3434，2969，2930，2366，1720，1620，1579，1488，1398，1282，1260，1199，1129，834，733；ESI－MS m/z：338. 08［M+H］$^+$. HRMS（ESI，m/s）：Calcd. for $C_{19}H_{15}ClN_2O_2H$［M+H］$^+$ 339. 0910，found 339. 0906.

2－溴－9－乙基－6－甲基－6H－吲哚[2,3－b]喹啉－11－羧酸(Ⅲ－3l′)：黄色粉末状固体，产率 56%；熔点>300℃；^{1}H NMR（400MHz，DMSO－d_6）δ(ppm) 8. 47（s，1H，ArH），8. 24（s，1H，ArH），7. 93（d，$J=9.0$Hz，1H，ArH），7. 78（d，$J=8.8$Hz，1H，ArH），7. 53（d，$J=8.2$Hz，1H，ArH），7. 45（d，$J=8.5$Hz，1H，ArH），3. 91（s，3H，NCH_3），2. 76（dd，$J=14.8$，7. 3Hz，2H，CH_2），1. 27（t，$J=7.4$Hz，3H，CH_3）；^{13}C NMR（100MHz，DMSO－d_6）δ(ppm) 169. 87，153. 32，145. 29，141. 06，135. 64，131. 37，129. 88，129. 49，128. 15，123. 30，122. 13，120. 06，114. 55，111. 96，109. 11，28. 79，28. 02，17. 01；FT－IR（KBr）ν/cm^{-1}：3434，2967，2935，2366，1714，1611，1577，1481，1393，1289，1257，1199，1120，814，726；FT－IR（KBr）ν/cm^{-1}：3435，2969，2937，2366，1708，1622，1567，1471，1398，1299，1267，1190，1134，824，729；ESI－MS m/z：382. 03［M+H］$^+$. HRMS（ESI，m/s）：Calcd. for $C_{19}H_{15}BrN_2O_2H$［M+H］$^+$ 382. 0317，found 382. 0315.

9-叔丁基-6-甲基-6H-吲哚[2,3-b]喹啉-11-羧酸(III-3m′)：黄色粉末固体，产率65%；熔点286.0～287.2℃；IR（KBr）ν/cm^{-1}：3415，2955，2357，1578，1491，1400，1279，813. ^1H NMR（400MHz，DMSO-d_6）δ(ppm)：14.58（s，1H，COOH），8.57（d，J=7.8Hz，2H，ArH），8.24（s，1H，ArH），7.90（d，J=10.3Hz，1H，ArH），7.57（d，J=7.4Hz，1H，ArH），7.51（d，J=9.4Hz，1H，ArH），7.40（d，J=8.7Hz，1H，ArH），3.84（s，3H，CH_3），1.39（s，9H，*tert*-Butyl）. ^{13}C NMR（101MHz，DMSO-d_6）δ（ppm）：21.97，30.57，32.14，110.01，110.67，111.88，117.36，119.27，121.24，124.87，125.57，126.50，128.76，131.36，134.28，143.73，147.34，152.51，171.10. ESI-MS *m/z*：333.2（M+H）$^+$.

9-叔丁基-2,6-二甲基-6H-吲哚[2,3-b]喹啉-11-羧酸(III-3n′)：黄色粉末固体；产率62%；熔点245.2～246.0℃；IR（KBr）ν/cm^{-1}：3413，3240，2954，2357，1578，1492，1400，1279，812. ^1H NMR（400MHz，DMSO-d_6）δ（ppm)：14.68（s，1H，COOH），8.37（s，1H，ArH），8.06～7.84（m，2H，ArH），7.54（dd，J=32.5，19.8Hz，3H，ArH），3.89（s，3H，CH_3），2.56（s，3H，CH_3），1.40（s，9H，*tert*-Butyl）. ^{13}C NMR（101MHz，DMSO-d_6）δ（ppm）：21.63，27.97，32.25，34.89，108.70，111.94，119.57，120.07，120.44，125.67，126.39，127.22，131.01，131.44，140.73，142.40，142.67，145.09，152.64，170.18. ESI-MS *m/z*：347.2（M+H）$^+$.

9-叔丁基-2-乙基-6-甲基-6H-吲哚[2,3-b]喹啉-11-羧酸(III-3o′)：淡黄绿色粉末状固体；产率59%；熔点237.9～dec℃；IR（KBr）ν/cm^{-1}：3415，2955，2357，1579，1492，1400，1279，815. ^1H NMR（400MHz，DMSO-d_6）δ（ppm)：14.58（s，1H，COOH），8.34（s，1H，ArH），7.92（d，J=45.1Hz，2H，ArH），7.65～7.38（m，3H，ArH），3.85（s，3H，CH_3），2.77（s，2H，CH_2），1.32（d，J=38.5Hz，12H，CH_3，*tert*-Butyl）. ^{13}C NMR（101MHz，DMSO-d_6）δ（ppm）：16.37，27.93，28.79，32.27，34.87，108.55，109.99，111.60，119.83，120.09，120.54，125.40，125.51，127.26，129.65，137.46，140.58，142.28，145.36，152.78，170.16. ESI-MS *m/z*：361.2（M+H）$^+$.

2，9-二叔丁基-6-甲基-6H-吲哚[2,3-b]喹啉-11-羧酸(III-3p′)：淡黄绿色粉末状固体；产率51%；熔点242.4～243.2℃；IR（KBr）ν/cm^{-1}：3418，2962，2362，1575，1491，1399，1266，830. ^1H NMR（400MHz，DMSO-d_6）δ（ppm)：14.51（s，1H，COOH），8.35（s，1H，ArH），8.12（s，1H，ArH），7.88（d，J=7.3Hz，1H，ArH），7.76（d，J=8.0Hz，1H，ArH），7.58（d，J=7.4Hz，1H，ArH），7.45（d，J=6.0Hz，1H，ArH），3.85（s，3H，CH_3），

1.37（s，18H，2-*tert*-Butyl）．^{13}C NMR（101MHz，DMSO-d_6）δ（ppm）：27.95，31.73，32.32，34.90，34.97，108.51，111.53，119.93，120.15，122.52，123.93，125.35，126.97，127.61，134.07，140.50，142.20，144.20，145.13，152.82，169.95．HRMS（ESI）：*m/z*［M+H］$^+$389.2224．

9-叔丁基-2-氟-6-甲基-6H-吲哚[2,3-b]喹啉-11-羧酸(III-3q′)：淡黄绿色粉末状固体；产率57%；熔点>300℃；IR（KBr）ν/cm^{-1}：3420，2965，2360，1578，1492，1400，1265，815．^{1}H NMR（400MHz，DMSO-d_6）δ：14.65（s，1H，COOH），8.40（s，1H，ArH），7.97（s，2H，ArH），7.64～7.46（m，3H，ArH），3.86（s，3H，CH_3），1.36（s，9H，*tert*-Butyl）．^{13}C NMR（101MHz，DMSO-d_6）δ（ppm）：27.98，32.11，34.87，108.68，110.17，117.16，118.11，118.60，120.69，125.96，129.54，140.73，144.00，146.19，151.20，153.01，158.76，165.56，166.42．ESI-MS *m/z*：351.1（M+H）$^+$．

9-叔丁基-2-氯-6-甲基-6H-吲哚[2,3-b]喹啉-11-羧酸(III-3r′)：淡黄色粉末状固体；产率60%；熔点>300℃；IR（KBr）ν/cm^{-1}：3419，2963，2361，1578，1492，1401，1265，818．^{1}H NMR（400MHz，DMSO-d_6）δ（ppm）：14.55（s，1H，COOH），8.40（s，1H，ArH），8.27（s，1H，ArH），7.95（d，*J*=24.2Hz，1H，ArH），7.67（d，*J*=44.4Hz，2H，ArH），7.45（d，*J*=32.3Hz，1H，ArH），3.86（s，3H，CH_3），1.37（s，9H，*tert*-Butyl）．^{13}C NMR（101MHz，DMSO-d_6）δ（ppm）：27.97，32.23，34.88，108.68，112.06，117.28，119.73，120.57，125.72，126.92，128.75，129.17，140.69，142.54，144.01，145.03，147.26，153.47，169.05．ESI-MS *m/z*：367.1（M+H）$^+$．

2-溴-9-叔丁基-6-甲基-6H-吲哚[2,3-b]喹啉-11-羧酸(III-3s′)：黄色粉末状固体；产率56%；熔点>300℃；IR（KBr）ν/cm^{-1}：3420，2962，2360，1576，1492，1399，1265，819．^{1}H NMR（400MHz，DMSO-d_6）δ（ppm）：14.64（s，1H，COOH），9.11（s，1H，ArH），8.48（d，*J*=83.5Hz，2H，ArH），7.97～7.36（m，3H，ArH），3.85（s，3H，CH_3），1.36（s，9H，*tert*-Butyl）．^{13}C NMR（101MHz，DMSO-d_6）δ（ppm）：28.00，32.20，34.89，108.80，110.19，114.59，117.26，119.51，120.50，125.88，129.48，131.36，140.69，142.64，144.12，145.06，147.50，153.36，169.46．ESI-MS *m/z*：411.0（M+H）$^+$．

9-叔丁基-4，6-二甲基-6H-吲哚[2,3-b]喹啉-11-羧酸(III-3t′)：淡黄色粉末状固体；产率53%；熔点>300℃；IR（KBr）ν/cm^{-1}：3418，2962，2360，1576，1492，1398，1265，825．^{1}H NMR（400MHz，DMSO-d_6）δ（ppm）：14.53（s，1H，COOH），8.33（s，1H，ArH），8.04（d，*J*=5.6Hz，1H，ArH），7.59

(d, J = 8.2Hz, 1H, ArH), 7.51 (d, J = 6.0Hz, 1H, ArH), 7.46 (d, J = 8.3Hz, 1H, ArH), 7.26 (d, J = 6.6Hz, 1H, ArH), 3.89 (s, 3H, CH_3), 2.77 (s, 3H, CH_3), 1.37 (s, 9H, *tert*-Butyl). ^{13}C NMR (101MHz, DMSO-d_6) δ (ppm): 18.73, 27.82, 32.26, 34.87, 108.55, 111.15, 120.05, 120.37, 121.70, 125.30, 126.09, 127.29, 127.51, 128.70, 134.13, 140.52, 142.20, 145.65, 152.25, 169.61. ESI-MS m/z: 347.2 $(M+H)^+$.

9-叔丁基-4-乙基-6-甲基-6H-吲哚[2,3-b]喹啉-11-羧酸(III-3u′): 淡黄色粉末状固体; 产率 51%; 熔点 238.2 ~ 240.0℃; IR (KBr) ν/cm^{-1}: 3419, 2962, 2361, 1576, 1492, 1399, 1265, 828. ^1H NMR (400MHz, DMSO-d_6) δ (ppm): 14.52 (s, 1H, COOH), 8.33 (s, 1H, ArH), 8.05 (d, J = 8.1Hz, 1H, ArH), 7.56 (d, J=8.1Hz, 1H, ArH), 7.48 (d, J=6.7Hz, 1H, ArH), 7.42 (d, J = 8.5Hz, 1H, ArH), 7.26 (d, J = 7.0Hz, 1H, ArH), 3.85 (s, 3H, CH_3), 3.29 (d, J=7.4Hz, 2H, CH_2), 1.37 (s, 9H, *tert*-Butyl), 1.30 (s, 3H, CH_3). ^{13}C NMR (101MHz, DMSO-d_6) δ: 15.47, 27.71, 31.37, 32.28, 34.85, 108.35, 110.79, 114.57, 120.07, 120.62, 121.28, 121.58, 124.99, 126.33, 126.92, 139.88, 140.47, 142.15, 145.00, 152.44, 170.56. ESI-MS m/z: 361.0 $(M+H)^+$.

4-溴-9-叔丁基-2, 6-二甲基-6H-吲哚[2,3-b]喹啉-11-羧酸(III-3v′): 淡黄色粉末状固体; 产率 49%; 熔点>300℃; IR (KBr) ν/cm^{-1}: 3420, 2962, 2362, 1576, 1492, 1399, 1265, 830. ^1H NMR (400MHz, DMSO-d_6) δ (ppm): 14.51 (s, 1H, COOH), 8.23 (s, 1H, ArH), 7.91 (d, J = 35.5Hz, 2H, ArH), 7.61 (d, J=49.2Hz, 2H, ArH), 3.90 (s, 3H, CH_3), 2.53 (s, 3H, CH_3), 1.35 (s, 9H, *tert*-Butyl). ^{13}C NMR (101MHz, DMSO-d_6) δ (ppm): 21.14, 28.09, 32.10, 34.90, 109.39, 118.57, 119.77, 121.02, 122.04, 124.16, 125.61, 126.78, 133.02, 134.52, 135.57, 141.20, 141.41, 143.13, 152.55, 169.03. ESI-MS m/z: 425.0 $(M+H)^+$.

4-溴-9-叔丁基-2-乙基-6-甲基-6H-吲哚[2,3-b]喹啉-11-羧酸(III-3w′): 淡土黄色粉末状固体; 产率 52%; 熔点>300℃; IR (KBr) ν/cm^{-1}: 3419, 2962, 2361, 1578, 1495, 1399, 1265, 828. ^1H NMR (400MHz, DMSO-d_6) δ (ppm): 14.46 (s, 1H, COOH), 8.50 (s, 1H, ArH), 8.33 (s, 1H, ArH), 7.97 (s, 1H, ArH), 7.48 (d, J = 10.1Hz, 1H, ArH), 7.36 (d, J = 9.6Hz, 1H, ArH), 3.81 (s, 3H, CH_3), 2.75 (d, J=8.1Hz, 2H, CH_2), 1.54-1.09 (m, 12H, CH_3, *tert*-Butyl). ^{13}C NMR (101MHz, DMSO-d_6) δ (ppm): 15.95, 28.55, 30.67, 32.44, 35.18, 109.85, 111.48, 118.41, 119.74, 121.25,

123.99，125.32，125.47，125.84，133.78，134.48，142.02，144.11，144.27，153.43，170.27. ESI-MS *m/z*：439.0（M+H）$^+$.

4-溴-2，9-二叔丁基-6-甲基-6H-吲哚[2,3-b]喹啉-11-羧酸(III-3x′)：淡黄绿色粉末状固体；产率 56%；熔点>300℃；IR（KBr）ν/cm^{-1}：3425，2965，2361，1578，1498，1400，1267，828. ^{1}H NMR（400MHz，DMSO-d_6）δ（ppm）：14.41（s，1H，COOH），8.70（s，1H，ArH），8.30（s，1H，ArH），8.12（s，1H，ArH），7.47（d，J=8.3Hz，1H，ArH），7.36（d，J=7.0Hz，1H，ArH），3.80（s，3H，CH_3），1.35（s，18H，2-*tert*-Butyl）. ^{13}C NMR（101MHz，DMSO-d_6）δ（ppm）：30.65，31.37，32.43，35.17，35.29，109.82，111.57，118.42，119.61，121.23，122.85，124.02，124.92，125.50，131.53，134.47，143.87，144.23，148.53，153.64，170.68. ESI-MS *m/z*：467.0（M+H）$^+$.

6-甲基-9-碘-6H-吲哚[2，3-b]并喹啉-11-羧酸(III-3A)：黄色固体；产率 59%；熔点 286.2～287.2℃；IR（KBr）ν/cm^{-1}：3415，2955，2357，1578，1491，1400，1279，813. ^{1}H NMR（400MHz，DMSO-d_6）δ(ppm)：14.58（s，1H，COOH），8.57（d，J=7.8Hz，2H，ArH），8.24（s，1H，ArH），7.90（d，J=9.3Hz，1H，ArH），7.57（d，J=7.8Hz，1H，ArH），7.51（d，J=9.3Hz，1H，ArH），7.40（d，J=7.8Hz，1H，ArH），3.84（s，3H，CH_3）. ^{13}C NMR（100MHz，DMSO-d_6）δ（ppm）：21.97，30.57，32.14，110.21，110.65，111.98，117.36，119.27，121.14，124.87，125.67，126.50，128.56，131.36，134.38，143.73，147.14，152.51，171.11. HRMS：Calcd. For $C_{17}H_{12}IN_2O_2$[M+H]$^+$ 402.9943，Found 402.9946.

2，6-二甲基-9-碘-6H-吲哚[2,3-b]并喹啉-11-羧酸(III-3B)：黄色固体；产率 55%；熔点 262.2～264.0℃；IR（KBr）ν：/cm^{-1} 3413，3245，2954，2352，1578，1492，1410，1279，802. ^{1}H NMR（400MHz，DMSO-d_6）δ（ppm）：14.68（s，1H，COOH），8.37（s，1H，ArH），8.06～7.84（m，2H，ArH），7.54（d，J=8.0Hz，3H，ArH），3.89（s，3H，CH_3），2.56（s，3H，CH_3）. ^{13}C NMR（100MHz，DMSO-d_6）δ（ppm）：21.63，27.97，32.15，34.89，108.70，111.84，119.47，120.07，120.04，125.67，126.39，127.22，130.01，131.44，140.73，142.40，142.77，145.59，152.64，170.08. HRMS：Calcd. For $C_{18}H_{14}IN_2O_2$[M+H]$^+$ 417.0100，Found 417.0103.

2-乙基-6-甲基-9-碘-6H-吲哚[2,3-b]并喹啉-11-羧酸(III-3C)：淡黄色固体；产率 52%；熔点 277.9 ℃～dec.；IR（KBr）ν/cm^{-1}：3414，2955，2356，1579，1490，1400，1279，815. ^{1}H NMR（400MHz，DMSO-d_6）δ(ppm)：14.58（s，1H，COOH），8.34（s，1H，ArH），7.92（d，J=45.1Hz，2H，ArH），

7.65~7.38（m，3H，ArH），3.85（s，3H，CH_3），2.77（q，J=7.2Hz，2H，CH_2）1.05（t，J=7.2Hz，3H，CH_3）．^{13}C NMR（100MHz，DMSO-d_6）δ(ppm)：16.37，27.93，28.79，32.27，34.67，108.55，109.99，111.60，119.83，120.09，120.54，125.40，125.51，127.26，129.65，137.46，140.58，142.28，145.36，152.78，170.16．HRMS：Calcd. For $C_{19}H_{16}IN_2O_2$[M+H]$^+$ 431.0256，Found 431.0257.

2-叔丁基-6-甲基-9-碘-6H-吲哚[2,3-b]并喹啉-11-羧酸(III-3D)：淡黄色固体；产率 60%；熔点 242.4~244.2 ℃；IR（KBr）ν/cm^{-1}：3418，2962，2362，1575，1491，1399，1266，830．^1H NMR（400MHz，DMSO-d_6）δ：14.51（s，1H，COOH），8.35（s，1H，ArH），8.12（s，1H，ArH），7.88（d，J=7.3Hz，1H，ArH），7.76（d，J=8.0Hz，1H，ArH），7.58（d，J=7.4Hz，1H，ArH），7.45（d，J=6.0Hz，1H，ArH），3.85（s，3H，CH_3），1.37（s，18H，2-*tert*-Butyl）．^{13}C NMR（100MHz，DMSO-d_6）δ(ppm)：27.96，31.73，32.32，34.90，34.77，108.51，111.50，119.93，120.11，122.52，123.93，125.35，126.87，127.61，134.07，140.50，142.20，144.20，145.13，152.82，169.95．HRMS：Calcd. For $C_{21}H_{20}IN_2O_2$[M+H]$^+$ 459.0569，Found 459.0572.

2-氟-6-甲基-9-碘-6H-吲哚[2,3-b]并喹啉-11-羧酸(III-3E)：淡黄色固体；产率 54%；熔点>300℃；IR（KBr）ν/cm^{-1}：3420，2965，2360，1578，1492，1400，1265，815．^1H NMR（400MHz，DMSO-d_6）δ：14.65（s，1H，COOH），8.40（s，1H，ArH），7.97（s，2H，ArH），7.64-7.46（m，3H，ArH），3.86（s，3H，CH_3）．^{13}C NMR（100MHz，DMSO-d_6）δ(ppm)：27.98，31.11，34.87，108.68，110.07，117.16，118.11，118.50，120.69，125.96，129.53，140.73，144.00，146.19，151.20，153.01，158.76，165.56，166.42．HRMS：Calcd. For $C_{17}H_{11}FIN_2O_2$[M+H]$^+$ 420.9849，Found 420.9853.

2-氯-6-甲基-9-碘-6H-吲哚[2,3-b]并喹啉-11-羧酸(III-3F)：淡黄色固体；产率 58%；熔点>300℃；IR（KBr）ν/cm^{-1}：3419，2963，2361，1578，1492，1401，1265，818．^1H NMR（400MHz，DMSO-d_6）δ：14.55（s，1H，COOH），8.40（s，1H，ArH），8.27（s，1H，ArH），7.95（d，J=24.2Hz，1H，ArH），7.67（d，J=44.4Hz，2H，ArH），7.45（d，J=32.3Hz，1H，ArH），3.86（s，3H，CH_3）．^{13}C NMR（100MHz，DMSO-d_6）δ(ppm)：27.97，32.23，34.88，108.68，112.06，117.28，119.73，120.57，125.72，126.92，128.75，129.17，140.69，142.54，144.01，145.03，147.26，153.47，169.05．HRMS：Calcd. For $C_{17}H_{11}ClIN_2O_2$[M+H]$^+$ 436.9553，Found 436.9556.

2-溴-6-甲基-9-碘-6H-吲哚[2,3-b]并喹啉-11-羧酸(III-3G)：黄色固

体；产率 54%；熔点>300℃；IR（KBr）ν/cm^{-1}：3420，2962，2360，1576，1492，1399，1265，819. ^{1}H NMR（400MHz，DMSO－d_6）δ：14.64（s，1H，COOH），9.11（s，1H，ArH），8.48（d，J=83.5Hz，2H，ArH），7.97～7.36（m，3H，ArH），3.85（s，3H，CH_3）. ^{13}C NMR（100MHz，DMSO－d_6）δ(ppm)：28.00，32.20，34.89，108.70，110.19，114.59，117.26，119.51，121.50，125.88，129.38，131.36，140.69，142.64，144.12，145.06，147.50，153.36，169.46. HRMS：Calcd. For $C_{17}H_{11}BrIN_2O_2$[M+H]$^+$ 480.9048，Found 480.9050.

4，6－二甲基－9－碘－6H－吲哚[2,3－b]并喹啉－11－羧酸(III－3H)：黄色固体；产率 49%；熔点>300℃；IR（KBr）ν/cm^{-1}：3418，2962，2360，1576，1492，1398，1265，825. ^{1}H NMR（400MHz，DMSO－d_6）δ：14.53（s，1H，COOH），8.33（s，1H，ArH），8.04（d，J=5.6Hz，1H，ArH），7.59（d，J=8.2Hz，1H，ArH），7.51（d，J=6.0Hz，1H，ArH），7.46（d，J=8.3Hz，1H，ArH），7.26（d，J=6.6Hz，1H，ArH），3.89（s，3H，CH_3），2.77（s，3H，CH_3）. ^{13}C NMR（100MHz，DMSO－d_6）δ(ppm)：18.73，27.82，32.26，34.87，108.55，111.15，120.05，120.37，121.70，125.31，126.09，127.29，127.50，128.70，134.13，141.52，142.20，145.65，152.35，169.61. HRMS：Calcd. For $C_{18}H_{14}IN_2O_2$[M+H]$^+$ 417.0100，Found 417.0103.

4－乙基－6－甲基－9－碘－6H－吲哚[2,3－b]并喹啉－11－羧酸(III－31)：淡黄色固体；产率 55%；熔点>300℃；IR（KBr）ν/cm^{-1}：3419，2962，2361，1576，1492，1399，1265，828. ^{1}H NMR（400MHz，DMSO－d_6）δ(ppm)：14.52（s，1H，COOH），8.33（s，1H，ArH），8.05（d，J=8.1Hz，1H，ArH），7.56（d，J=8.1Hz，1H，ArH），7.48（d，J=6.7Hz，1H，ArH），7.42（d，J=8.5Hz，1H，ArH），7.26（d，J=7.0Hz，1H，ArH），3.85（s，3H，CH_3），3.29（d，J=7.4Hz，2H，CH_2），1.30（s，3H，CH_3）. ^{13}C NMR（100MHz，DMSO－d_6）δ（ppm）：15.47，27.71，31.27，32.28，34.85，108.25，110.79，114.57，120.17，120.62，121.28，121.58，125.99，126.33，126.92，139.78，140.47，142.15，145.10，152.44，170.56. HRMS：Calcd. For $C_{19}H_{16}IN_2O_2$[M+H]$^+$ 431.0256，Found 431.0257.

3.2.4.2 11－苯基－6H－吲哚并[2,3－b]喹啉类衍生物(III－5a－r)的合成

将反应物 1g（0.25g，1.0mmol）溶解于 8.0mL 的 40%乙醇－水溶液中。然后将 1.2g 氢氧化钾粉末、2－氨基二苯甲酮(0.22g，1.1mmol)和 5～8 滴加 PEG－400 依次加入该溶液中。所得反应在 200W 白炽灯光照的条件下进行回流反应(如图 3－10 所示)。TLC 跟踪反应进程。当反应结束后，冷却至室温时，加入 20mL 的冷水，有大量的黄色沉淀出现，抽滤、晾干，经柱层析分离提纯(洗脱液：乙酸乙酯/石油醚

=1/50)，得到11-苯基-6H-吲哚并[2，3-b]喹啉类衍生物(III-5a-r)。所有新化合物的结构均经红外谱图(IR)、氢核磁谱图(^{1}H NMR)、碳核磁谱图(^{13}C NMR)、质谱(ESI-MS)和高分辨质谱(HRMS)得以确证，其物化数据和波谱数据如下：

6-甲基-11-苯基-6H-吲哚并[2,3-b]喹啉(III-5a)：黄色粉末状固体，产率52%；熔点175.5~176.9 °C；^{1}H NMR (400MHz，$CDCl_3$) δ(ppm)8.21 (d，J=7.2Hz，1H，ArH)，7.76~7.71 (m，2H，ArH)，7.69~7.62 (m，3H，ArH)，7.54 (d，J=2.0Hz，1H，ArH)，7.53 (d，J=1.6Hz，1H，ArH)，7.50-7.48 (m，1H，ArH)，7.42~7.35 (m，2H，ArH)，7.07 (d，J=8.0Hz，1H，ArH)，7.01 (t，J=7.4Hz，1H，ArH)，4.05 (s，3H，NCH_3)．^{13}C NMR (100MHz，$CDCl_3$) δ(ppm)142.83，136.43，129.31，128.96，128.83，128.52，127.78，127.31，126.39，123.65，122.99，122.83，120.50，119.78，116.01，108.44，27.84.

6-乙基-11-苯基-6H-吲哚并[2,3-b]喹啉(III-5b)：黄色粉末状固体，产率50%；熔点196.4~197.7 °C；IR (KBr，cm^{-1}) υ：3433，3044，2972，1591，1468，1406，1227，1119，748，704. ^{1}H NMR (400MHz，$CDCl_3$) δ(ppm)8.20 (d，J=6.4Hz，1H，ArH)，7.75~7.70 (m，2H，ArH)，7.68~7.66 (m，1H，ArH)，7.64 - 7.61 (m，2H，ArH)，7.54 (d，J=1.6Hz，1H，ArH)，7.53 (s，1H，ArH)，7.49 (t，J=7.4Hz，1H，ArH)，7.43 (d，J=7.6Hz，1H，ArH)，7.36 (t，J=7.6Hz，1H，ArH)，7.07 (d，J=7.6Hz，1H，ArH)，6.99 (t，J=7.4Hz，1H，ArH)，4.66 (q，J=6.6Hz，2H，NCH_2)，1.55 (t，J=7.2Hz，3H，CH_3)．^{13}C NMR (100MHz，$CDCl_3$) δ(ppm)141.86，136.56，129.32，128.96，128.68，128.48，127.67，126.37，123.68，123.16，122.72，120.70，119.53，116.01，108.58，36.11，13.71. HRMS：Calcd. For：$C_{23}H_{18}N_2$ $[M+H^+]^+$：317.1528，Found：317.1526.

6-正丁基-11-苯基-6H-吲哚并[2,3-b]喹啉(III-5c)：黄色粉末状固体，产率45%；熔点151.1~153.8 °C；^{1}H NMR (400MHz，$CDCl_3$) δ(ppm)8.19 (d，J=8.0Hz，1H，ArH)，7.76~7.70 (m，2H，ArH)，7.68~7.61 (m，3H，ArH)，7.55 (s，1H，ArH)，7.53 (s，1H，ArH)，7.48 (t，J=7.6Hz，1H，ArH)，7.42 (d，J=8.0Hz，1H，ArH)，7.36 (t，J=7.6Hz，1H，ArH)，7.07 (d，J=7.6Hz，1H，ArH)，6.99 (t，J=7.4Hz，1H，ArH)，4.59 (t，J=6.6Hz，2H，NCH_2)，1.98 (m，J=7.5Hz，2H，CH_2)，1.50 (m，J=7.5Hz，2H，CH_2)，1.02 (t，J=7.4Hz，3H，CH_3)．^{13}C NMR (100MHz，$CDCl_3$) δ(ppm)152.07，142.28，136.62，129.33，128.94，128.45，127.58，126.32，123.65，123.09，122.64，120.60，119.41，108.75，41.16，30.63，

20.38，13.92.

6-苄基-11-苯基-6H-吲哚并[2,3-b]喹啉(III-5d)：黄色粉末状固体，产率42%；熔点164.3~166.8；^{1}H NMR（400MHz，$CDCl_3$）δ(ppm)8.19（s，1H，ArH），7.78~7.62（m，5H，ArH），7.58（s，1H，ArH），7.56（s，1H，ArH），7.40~7.37（m，4H，ArH），7.31~7.22（m，4H，ArH），7.08（d，J=7.6Hz，1H，ArH），6.98（t，J=7.4Hz，1H，ArH），5.83（s，2H，NCH_2）. ^{13}C NMR（100MHz，$CDCl_3$）δ(ppm)142.05，137.20，136.46，129.32，128.98，128.62，128.55，127.74，127.34，127.23，126.37，123.93，123.05，122.96，120.77，119.93，115.90，109.42，44.97.

6-(4-氯苄基)-11-苯基-6H-吲哚并[2,3-b]喹啉(III-5e)：黄色粉末状固体，产率47%；熔点197.7~198.8℃；^{1}H NMR（400MHz，$CDCl_3$）δ(ppm)8.18（d，J=4.0Hz，1H，ArH），7.78~7.72（m，2H，ArH），7.69~7.63（m，3H，ArH），7.57（d，J=1.6Hz，1H，ArH），7.55（s，1H，ArH），7.39（t，J=7.4Hz，2H，ArH），7.32（d，J=8.3Hz，2H，ArH），7.24（s，3H，ArH），7.08（d，J=7.6Hz，1H，ArH），6.99（t，J=7.6Hz，1H，ArH），5.78（s，2H，NCH_2）. ^{13}C NMR（100MHz，$CDCl_3$）δ(ppm)141.81，136.36，135.74，133.16，129.29，129.01，128.80，128.66，128.60，127.80，126.41，124.00，123.15，123.06，120.84，120.10，109.20，44.37.

9-乙基-6-甲基-11-苯基-6H-吲哚并[2,3-b]喹啉(III-5f)：黄色粉末状固体，产率47%；熔点164.3~166.8 ℃；^{1}H NMR（400MHz，$CDCl_3$）δ(ppm)8.19（d，J=6.8Hz，1H，ArH），7.77~7.70（m，2H，ArH），7.66~7.65（m，3H，ArH），7.55（s，1H，ArH），7.54（s，1H，ArH），7.38~7.30（m，3H，ArH），6.87（s，1H，ArH），4.03（s，3H，NCH_3），2.58（q，J=7.6Hz，2H，CH_2），1.13（t，J=7.6Hz，3H，CH_3）. ^{13}C NMR（100MHz，$CDCl_3$）δ(ppm)141.19，136.50，135.68，129.37，128.86，128.71，128.49，127.81，127.33，126.38，123.55，122.68，121.95，120.55，108.20，28.60，27.85，15.88.

6，9-二乙基-11-苯基-6H-吲哚并[2,3-b]喹啉(III-5g)：黄色粉末状固体，产率46%；熔点130.1~131.5℃；^{1}H NMR（400MHz，$CDCl_3$）δ(ppm)8.18（d，J=6.8Hz，1H，ArH），7.77~7.70（m，2H，ArH），7.66~7.62(m，3H，ArH)，7.55（s，1H，ArH），7.54（s，1H，ArH），7.38~7.34（m，3H，ArH），6.87（s，1H，ArH），4.63（q，J=6.0Hz，2H，NCH_2），2.58（q，J=7.6Hz，2H，CH_2），1.53（t，J=7.2Hz，3H，NCH_3），1.13（t，J=7.4Hz，3H，CH_3）. ^{13}C NMR（100MHz，$CDCl_3$）δ(ppm)140.17，136.61，135.41，129.38，128.88，128.60，128.47，127.72，127.45，126.37，123.56，122.59，122.10，120.75，

116. 13, 108. 36, 36. 13, 28. 59, 15. 87, 13. 75.

6-正丁基-9-乙基-11-苯基-6H-吲哚并[2,3-b]喹啉(III-5h)：黄色粉末状固体，产率 46%；熔点 148. 0 ~ 150. 1 °C；^1H NMR（400MHz，$CDCl_3$）δ(ppm) 8. 17（d，J = 8. 4Hz，1H，ArH），7. 77 ~ 7. 62（m，5H，ArH），7. 56（t，J = 1. 8Hz，1H，ArH），7. 54（t，J = 1. 4Hz，1H，ArH），7. 37 – 7. 31（m，3H，ArH），6. 87（s，1H，ArH），4. 56（t，J = 6. 8Hz，2H，NCH_2），2. 58（q，J = 7. 5Hz，CH_2），1. 96（m，J = 7. 3Hz，2H，CH_2），1. 49（m，J = 7. 3Hz，2H，CH_2），1. 13（td，J = 7. 6，1. 6Hz，3H，CH_3），1. 01（td，J = 7. 3，1. 3Hz，3H，CH_3）. ^{13}C NMR（100MHz，$CDCl_3$）δ(ppm) 140. 58，136. 65，135. 26，129. 38，128. 85，128. 43，127. 63，126. 32，123. 52，122. 49，122. 00，120. 63，108. 52，41. 14，30. 67，28. 56，20. 38，15. 81，13. 93.

6-苄基-9-乙基-11-苯基-6H-吲哚并[2,3-b]喹啉(III-5i)：黄色粉末状固体，产率 43%；熔点 168. 5 ~ 168. 9 °C；^1H NMR（400MHz，$CDCl_3$）δ(ppm) 8. 18（s，1H，ArH），7. 78（d，J = 8. 4Hz，1H，ArH），7. 74 ~ 7. 63（m，4H，ArH），7. 58（s，1H，ArH），7. 56（s，1H，ArH），7. 40 ~ 7. 36（m，3H，ArH），7. 30 ~ 7. 18（m，5H，ArH），6. 87（s，1H，ArH），5. 80（s，2H，NCH_2），2. 55（q，J = 7. 6Hz，2H，CH_2），1. 10（t，J = 7. 6Hz，3H，CH_3）. ^{13}C NMR（100MHz，$CDCl_3$）δ(ppm) 140. 35，137. 34，129. 38，128. 89，128. 60，128. 53，127. 79，127. 29，127. 24，126. 36，123. 82，122. 80，121. 97，120. 81，109. 18，44. 98，28. 54，15. 71.

6-(4-氯苄基)-9-乙基-11-苯基-6H-吲哚并[2,3-b]喹啉(III-5j)：黄色粉末状固体，产率 50%；熔点 154. 6 – 157. 2℃；^1H NMR（400MHz，$CDCl_3$）δ(ppm) 8. 18（d，J = 7. 6Hz，1H，ArH），7. 78（d，J = 8. 4Hz，1H，ArH），7. 73（t，J = 7. 8Hz，1H，ArH），7. 69 ~ 7. 65（m，3H，ArH），7. 58（d，J = 2. 4Hz，1H，ArH），7. 56（d，J = 2. 0Hz，1H，ArH），7. 39（t，J = 7. 6Hz，1H，ArH），7. 31（d，J = 8. 4Hz，2H，ArH），7. 26 ~ 7. 23（m，3H，ArH），7. 16（d，J = 8. 0Hz，1H，ArH），6. 88（s，1H，ArH），5. 76（s，2H，NCH_2），2. 56（q，J = 7. 6Hz，2H，CH_2），1. 10（t，J = 7. 6Hz，3H，CH_3）. ^{13}C NMR（100MHz，$CDCl_3$）δ(ppm) 140. 07，133. 09，129. 34，128. 92，128. 77，128. 65，128. 60，127. 86，126. 40，123. 86，122. 97，122. 07，120. 85，108. 98，44. 43，28. 54，15. 71.

6-乙基-9-甲基-11-苯基-6H-吲哚并[2,3-b]喹啉(III-5k)：黄色粉末状固体，产率 54%；熔点 158. 3 ~ 158. 7℃；^1H NMR（400MHz，$CDCl_3$）δ(ppm) 8. 17（s，1H，ArH），7. 74 ~ 7. 69（m，2H，ArH），7. 66 ~ 7. 62（m，3H，ArH），7. 53

(d, J=2.0Hz, 1H, ArH), 7.52 (s, 1H, ArH), 7.37~7.29 (m, 3H, ArH), 6.84 (s, 1H, ArH), 4.63 (d, J=5.6Hz, 2H, NCH_2), 2.28 (s, 3H, CH_3), 1.53 (t, J=7.2Hz, 3H, NCH_3). ^{13}C NMR (100MHz, $CDCl_3$) δ(ppm) 151.86, 146.67, 142.09, 139.99, 136.64, 129.34, 128.90, 128.77, 128.69, 128.56, 128.45, 127.53, 126.37, 123.62, 123.38, 122.54, 120.76, 115.97, 108.30, 36.07, 21.37, 13.70.

9-叔丁基-6-甲基-11-苯基-6H-吲哚并[2,3-b]喹啉(III-5l):黄色粉末状固体,产率57%;熔点209.3~212.0℃;^1H NMR (400MHz, $CDCl_3$) δ(ppm) 8.20 (d, J=8.4Hz, 1H, ArH), 7.81 (d, J=8.4Hz, 1H, ArH), 7.75~7.62 (m, 4H, ArH), 7.57~7.55 (m, 3H, ArH), 7.40~7.32 (m, 2H, ArH), 7.06 (d, J=1.2Hz, 1H, ArH), 4.02 (s, 3H, NCH_3), 1.19 (s, 9H, CH_3). ^{13}C NMR (100MHz, $CDCl_3$) δ(ppm) 152.66, 146.62, 142.64, 142.11, 140.90, 136.57, 129.43, 128.85, 128.61, 128.43, 127.43, 126.35, 125.30, 123.51, 122.64, 120.16, 119.66, 116.33, 107.87, 34.42, 31.56, 27.76.

6-正丁基-9-氟-11-苯基-6H-吲哚并[2,3-b]喹啉(III-5m):黄色粉末状固体,产率47%;熔点148.0~150.1℃;^1H NMR (400MHz, $CDCl_3$) δ(ppm) 8.17 (d, J=8.0Hz, 1H, ArH), 7.75~7.71 (m, 2H, ArH), 7.69~7.64 (m, 3H, ArH), 7.52 (d, J=2.0Hz, 1H, ArH), 7.51 (d, J=2.0Hz, 1H, ArH), 7.38~7.31 (m, 2H, ArH), 7.20 (td, J=8.9, 2.5Hz, 1H, ArH), 6.73 (dd, J=9.2, 2.8Hz, 1H, ArH), 4.56 (t, J=6.8Hz, 2H, NCH_2), 1.95 (m, J=7.5Hz, 2H, CH_2), 1.48 (m, J=7.5Hz, 2H, CH_2), 1.01 (t, J=7.4Hz, 3H, CH_3). ^{13}C NMR (100MHz, $CDCl_3$) δ(ppm) 138.51, 136.07, 129.17, 129.10, 128.96, 128.77, 127.75, 126.46, 123.44, 122.78, 121.14, 121.04, 115.01, 114.77, 109.49, 109.24, 41.28, 30.64, 20.38, 13.93.

6-苄基-9-氟-11-苯基-6H-吲哚并[2,3-b]喹啉(III-5n):黄色粉末状固体,产率48%;熔点195.2~197.4℃;IR (KBr, cm^{-1}) ν/cm^{-1}: 3447, 3061, 2913, 1595, 1479, 1395, 1290, 1163, 872, 773, 702. ^1H NMR (400MHz, $CDCl_3$) δ(ppm) 8.18 (d, J=7.2Hz, 1H, ArH), 7.77~7.72 (m, 2H, ArH), 7.70~7.64 (m, 3H, ArH), 7.55 (d, J=2.0Hz, 1H, ArH), 7.53 (s, 1H, ArH), 7.41~7.34 (m, 3H, ArH), 7.31~7.25 (m, 3H, ArH), 7.18 (dd, J=8.6, 4.2Hz, 1H, ArH), 7.10 (td, J=8.8, 2.4Hz, 1H, ArH), 6.74 (dd, J=9.2, 2.0Hz, 1H, ArH), 5.81 (s, 2H NCH_2). ^{13}C NMR (100MHz, $CDCl_3$) δ(ppm) 158.48, 156.13, 138.24, 137.04, 135.90, 129.16, 129.12, 128.84, 128.69, 127.45, 127.17, 126.48, 123.73, 123.07, 121.37, 121.28, 115.15,

114.91, 109.88, 109.81, 109.50, 109.25, 45.08.

9-氯-7-乙基-6-甲基-11-苯基-6H-吲哚并[2,3-b]喹啉(III-5o)：黄色粉末状固体，产率30.5%；熔点209.2~210.2℃；IR（KBr，cm^{-1}）υ/cm^{-1}：3447，3061，2955，2870，1585，1458，1379，1292，868，764，694. ^{1}H NMR（400MHz，$CDCl_3$）δ(ppm)8.17（d，J=8.4Hz，1H，ArH），7.74~7.64（m，5H，ArH），7.48（d，J=2.8Hz，1H，ArH），7.46（d，J=2.0Hz，1H，ArH），7.36（t，J=7.6Hz，1H，ArH），7.22（s，1H，ArH），6.81（s，1H，ArH），4.31（d，J=0.8Hz，3H，NCH_3），3.20（q，J = 7.6Hz，2H，CH_2），1.40（t，J = 7.4Hz，3H，CH_3）. ^{13}C NMR（100MHz，$CDCl_3$）δ（ppm）153.04，146.90，142.65，139.08，136.03，129.11，128.99，128.88，128.76，128.39，127.60，126.44，124.92，123.83，122.94，122.71，120.47，114.97，30.81，25.48，16.59. HRMS：Calcd. For：$C_{24}H_{19}ClN_2$[M+H$^+$]$^+$：371.1310，Found：371.1308.

9-氯-6,7-二乙基-11-苯基-6H-吲哚并[2,3-b]喹啉(III-5p)：黄色粉末状固体，产率23.7%；熔点167.6~168.1℃. ^{1}H NMR（400MHz，$CDCl_3$）δ(ppm) 8.18（d，J = 8.4Hz，1H，ArH），7.74 ~ 7.63（m，5H，ArH），7.49（d，J = 2.8Hz，1H，ArH），7.47（d，J=2.0Hz，1H，ArH），7.36（t，J=7.6Hz，1H，ArH），7.24（d，J=2.0Hz，1H，ArH），6.82（d，J=2.0Hz，1H，ArH），4.85（q，J= 7.1Hz，2H，NCH_2），3.12（q，J = 7.5Hz，2H，CH_2），1.46（t，J = 7.2Hz，3H，CH_3），1.39（t，J = 7.4Hz，3H，NCH_3）. ^{13}C NMR（100MHz，$CDCl_3$）δ(ppm)152.59，147.02，142.49，137.96，136.10，129.12，128.87，128.79，128.73，127.98，127.78，126.41，124.87，123.91，123.11，122.91，120.59，115.20，37.96，25.56，16.01，15.31.

6-正丁基-9-氯-7-乙基-11-苯基-6H-吲哚并[2,3-b]喹啉(III-5q)：黄色粉末状固体，产率25.8%；熔点169.1~170.3℃. ^{1}H NMR（400MHz，$CDCl_3$）δ(ppm) 8.17（d，J = 8.4Hz，1H，ArH），7.73 ~ 7.69（m，2H，ArH），7.67 ~ 7.63（m，3H，ArH），7.49（d，J = 2.4Hz，1H，ArH），7.47（d，J = 1.6Hz，1H，ArH），7.35（t，J = 7.6Hz，1H，ArH），7.23（d，J = 2.0Hz，1H，ArH），6.82（d，J = 2.0Hz，1H，ArH），4.77（t，J = 7.6Hz，2H，NCH_2），3.10（q，J = 7.5Hz，2H，CH_2），1.81（m，J=7.7Hz，2H，CH_2），1.46（m，J = 7.5Hz，2H，NCH_2），1.38（t，J=7.4Hz，3H，CH_3），0.99（t，J=7.4Hz，3H，NCH_3）. ^{13}C NMR（100MHz，$CDCl_3$）δ（ppm）152.97，146.98，142.43，138.16，136.12，129.13，129.10，128.82，128.80，128.71，128.08，127.83，126.38，124.84，123.88，123.08，122.87，120.57，115.02，42.88，32.31，25.60，20.08，16.05，13.90.

9-氯-6-(4-氯苄基)-7-乙基-11-苯基-6H-吲哚并[2,3-b]喹啉(III-5r)：

黄色粉末状固体，产率 19.7%；熔点 184.3 - 185.6℃；^{1}H NMR（400MHz，$CDCl_3$）$\delta(ppm)$ 8.09（d，J=8.4Hz，1H，ArH），7.72～7.66（m，5H，ArH），7.52（d，J=1.6Hz，1H，ArH），7.50（s，1H，ArH），7.36（t，J=7.4Hz，1H，ArH），7.21（d，J=8.0Hz，2H，ArH），7.16（s，1H，ArH），6.97（d，J=8.0Hz，2H，ArH），6.85（d，J=1.2Hz，1H，ArH），6.02（s，2H，NH_2），2.84（q，J=7.5Hz，2H，CH_2），1.22（t，J=7.6Hz，3H，CH_3）. ^{13}C NMR（100MHz，$CDCl_3$）δ(ppm) 152.90，147.03，142.91，138.11，137.34，135.93，132.86，129.16，129.13，129.05，128.93，128.86，128.29，127.87，127.09，126.43，125.52，124.26，123.23，123.10，120.63，114.71，45.93，25.01，16.10.

3.3 杀菌活性测试部分

3.3.1 测试样品

使用上述所合成的纯度在95%以上的吲哚并[2,3-b]喹啉-11-羧酸类化合物作为测试样品。

3.3.2 对照药剂

95%氰霜唑原药　（浙江禾本科技有限公司）
95%醚菌酯原药　（京博农化科技股份有限公司）
96%戊唑醇原药　（宁波三江益农化学有限公司）
95%咪鲜胺原药　（乐斯化学有限公司）

3.3.3 供试靶标和供试寄主

稻梨孢(Pyricularia oryzae)
灰葡萄孢(Botrytis cinerea)
古巴假霜霉(Pseudoperonospora cubenis)
禾本科布氏白粉菌(Blumeria graminis)
玉米柄锈(Puccinia sorghi)
葫芦科刺盘孢(Colletotrichum orbiculare)
黄瓜(Cucumis sativus L.，品种为京新4号)
小麦(Triticum aestivum L.，品种为周麦12号)

玉米(Zea mays L.，品种为白黏)

3.3.4　试验方法

采用盆栽苗测试方法，测试方法同第2章2.3.5。

3.3.5　结果调查

盆栽试验是根据对照的发病程度，采用目测方法，调查试验样品的杀菌活性。结果参照美国植病学会编写的《A Manual of Assessment Keys for Plant Diseases》，用100~0来表示，结果调查分四级，100级代表无病或孢子无萌发，80级代表孢子少量萌发或萌发但无菌丝生长，50级代表孢子萌发约50%，且萌发后菌丝较短，0级代表最严重的发病程度或与空白对照相近。

3.4　结果与讨论

3.4.1　该新合成策略的发现

前期工作，高文涛等(2010)曾报道过3-乙酰基Tropolone与取代的靛红在水溶液中发生Pfitzinger反应，“绿色”的合成了2-卓酚酮基取代的喹啉-4-羧酸类化合物(如图3-3)。

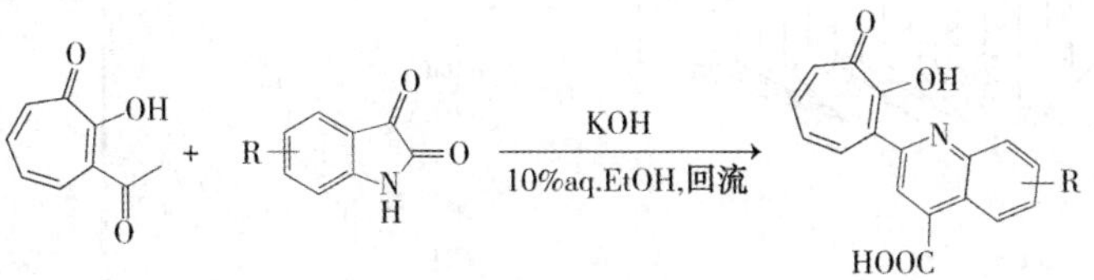

图3-3　Pfitzinger反应合成含有卓酚酮的喹啉-4-羧酸类化合物

在此研究基础上，我们最初的目的是想扩展这一反应的研究，使用3-乙酰基-2-氯-*N*-甲基吲哚和5-溴靛红作为反应物，通过Pfitzinger反应来合成结构新颖的2-吲哚基取代的喹啉-4-羧酸类化合物。然而在该反应条件下，我们却意外地发现，它们并没有按照预想的发生Pfitzinger反应，而是直接形成了单一的吲哚并[2,3-b]喹啉骨架结构的化合物III-3j，其反应式如图3-4所示。

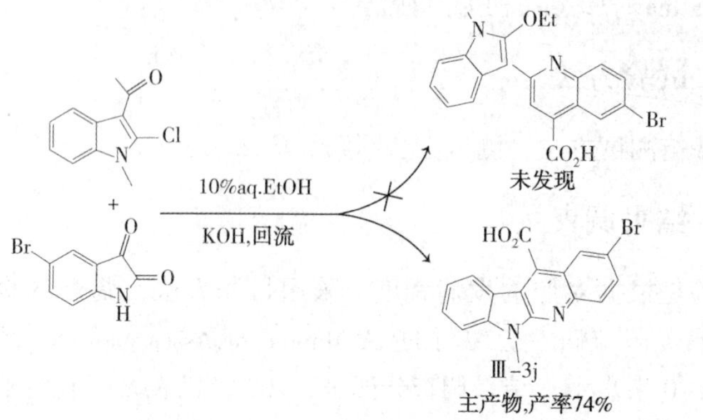

10%aq.EtOH

KOH,回流

未发现

Ⅲ-3j

主产物,产率74%

图 3-4　一个意想不到的合成 2-溴-6-甲基-6H-吲哚并[2,3-b]喹啉-11-羧酸(III-3j)

3.4.2　目标化合物的表征

目标化合物 III-3j 的结构均已通过了 IR、^{1}H NMR、^{13}C NMR、MS 和 HRMS 谱图得以证实。如图 3-5 所示，在它的氢核磁谱图中，化学位移在 3.97ppm 处的 3 质子单峰归属于 *N*-甲基上的 3 个氢；在芳环区域 7.35～8.28ppm 出现了 7 个质子氢，归属于吲哚并[2,3-b]喹啉环上的 7 个氢，而且在谱图中没有发现乙氧基上的质子氢(图 3-5)。这样，所测的氢谱图中氢的个数、峰型和出现的化学位移与预想的结构相一致。

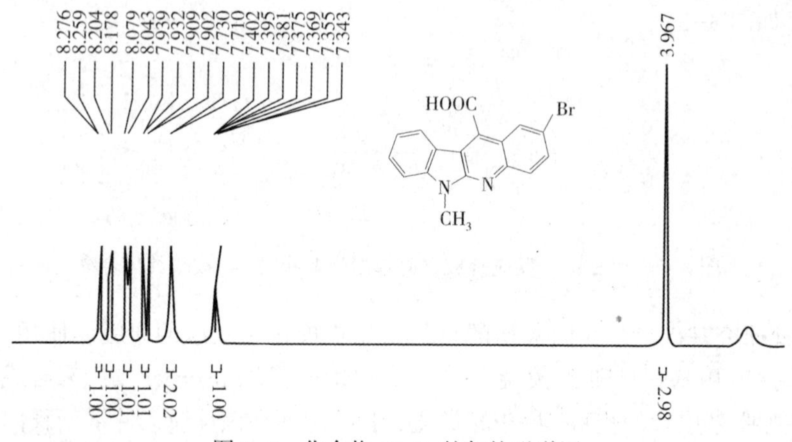

图 3-5　化合物 III-3j 的氢核磁谱图

在所测化合物的 ESI-MS 质谱图中，出现的分子离子峰$[M+H]^+$为 354.85，这与化合物 2-溴-6-甲基-6H-吲哚并[2,3-b]喹啉-11-羧酸荷质比 *m/z*：354 相一致(图 3-6)。

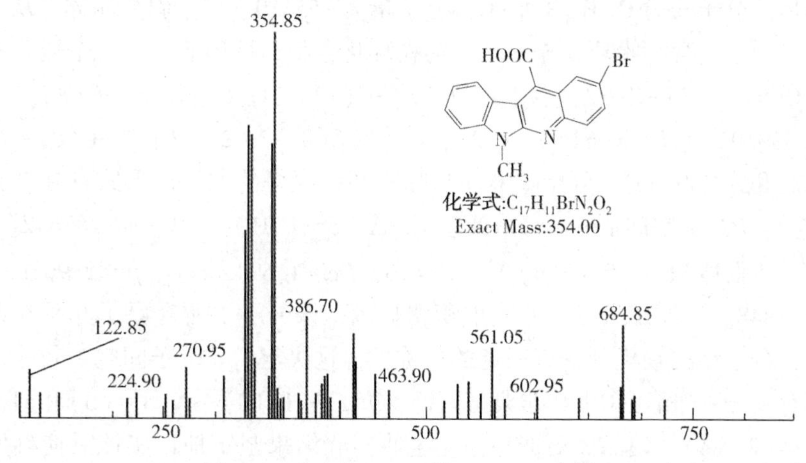

图 3-6　化合物 III-3j 的 ESI-MS 质谱图

最后，为了获得确凿的证据来证明目标化合物的结构，我们培养了 2-溴-6-甲基-6H-吲哚并[2,3-b]喹啉-11-羧酸的单晶，进行了单晶 X 射线衍射分析。在 293K 下以 $\omega/2\theta$ 方式扫描，在 1.61° $\leqslant\theta\leqslant$ 25.00°，$-32\leqslant h\leqslant 27$，$-7\leqslant k\leqslant 8$，$-34\leqslant l\leqslant 33$ 收集了 26702 个衍射点，其中独立衍射点为 4908 个(Rint=0.1354)。氢原子位置按理论模型计算，对全部非氢原子坐标及其各向同性温度因子用全矩阵最小二乘法修正(F2)。计算使用 SHELXL-97 程序。如图 3-7 所示的化合物的晶体结构图与我们预想化合物结构一致。

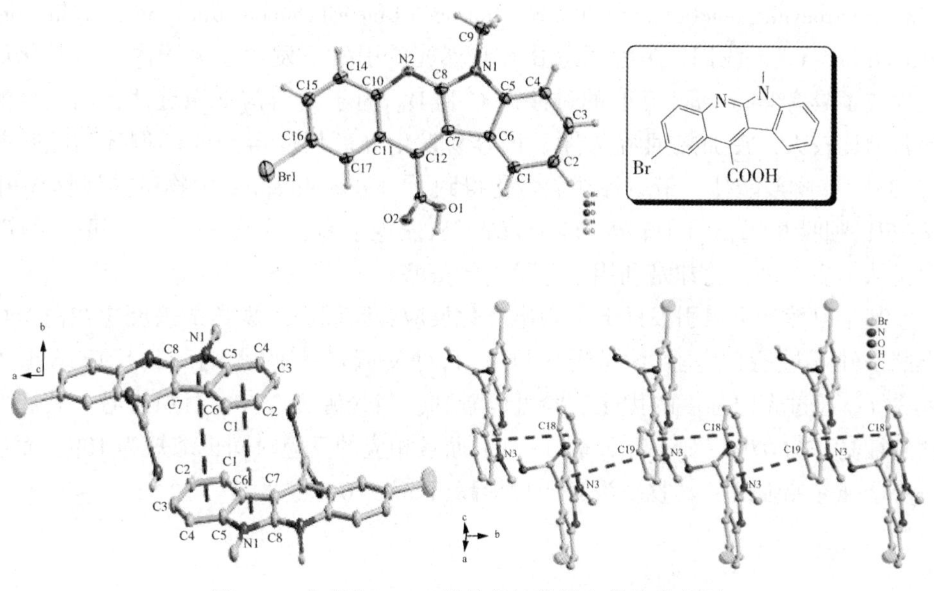

图 3-7　化合物 III-3j 的单晶结构图和晶胞堆积图

晶体的分子式为 $C_{17}H_{11}BrN_2O_2$，分子量为 355.19，属于斜方晶体。从单晶结构上看，分子包含吲哚环和喹啉环，为稠环化合物，稠环上还有一个羧基和一个甲基。C(6)-C(7)-C(12)，C(8)-C(7)-C(12)，C(6)-C(7)-C(8)三个键角之和为 359.92°，N(1)-C(8)-N(2)，C(7)-C(8)-N(2)，C(7)-C(8)-N(1)三个键角之和为 360.00°。可见喹啉环与吲哚环以很好的共平面形式存在。其晶体学常数为：$P2_1/c$ 空间群，a=26.937(12)Å，b=7.219(3)Å，c=28.642(13)Å，β=90°，晶胞体积 V=5570(4)$Å^3$，Z=16，Dc=1.694g/cm^3，μ=2.961mm^{-1}，F(000)=2848。另外，从分子晶胞堆积图显示，该分子中所有原子几乎在同一水平面上，分子结构较规则，有一定的对称性，这决定了其分子间空隙较小。相邻分子间存在 π-π 相互作用和非典型氢键：O(1)-H(1B)…N(4)(3)和 O(3)-H(3B)…N(2)(A)，使晶体更加稳固。这些实验结果坚定地证实该反应确实得到的是吲哚并[2,3-b]喹啉-11-羧酸类化合物。

3.4.3 反应机理的推测

基于上述的实验结果，我们推测其反应机理可能是按如图 3-8 所示的反应历程进行的：首先，在碱性条件下靛红很容易发生开环反应生成相应的靛红酸，然后 3-乙酰基-2-氯-1-甲基吲哚与靛红发生亲核环化反应得到一个八元氮杂环并吲哚中间体化合物 A。然后该八元杂环再经过烯醇异构化转变成 B。结合同行专家给予的指导"Theoretically，the '2+2 cycloaddition' reaction mentioned in this work is an electrocyclic reaction since the reaction took place intramolecularly in a cyclic conjugated alkene"，我们认为中间态 B 在自然光的引发下发生了分子内的电环化反应生成了具有 keto-enol 互变的过渡态 C 和 D。由于其结构不稳定性，四元环酮的张力比较大，在加热回流条件下很容易发生开环反应得到四环稠环的吲哚并[2,3-b]喹啉羧酸盐，最后稀盐酸酸化得到了 Neocryptolepine 生物碱类似物 6-甲基-6H-吲哚并[2,3-b]喹啉-11-羧酸。从表观上看，这是一个分子间的反应，但是从本质上讲，它却是利用了分子内的策略。

基于自然光可以引发的分子内电环化反应，我们进一步尝试该反应在白炽灯光照条件下进行，考察不同光照强度下对反应产率的影响，其反应结果见表 3-1。通过光照强度的优化实验可以看到，当光源为 200W 白炽灯时，其产率达到最高，为 67%（Entry 5，表 3-1），而且相应的反应时间也缩短为 10h；而进一步增强光照强度，其收率没有明显提高(Entries 6~7，表 3-1)。

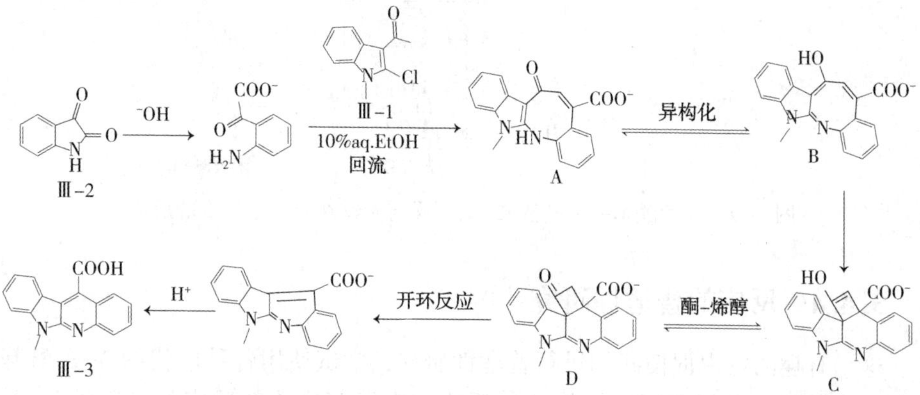

图 3-8 合成化合物 III-3 可能的反应机理

表 3-1 白炽灯光照的反应条件对产物 III-3a 产率的影响

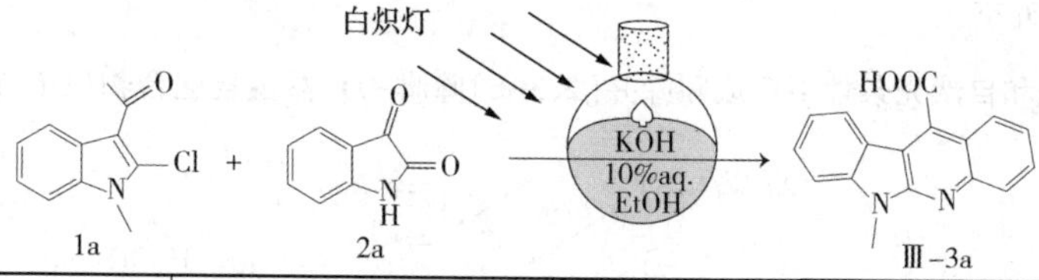

Entry 1	光源	反应时间	产率/%
1	自然光	24	45
2	50W 白炽灯	24	48
3	100W 白炽灯	24	51
4	150W 白炽灯	18	58
5	200W 白炽灯	10	67
6	250W 白炽灯	10	65
7	300W 白炽灯	10	64

通过上述实验表明外界的光照条件能够有效促进该分子内异构化、环加成反应的进行，提高反应的收率。鉴于此，我们想知道当该反应在完全避光的条件下进行时，会不会影响该反应的进行呢？为此，我们设计了取代的靛红与 *N*-甲基-3-乙酰基-2-氯吲哚在避光条件下的反应(如图 3-9 所示)。通过 TLC 监测反应进程发现，反应 24h 后仍未有最终产品吲哚并[2,3-b]喹啉-11-羧酸的生成，而只是一些反应的中间体和原料。通过这一验证性实验可以证实，该反应确实是经过了光引发的电环化的反应历程。当前，关于其反应机理的进一步研究仍在继续，争取分离得到生成的中间体化合物或能够检测到可能形成的中间过渡态。

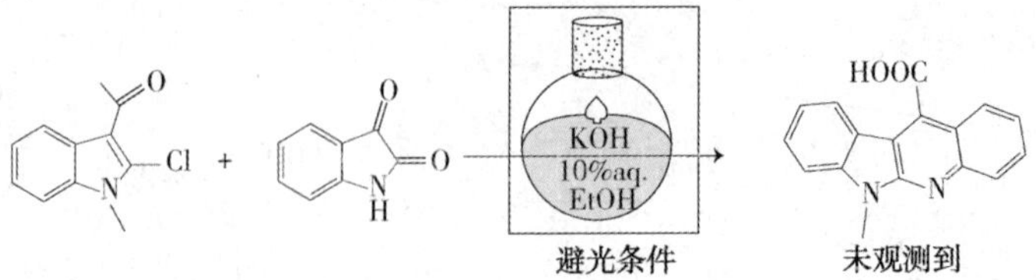

图 3-9　3-乙酰基-*N*-甲基-2-氯吲哚与靛红在避光条件下的反应

3.4.4　反应的普适性研究

这一有趣的发现促使我们进行普适性研究，尝试使用各种取代的 3-乙酰基-2-氯-*N*-甲基吲哚与不同的靛红进行反应，来考察这一新反应的有效性和局限性。在该反应条件下，所有的这些靛红，除了带 NO_2 和 CN 等强吸电子取代基外，均顺利得到了吲哚并[2,3-b]喹啉-11-羧酸类 Neocryptolepine 衍生物，其反应结果如表 3-2 所示。

表 3-2　光照和自然光条件下合成吲哚并[2,3-b]喹啉-11-羧酸类化合物(III-3a-I)的产率

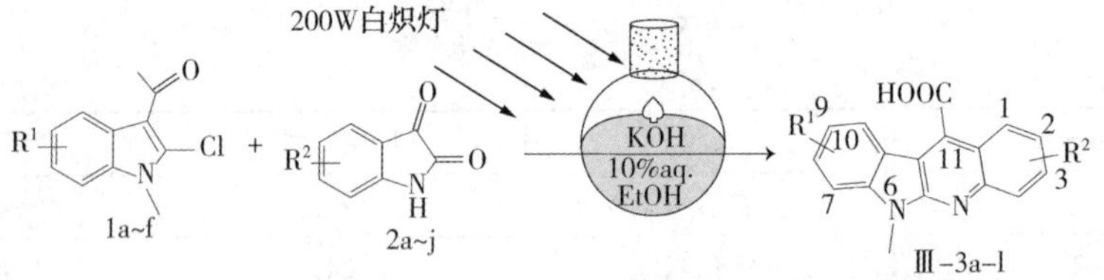

产物	R[1]	R[2]	产率①②/%	产率①③/%
III-3a	H	H	67	45
III-3b	H	2-Me	64	47
III-3c	H	2-OMe	68	44
III-3d	H	2-Et	61	38
III-3e	H	2-*t*-Bu	69	42
III-3f	H	2-*t*-Bu，4-Br	66	35
III-3g	H	2-*t*-Bu，4-Cl	60	33
III-3h	H	2-F	62	49
III-3i	H	2-Cl	60	46
III-3j	H	2-Br	64	51
III-3k	H	2-NO_2	—	—

续表

产物	R[1]	R[2]	产率①②/%	产率①③/%
III-3l	H	2-CN	—	—
III-3m	7-Me	H	61	51
III-3n	7-Me	2-Me	66	44
III-3o	7-Me	2-Et	62	45
III-3p	7-Me	2-*n*-Bu	61	43
III-3q	7-Me	2-OMe	68	47
III-3r	7-Me	4-Me	65	39
III-3s	7-Me	4-Et	60	36
III-3t	7-Me	2F	66	38
III-3u	7-Me	2-Cl	62	40
III-3v	7-Me	2-Br	59	39
III-3w	7-Et	H	64	46
III-3x	7-Et	2-Me	57	40
III-3y	7-Et	2-Et	63	41
III-3z	7-Et	2-*n*-Bu	61	39
III-3a′	7-Et	2-OMe	64	42
III-3b′	7-Et	4-Me	55	34
III-3c′	7-Et	4-Et	51	32
III-3d′	7-Et	2-F	54	33
III-3e′	7-Et	2-Cl	58	36
III-3f′	7-Et	2-Br	51	38
III-3g′	9-Et	H	62	43
III-3h′	9-Et	2-Me	67	41
III-3i′	9-Et	2-Et	60	39
III-3j′	9-Et	2-F	55	38
III-3k′	9-Et	2-Cl	51	36
III-3l′	9-Et	2-Br	56	34

续表

产物	R[1]	R[2]	产率①②/%	产率①③/%
III-3m′	9-*t*-Bu	H	65	50
III-3n′	9-*t*-Bu	2-Me	62	48
III-3o′	9-*t*-Bu	2-Et	59	47
III-3p′	9-*t*-Bu	2-*t*-Bu	61	44
III-3q′	9-*t*Bu	2-F	67	45
III-3r′	9-*t*-Bu	2-Cl	60	49
III-3s′	9-*t*-Bu	2-Br	66	49
III-3t′	9-*t*-Bu	4-Me	62	39
III-3u′	9-*t*′Bu	4-Et	57	38
III-3v′	9-*t*-Bu	2-Me，4-Br	61	42
III-3w′	9-*t*-Bu	2-Et，4-Br	58	45
III-3x′	9-*t*-Bu	2-*t*-Bu，4-Br	66	48
III-3A	9-I	H	59	35
III-3B	9-I	2-Me	55	38
III-3C	9-I	2-Et	56	44
III-3D	9-I	2-^{t}Bu	60	42
III-3E	9-I	2-F	54	45
III-3F	9-I	2-Cl	68	51
III-3G	9-I	2-Br	54	40
III-3H	9-I	4-Me	59	46
III-3I	9-I	2-Et	55	42

① 分离收率；

② 钨丝灯照射；

③ 自然光照射。

从表3-2可以看出，在200W白炽灯光照条件下，所有产品的收率均都明显高于在自然光条件下的收率，而且相应的反应时间也都缩短为6~10h。当吲哚环上含有亲脂性的甲基、乙基和叔丁基取代基时，同样适合这一反应条件，以较好的收率生成了结构新颖的目标化合物。类似地，我们又尝试使用实验室自制的3-乙酰基-2-氯-5-碘吲哚为反应物与各种靛红在相同反应条件下进行类似反应。

同样地，这一反应也获得了令人满意的结果，得到了一系列结构新颖且具有潜在应用价值的碘官能化的吲哚并[2，3-b]喹啉-11-羧酸类化合物(III-3A-I)，同时也丰富了这类化合物取代基的多样性。

3.4.5 反应的扩展性研究

由于这一分子内异构化、环加成反应的机理首先是通过靛红的水解开环，生成相应的邻氨基苯乙酮酸，然后再与 *N*-甲基-3-乙酰基-2-氯吲哚进行连续的异构化、环加成反应，生成吲哚并[2,3-b]喹啉类衍生物。这样，我们设想如果使用开环产物的类似物 2-氨基-二苯甲酮作为反应物与 3-乙酰基-2-氯吲哚在相同的反应条件下，也应该能够发生这一分子内的异构化、环加成反应，得到相应的 11-苯基吲哚并[2，3-b]喹啉类化合物。

这样，我们首先进行 3-乙酰基-*N*-乙基-2-氯吲哚(1g)与 2-氨基二苯甲酮(4)(1.1 当量)的内异构化、环加成反应。我们将这两种反应物加入 10%乙醇-水碱溶液中，但发现化合物不能完全溶解，反应效果很不理想。进一步加大乙醇用量分别以 20%，30%和 40%乙醇-水进行反应，发现 40%乙醇-水溶液溶解较好，能够得到澄清的溶液。此外，我们还发现当向该反应液中加入几滴聚乙二醇-400(PEG-400)能使产率有小幅度提高。这样，将反应物 1g (0.25g，1.0mmol)溶解于 8.0mL 的 40%乙醇-水溶液中。然后将 1.2g 氢氧化钾粉末、2-氨基二苯甲酮(0.22g，1.1mmol)和 5~8 滴 PEG-400 依次加入该溶液中。所得反应在 200W 白炽灯光照的条件下进行回流反应(如图 3-10 所示)。TLC 跟踪反应进程。当反应结束后，冷却至室温时，加入 20mL 的冷水，有大量的黄色沉淀出现，抽滤、晾干，经柱层析分离提纯(洗脱液：乙酸乙酯/石油醚=1/50)，得到 *N*-乙基-11-苯基-6H-吲哚并[2,3-b]喹啉(III-5b)，其收率为 65%，熔点为 192~193℃，其结构经 ^{1}H，^{13}C NMR 和 HRMS 等谱图得以证实。

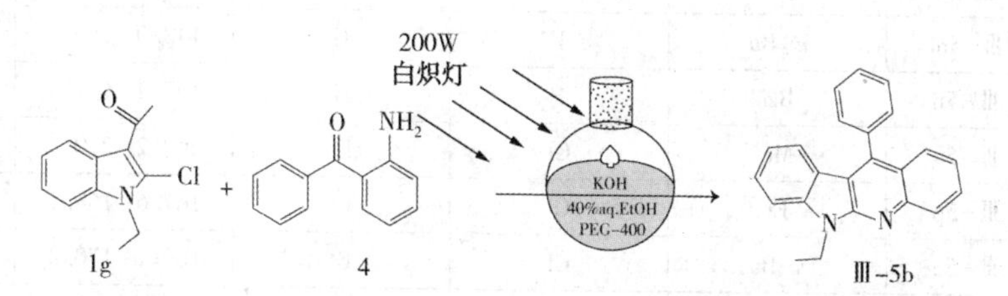

图 3-10 3-乙酰基-2-氯-吲哚与 2-氨基-二苯甲酮的一步反应合成吲哚并[2,3-b]喹啉生物碱衍生物

这一验证实验所得结果与我们所设想的一致，2-氨基-二苯甲酮同样可以与

3-乙酰基-2-氯吲哚类化合物在相同的反应条件下发生分子内异构化、环加成反应得到相应的11-苯基-6H-吲哚并[2，3-b]喹啉类化合物。受此实验结果鼓舞，我们进一步将这一反应扩展到其他 *N*-烷基-2-氯-3-乙酰基-吲哚。按照我们所预计的，这些 *N*-烷基取代的类似物均可以与2-氨基二苯甲酮发生这种分子内异构化、环加成反应，得到相应的6-烷基-11-苯基-6H-吲哚并[2,3-b]喹啉类衍生物(III-5a-r)，其反应结果如表3-3所示。

表3-3　合成11-苯基-6H-吲哚并[2,3-b]喹啉(III-5a-r)的产率及熔点

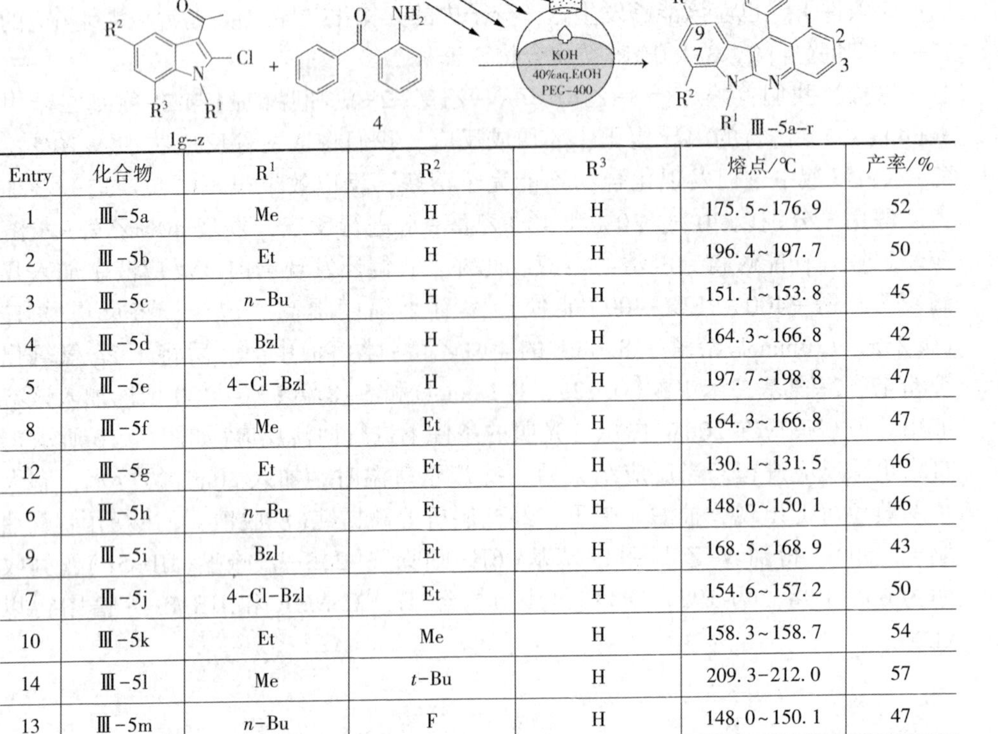

Entry	化合物	R^1	R^2	R^3	熔点/℃	产率/%
1	Ⅲ-5a	Me	H	H	175.5~176.9	52
2	Ⅲ-5b	Et	H	H	196.4~197.7	50
3	Ⅲ-5c	*n*-Bu	H	H	151.1~153.8	45
4	Ⅲ-5d	Bzl	H	H	164.3~166.8	42
5	Ⅲ-5e	4-Cl-Bzl	H	H	197.7~198.8	47
8	Ⅲ-5f	Me	Et	H	164.3~166.8	47
12	Ⅲ-5g	Et	Et	H	130.1~131.5	46
6	Ⅲ-5h	*n*-Bu	Et	H	148.0~150.1	46
9	Ⅲ-5i	Bzl	Et	H	168.5~168.9	43
7	Ⅲ-5j	4-Cl-Bzl	Et	H	154.6~157.2	50
10	Ⅲ-5k	Et	Me	H	158.3~158.7	54
14	Ⅲ-5l	Me	*t*-Bu	H	209.3~212.0	57
13	Ⅲ-5m	*n*-Bu	F	H	148.0~150.1	47
18	Ⅲ-5n	Bzl	F	H	195.2~197.4	48
15	Ⅲ-5o	Me	Cl	Et	209.2~210.2	50
16	Ⅲ-5p	Et	Cl	Et	167.6~168.1	43
17	Ⅲ-5q	*n*-Bu	Cl	Et	169.1~170.3	45
19	Ⅲ-5r	4-Cl-Bzl	Cl	Et	184.3~185.6	39

所有上述这些目标化合物Ⅲ-5a-r均未见文献报道，其结构经IR、^{1}H NMR、^{13}C NMR和HRMS或元素分析得以证实。特别是，我们还对化合物Ⅲ-5a和Ⅲ-

5p 进行了单晶培养，所得单晶结构(如图 3-11)与我们所预想的结构完全一致，进一步确凿地证实了目标化合物的结构。

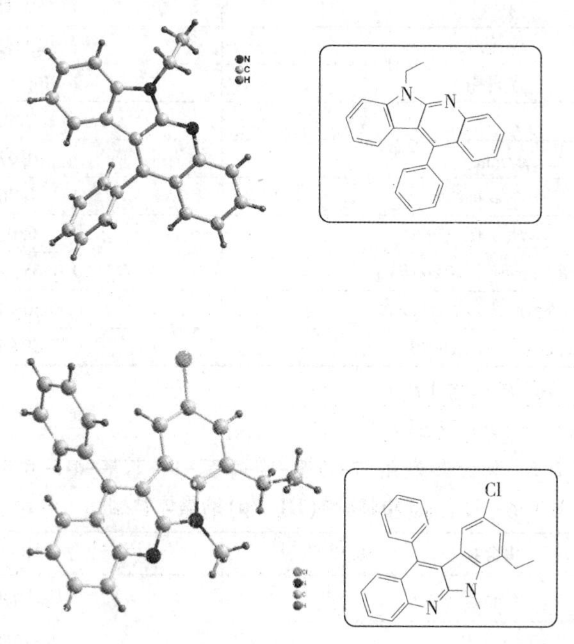

图 3-11　11-苯基-6H-吲哚并[2,3-b]喹啉Ⅲ-5b 和Ⅲ-5p 的晶体衍射图

分析显示，化合物Ⅲ-5b 晶体的分子式为 $C_{23}H_{18}N_2$，分子量为 322.39，化合物Ⅲ-5p 晶体的分子式为 $C_{24}H_{19}ClN_2$，分子量为 370.86。二者都属于斜方晶体，分子包含吲哚环和喹啉环，为四环稠环化合物，稠环上还有一个苯基。具体的晶体数据如表 3-4 和表 3-5 所列。

表 3-4　*N*-乙基-11-苯基-6H-吲哚并[2,3-b]喹啉(Ⅲ-5b)的晶体数据

化合物	Ⅲ-5b
化学式	$C_{23}H_{18}N_2$
分子量	322.39
晶系	Orthorhombic
a/Å	9.851(5)
b/Å	10.127(5)
c/Å	16.933(5)
α/(°)	90.000(5)
β/(°)	90.000(5)
γ/(°)	90.000(5)

续表

化合物	Ⅲ-5b
$V/Å^3$	1689.3(13)
温度/K	293(2)
空间群	Pna2(1)
Z	4
μ/mm^{-1}	0.075
$D_c/(g/cm^3)$	1.268
$F(000)$	680.0
Final$R_1$①, $wR_2$②[$I>2\sigma(I)$]	0.0665，0.1787
Final$R_1$①, $wR_2$②(all data)	0.0850，0.1944
基于F^2的GOOF值	0.841

① $R_1=\sum \| F_o \| - | F_c \| / \sum | F_o |$。

② $wR_2=\{\sum[w(F_o{}^2-F_c{}^2)^2]/\sum[w(F_o{}^2)^2]\}^{1/2}$。

表3-5　化合物9-氯-7-乙基-N-甲基-11-苯基-6H-吲哚并[2,3-b]喹啉(III-5p)的晶体数据

化合物	III-5p
经验式	$C_{24}H_{19}ClN_2$
分子量	370.86
温度/K	296(2)
衍射波长/Å	0.71073
晶系，空间群	斜方晶体，Pbca
晶胞参数	a=8.5868(4) A　alpha=90 deg. b=13.6623(6) A　beta=90 deg. c=31.9980(16) gamma=90 deg.
体积	3753.9(3) A^3
Z	8，　1.312 Mg/m^3
吸收参数	0.214 mm^-1
$F(000)$	1552
晶体尺寸	0.15mm×0.13mm×0.11mm
收集数据的θ角范围	2.55 to 28.50 deg.
极限指数	$-10<=h<=11$，$-11<=k<=18$，$-42<=l<=41$
收集/独立衍射数据	26661 / 4760 [R(int)=0.0429]
θ=28.50的数据完整度	99.8 %
吸收校正的方法	由等效值的半经验校正

续表

化合物	III-5p
最大最小的透过率	0.977 和 0.968
精修使用的方法	F^2 上的全矩阵最小二乘法
数据数目/使用限制的数目/参数数目	4760 / 0 / 244
基于 F^2 精修的吻合程度	1.084
可观察衍射的吻合因子[I>2sigma(I)]	$R_1^{①}=0.0557$, $wR_2^{②}=0.1204$
所有数据的吻合因子	$R_1^{①}=0.0910$, $wR_2^{②}=0.1351$
精修后残余电子密度的峰、谷值	0.263 and-0.310 e. A^-3

① $R_1=\sum \| F_o|-|F_c\| / \sum |F_o|$。

② $wR_2=\{\sum[w(F_o^2-F_c^2)^2]/\sum[w(F_o^2)^2]\}^{1/2}$

总之，我们成功实现了在相同反应条件下各种取代的3-乙酰基-2-氯吲哚与2-氨基-二苯甲酮的分子内异构化、环加成反应，合成一系列结构未见文献报道的*N*-烷基-11-苯基-6H-吲哚并[2,3-b]喹啉类化合物。与文献相比，该合成策略具有原料易得、反应步骤短、条件温和、环境友好等优点，符合现代有机合成化学的发展趋势，具有很强的应用价值，有望在有机合成化学领域得到实际应用。而且，该反应所生成的生物碱 Neocryptolepine 类似物不仅具有潜在的生物活性，而且由于吲哚并[2,3-b]喹啉稠环体系中羧基官能团的存在，还可以作为重要的中间体进行结构修饰和优化，为建立"Neocryptolepine 生物碱类化合物库"提供尽可能多的化学结构多样性，从而为今后高通量筛选有价值的生物模型，得到活性高、选择性好的先导化合物提供可能。

3.4.6 杀菌活性研究

采用盆栽苗测试法测定了目标化合物对黄瓜霜霉病(Cucumber downy mildew)、小麦白粉病(Wheat powdery mildew)、小麦锈病(Wheat rust)和黄瓜炭疽病(Cucumber anthracnose)的杀菌活性，测试浓度为400mg/L。初步生物活性试验结果见表3-6。

表3-6 目标化合物 III-3a-I 的杀菌活性数据

测试样品	盆栽防效/%			
	CDM	WPM	WR	CA
III-3a	0	10	0	0
III-3b	0	0	0	10
III-3c	10	0	0	0

续表

测试样品	盆栽防效/%			
	CDM	WPM	WR	CA
III-3d	0	10	0	0
III-3e	0	10	0	10
III-3f	10	20	20	0
III-3g	30	20	10	10
III-3h	30	50	30	0
III-3i	20	20	20	10
III-3j	10	40	20	0
III-3m	10	40	10	10
III-3n	15	50	20	0
III-3o	10	40	10	10
III-3p	0	40	20	5
III-3q	10	50	10	10
III-3r	10	45	20	10
III-3s	40	80	30	20
III-3t	40	70	40	10
III-3u	20	60	20	20
III-3v	30	65	10	20
III-3w	20	10	10	0
III-3x	10	10	5	10
III-3y	10	15	0	0
III-3z	10	10	0	0
III-3a′	0	0	10	10
III-3b′	5	10	0	0
III-3c′	0	10	0	10
III-3d′	15	20	15	0
III-3e′	20	10	0	12
III-3f′	0	10	0	0
III-3g′	10	0	0	10
III-3h′	30	0	30	0
III-3i′	10	10	0	10
III-3j′	10	0	0	0

续表

测试样品	盆栽防效/%			
	CDM	WPM	WR	CA
III-3k′	0	15	15	0
III-3l′	20	10	0	5
III-3m′	10	10	25	10
III-3n′	20	0	0	0
III-3o′	10	10	0	10
III-3p′	15	0	10	0
III-3q′	5	10	10	0
III-3r′	45	10	20	10
III-3s′	15	0	0	0
III-3t′	0	0	0	0
III-3u′	0	10	0	10
III-3v′	60	40	20	0
III-3w′	20	30	0	10
III-3x′	20	20	5	0
III-3A	50	40	10	10
III-3B	70	50	20	10
III-3C	50	45	5	20
III-3D	50	60	10	5
III-3E	80	80	20	20
III-3F	70	75	30	5
III-3G	80	70	10	0
III-3H	60	60	20	30
III-3I	50	60	20	20
氰霜唑	95	///	///	///
醚菌酯	///	100	///	///
戊唑醇	///	///	100	///
咪鲜胺	///	///	///	98
稻瘟灵	///	///	///	///
氟啶胺	///	///	///	///

注：CDM：黄瓜霜霉病；WPM：小麦白粉病；WR：小麦锈病；CA：黄瓜炭疽病；RB：稻瘟病；GM：灰霉病。

由表3-6可以看出，①化合物III-3a-j对致病菌苗的杀菌活性普遍都很低，杀菌率都在50%以下。这其中，含氟取代的化合物III-3h的杀菌活性比其他化合物要稍好一些，对小麦白粉病（WPM）表现出中等的杀菌活性，杀菌率为50%，对黄瓜霜霉病（CDM）和小麦锈病（WR）表现出较弱的杀菌活性，杀菌率均为30%。②比较化合物III-3g和III-3i的杀菌数据：叔丁基和氯双取代的III-3g对这四种致病菌苗的杀菌活性依次为30%、20%、10%、10%，这与氯取代的III-3i的杀菌活性相当(依次为20%、20%、20%、10%)。从中可以看出结构中叔丁基的引入对化合物的杀菌活性没有影响。③比较化合物III-3e和III-3g的杀菌数据：叔丁基取代的III-3e对这四种致病菌苗的杀菌活性依次为0%、10%、0%、10%；而叔丁基和氯双取代的III-3g对这四种致病菌苗的杀菌活性依次为30%、20%、10%、10%。从中可以看出结构中卤素的存在对化合物的杀菌活性有一定的提高。

从化合物III-3n-v系列中可以看出，当在吲哚[2，3-b]喹啉-11-羧酸的骨架结构的7-位引入甲基后，它们对小麦白粉病（WPM）的杀菌活性比系列化合物III-3a-j有了明显的提高，特别是在引入卤素官能团时，如化合物III-3t、III-3u和III-3v，杀菌活性又得到了进一步的提高，其杀菌率分别为70%、60%和65%。而这类化合物对黄瓜霜霉病（CDM）。小麦锈病（WR）和黄瓜炭疽病（CA）表现出较弱的杀菌活性，活性没有得到进一步的提高。

从化合物III-3w-f′系列中可以看出，当在吲哚[2，3-b]喹啉-11-羧酸的骨架结构的7-位引入亲脂基团乙基后，造成了杀菌活性的失活，对所考察的四种植物致病菌的杀菌活性普遍都很低。然后，我们又考察在吲哚[2,3-b]喹啉环的9-位引入乙基或叔丁基取代基，但这些化合物中除了化合物III-3r′和III-3v′对黄瓜霜霉病（CDM）表现出中等的杀菌活性(45%和60%)，其余化合物的杀菌活性均没有得到明显的改善。这说明在吲哚[2,3-b]喹啉生物碱的骨架结构中引入甲基基团可以提高它们的杀菌活性，而引入乙基或叔丁基时，它们的杀菌活性并不能提高。

令我们惊喜的是，当在吲哚[2,3-b]喹啉-11-羧酸的骨架结构的9-位引入碘取代基时，化合物III-3A-I对黄瓜霜霉病（CDM）和小麦白粉病（WPM）的杀菌活性有了较大的提高，这说明碘基团的引入有利于改善此类化合物的杀菌活性。特别是，含氟取代的化合物III-3E和含溴取代的化合III-3G的活性最好，对黄瓜霜霉病（CDM）的杀菌率都达到了80%，对小麦白粉病（WPM）的杀菌率也高达80%和70%。

对于6-烷基-11-苯基-6H-吲哚并[2,3-b]喹啉类生物碱衍生物（III-5a-r）的杀菌活性实验目前正在进行中。

3.5　本章小结

通过对6-甲基-吲哚并[2,3-b]喹啉-11-羧酸和11-苯基-*N*-烃基吲哚并[2,3-b]喹啉类生物碱类似物合成及杀菌活性的测定，得到以下结论：

① 对具有天然生物碱Neocryptolepine骨架结构的吲哚并[2,3-b]喹啉类化合物的合成，我们提出了一种全新的合成策略：以3-乙酰基-2-氯-*N*-甲基吲哚类化合物和各种取代的靛红或2-氨基二苯甲酮为反应物，在环境友好的条件下，经一步连续反应，有效合成未见文献报道的6-甲基吲哚并[2,3-b]喹啉-11-羧酸或11-苯基-*N*-烃基吲哚并[2,3-b]喹啉类化合物。探讨了该反应可能发生的历程，为今后进行天然生物碱Neocryptolepine衍生物多样化合成提供了一重要的合成途径。

② 对部分所合成的目标化合物进行植物致病菌杀菌活性实验表明，在吲哚并[2,3-b]喹啉的稠环体系中，在其7-位引入甲基基团时，可提高此类化合物对小麦白粉病(Wheat powdery mildew)的杀菌活性，在其9-位引入碘取代基时，可提高此类化合物对黄瓜霜霉病(Cucumber downy mildew)、小麦白粉病(Wheat powdery mildew)的杀菌活性；然而，引入其他基团如乙基或叔丁基则使产品的杀菌活性失活或其杀菌活性没有明显变化。另外，卤素的存在对化合物的杀菌活性也有一定的提高。目前关于此类化合物的杀菌活性仍在继续研究，主要集中在此类化合物的结构修饰和改进，以期发现高效低毒的吲哚并[2,3-b]喹啉生物碱类杀菌剂。

第4章 N-取代吡咯并[3,4-b]喹啉-1-酮合成及杀菌活性研究

4.1 引　言

在上一章我们首次发现了一步连续反应的合成新策略，构建了一系列未见文献报道的6-甲基吲哚并[2,3-b]喹啉-11-羧酸类化合物，并对它们的杀菌活性进行了测试研究。在本章，我们将进一步运用这一合成理念，设计使用2-氯甲基喹啉-3-甲酸乙酯为反应物与各种芳胺、脂肪胺和脂肪二胺，经过一步连续反应，首次将五元内酰胺环拼接到喹啉环上，并测试其杀菌活性，希望通过这样的亚结构拼接，能发现高活性的先导化合物。

在众多的农用化学品中，含有酰胺结构单元的化合物被广泛用作杀菌剂，如图4-1所示的甲呋酰胺(1)、啶酰菌胺(2)、氟吗啉(3)等杀菌农药。因此，关于结构新颖的酰胺类化合物的设计、合成及其抗菌活性研究一直是农药化学研究的热点。最近，异吲哚啉-1-酮类内酰胺化合物的合成及生物活性研究吸引了人们的注意力，关于这方面的报道屡见不鲜。例如，最近Li等(2015)合成的苯并五元内酰胺化合物N-苯基异吲哚啉-1-酮(4，图4-1)对番茄早疫病菌(Alternaria solani)和葡萄孢菌(Botrytis cinerea)表现出良好的杀菌活性。

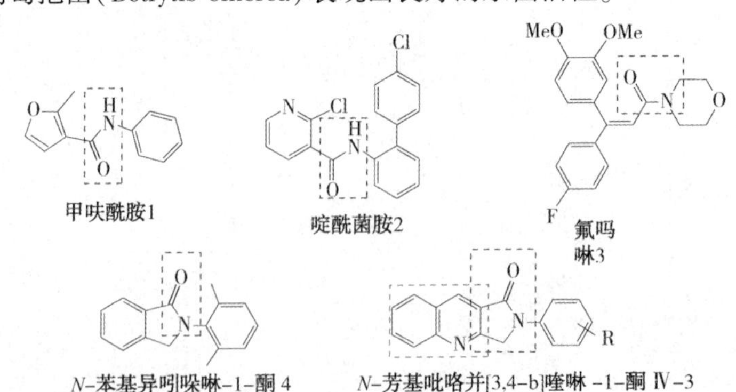

图4-1　含有酰胺结构单元的杀菌剂以及目标化合物的结构(1~4和Ⅳ-3)

另一方面，喹啉类化合物作为含氮杂环中非常重要的一类，为农药化学的发展开拓了新的天地，成为人们进行新农药创制的主要杂环结构之一，特别是对一些具有杀菌活性的喹啉类化合物的创制成为研究的重点。基于以上发现及按照活性亚结构拼接原理，我们构想：如果将异吲哚啉-1-酮(4)上的苯环替换为喹啉环，从而得到一系列结构新颖的含喹啉环的异吲哚啉-1-酮类衍生物Ⅳ-3(如图4-1所示)并对它们的杀菌活性进行测试研究将是一项非常有意义的研究工作。

4.2 化学实验部分

4.2.1 仪器和主要试剂

WRS-1B数字熔点仪(上海仪器设备厂)；VARIAN Scimitar 2000系列傅立叶变换红外光谱仪(美国瓦里安有限公司)；Agilent 400-MR型核磁共振仪(美国安捷伦公司)；EA 2400II型元素分析仪(美国珀金埃尔默公司)；Agilent 1100系列LC/MSD VL ESI型液质联用仪(美国安捷伦公司)；Customer micrOTOF-Q 125型高分辨质谱仪(美国布鲁克公司)；WP-2330-1紫外分析仪；RE-52AA型旋转蒸发仪(上海亚荣生化仪器厂)。邻氨基苯甲醛、邻氨基苯乙酮、*N*-溴代丁二酰亚胺、*N*-氯代丁二酰亚胺、氯乙酰乙酸乙酯、三甲基氯硅烷、硫酸铈铵、各种取代的芳胺、脂肪胺和脂肪二胺，均为分析纯，购于阿拉丁试剂公司(上海，中国)。

4.2.2 设计的合成路线

设计以2-氯甲基喹啉-3-甲酸乙酯(Ⅳ-1)为反应物与各种芳胺、脂肪胺和脂肪二胺(Ⅳ-2)在乙醇-乙酸(10∶1，v/v)的混合溶剂中进行回流反应，经一步连续的取代和分子内环化反应，构建喹啉并五元环酰胺*N*-取代吡咯并[3,4-b]喹啉-1-酮类化合物(图4-2)。

4.2.3 起始化合物2-氯甲基-6-卤喹啉-甲酸乙酯(Ⅳ-1a-c)的制备

向250mL聚乙二醇-400溶剂中加入2-乙酰氨基苯甲醛(8.16g，50.0mmol)，并使之完全溶解。然后向该溶液中分三批加入NBS或NCS(55.0mmol)。所得反应液在室温下反应大约8h(TLC监测反应进程)。反应结束后，向该反应液

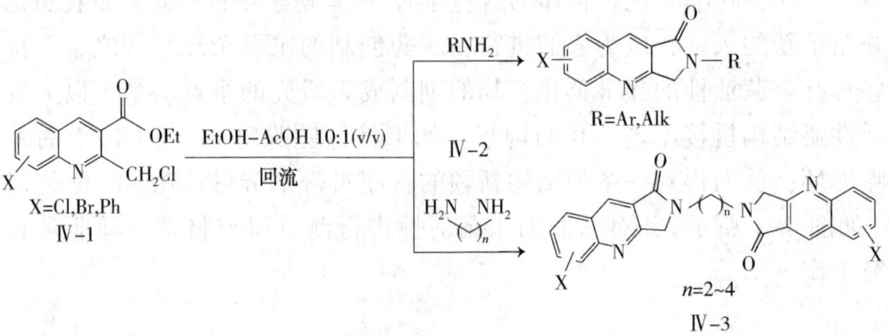

图 4-2　目标化合物 *N*-取代吡咯并[3,4-b]喹啉-1-酮(IV-3)的合成路线

中加入适量冰水，析出沉淀，抽滤，风干。所得固体粗产物用无水乙醇重结晶提纯得 2-乙酰氨基-5-氯/溴苯甲醛。称取 20.0mmol 的 2-乙酰氨基-5-氯/溴苯甲醛和氯乙酰乙酸乙酯(3.3g，20mmol)置于 50mL 的反应釜中，然后加入 20mL 的 DMF 使之完全溶解。再称取 TMSCl(8.7g，80mmol)慢慢地加入该溶液中，然后该反应釜在 100℃ 下反应 10h(TLC 监测反应进程)。反应结束后，冷却至室温，打开反应釜，将反应液倒入 200mL 水中，并超声 1h。析出的固体粗产物抽滤，风干，然后进行柱层析分离提纯[固定相 200~400 目硅胶，乙酸乙酯/石油醚(1/10，v/v)为洗脱液]，得到纯品化合物 IV-1a 和 IV-1b。合成的化合物 IV-1a 和 IV-1b 结构均经红外谱图(IR)、氢核磁谱图(^{1}H NMR)、碳核磁谱图(^{13}C NMR)、质谱(ESI-MS)和高分辨质谱(HRMS)得以确证，其物化数据和波谱数据如下：

6-溴-2-(氯甲基)喹啉-3-甲酸乙酯(IV-1a)：黄色固体，收率 71%，熔点 127~130℃. IR spectrum(thin layer)，ν/cm^{-1}：1711(C═O)，1609，1583，1558，1478，1440，1072. ^{1}H NMR spectrum，δ，ppm(*J*，Hz)：1.48(3H，t，*J*=7.2，OCH_2CH_3)；4.50(2H，q，*J*=7.2，OCH_2CH_3)；5.28(2H，s，CH_2Cl)；7.91(1H，d，*J*=8.4，H Quino)；8.05(1H，d，*J*=8.4，H Quino)；8.10(1H，s，H Quino)；8.75(1H，s，H Quino). ^{13}C NMR spectrum($CDCl_3$，100MHz)，δ，ppm：14.17；45.9；62.2；119.4；122.1；124.1；127.8，130.4；130.6；135.7；140.1；156.0；165.1. Found,%：C 47.75；H 3.62；N 4.11. $C_{13}H_{11}BrClNO_2$. Calculated,%：C 47.52；H 3.37；N 4.26.

6-氯-2-(氯甲基)喹啉-3-甲酸乙酯(IV-1b)：黄色固体，收率 74%，熔点 121~122℃(Lit.[23] 122-123℃). IR(KBr)ν/cm^{-1}：3048，2985，1718(C═O)，1613，1560，1479，1442，1289，1243，1078；^{1}H NMR(400MHz，$CDCl_3$)δ

(ppm)：1.49(t，$J=7.2$Hz，3H，OCH_2CH_3)，4.51(q，$J=7.2$Hz，2H，OCH_2CH_3)，5.27(s，2H，Cl-CH_2-Ar)，7.78(d，$J=8.4$Hz，1H，Quino-H)，7.92(s，1H，Quino-H)，8.08(d，$J=8.4$Hz，1H，Quino-H)，8.74(s，1H，Quino-H)；^{13}C NMR ($CDCl_3$，100MHz) δ (ppm)：19.78，51.91，67.71，129.69，132.58，132.86，136.45，138.56，139.38，145.48，152.13，161.51，170.88；Anal. Calcd for $C_{13}H_{11}Cl_2NO_2$：C，54.95；H，3.90；N，4.93. Found：C，55.18；H，4.15；N，4.78.

4-苯基-2-(氯甲基)喹啉-3-甲酸乙酯(Ⅳ-1c)：称取2-氨基二苯甲酮(3.94g，20mmol)，氯乙酰乙酸乙酯(3.3g，20mmol)和CAN(1.1g，2mmol，10mol%)并溶解于30mL的甲醇中。所得反应混合物在室温下搅拌2h(TLC监测反应进程)。反应结束后，向反应液中加入30mL去离子水，然后用乙酸乙酯萃取2次(30mL×2)，无水硫酸钠干燥。减压蒸除有机溶剂后，所得固体粗产物进行柱层析分离提纯[固定相200~400目硅胶，乙酸乙酯/石油醚(1/5，v/v)为洗脱液]，得到5.48g纯品化合物Ⅳ-1c。熔点103~105℃。

4.2.4 目标化合物的合成

将2-氯甲基-喹啉-甲酸乙酯(1.0mmol)和取代的芳胺(1.0mmol)溶解于10mL乙醇-乙酸的混合溶剂中(10∶1，v/v,)。所得反应混合物在回流温度的条件下反应大约10~20h(TLC监测反应进程)。反应液冷却至室温，减压蒸除有机溶剂，所得固体粗产物进行柱层析分离提纯[固定相200~400目硅胶，乙酸乙酯/石油醚(1/10，v/v)为洗脱液]得到目标化合物*N*-芳/烷基吡咯并[3,4-b]喹啉-1-酮类化合物，其产物的编号、收率和物理参数列于表4-1中。

表4-1 *N*-芳基吡咯并[3,4-b]喹啉-1-酮类化合物(Ⅳ-3a-x)的收率和物理性质

编号	结构式	R	性状	收率/%	熔点/℃
Ⅳ-3a		H	黄色固体粉末	79	252~254
Ⅳ-3b		Me	黄色固体粉末	82	266~267
Ⅳ-3c		Et	白色固体粉末	75	248~250
Ⅳ-3d	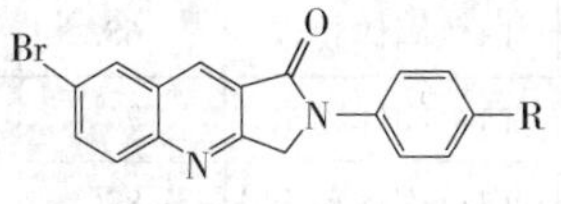	OMe	黄色固体粉末	84	269~271
Ⅳ-3e		*t*-Bu	黄色固体粉末	80	255~257
Ⅳ-3f		F	白色固体粉末	83	234~236
Ⅳ-3g		Cl	黄色固体粉末	77	223~225
Ⅳ-3h		Br	黄色固体粉末	74	240~241

续表

编号	结构式	R	性状	收率/%	熔点/℃
IV-3i	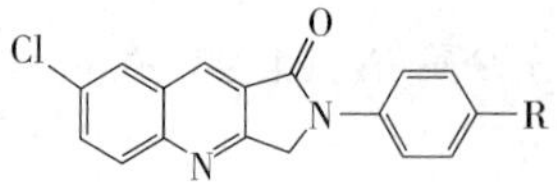	H	白色固体粉末	81	264~266
IV-3j		Me	白色固体粉末	82	225~227
IV-3k		Et	白色固体粉末	71	208~209
IV-3l		*t*-Bu	白色固体粉末	76	197~198
IV-3m		OMe	黄色固体粉末	83	248~250
IV-3n		F	白色固体粉末	74	261~263
IV-3o		Cl	白色固体粉末	78	265~267
IV-3p		Br	黄色固体粉末	85	242~243
IV-3q	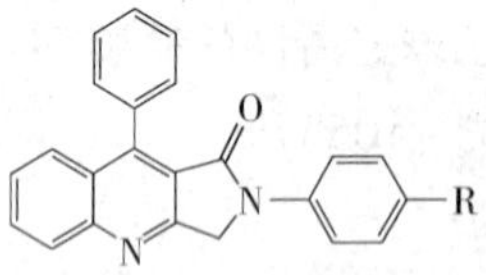	H	白色固体粉末	79	251~253
IV 3r		Me	白色固体粉末	84	276~277
IV-3s		Et	白色固体粉末	80	245~246
IV-3t		OMe	白色固体粉末	79	242~243
IV-3u		*t*-Bu	白色固体粉末	87	171~173
IV-3v		F	白色固体粉末	85	217~218
IV-3w		Cl	黄色固体粉末	82	253~255
IV-3x		Br	黄色固体粉末	80	254~255

按照相同的实验过程，将2-氯甲基-喹啉-甲酸乙酯(1.0mmol)与脂肪胺(1.0mmol)同样也顺利得到了*N*-烷基吡咯并[3,4-b]喹啉-1-酮类化合物，其产物的编号、收率和物理参数列于表4-2中。

表4-2 *N*-烷基-吡咯并[3,4-b]喹啉-1-酮类化合物(IV-3y-j′)的收率和物理性质

编号	结构式	R	性状	收率/%	熔点/℃
IV-3y	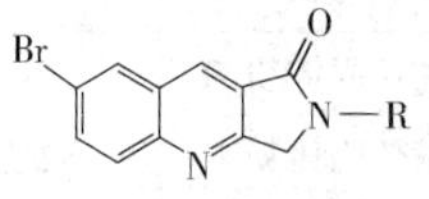	H	白色固体粉末	71	263~265
IV-3z		Me	黄色固体粉末	76	192~193
IV-3a′		Et	白色固体粉末	82	237~238
IV-3b′		Bn	白色固体粉末	75	257~259
IV-3c′	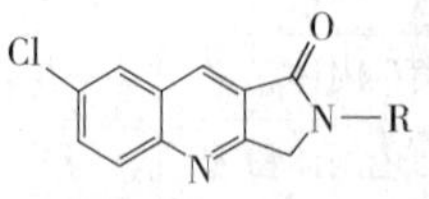	H	白色固体粉末	68	169~171
IV-3d′		Me	白色固体粉末	76	181~182
IV-3e′		Et	白色固体粉末	82	177~179
IV-3f′		Bn	白色固体粉末	74	198~200

续表

编号	结构式	R	性状	收率/%	熔点/℃
IV-3g′	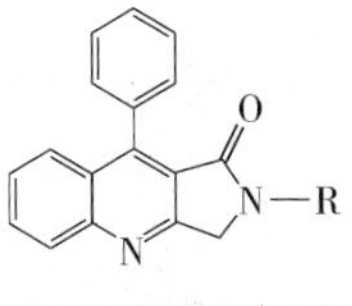	H	白色固体粉末	71	208~210
IV-3h′		Me	白色固体粉末	81	243~245
IV-3i′		Et	白色固体粉末	79	175~176
IV-3j′		Bn	白色固体粉末	76	259~261

按照相同的实验过程，将2-氯甲基-喹啉-甲酸乙酯(2.0mmol)与脂肪二胺(1.0mmol)同样也顺利得到了具有对称结构的双吡咯并[3,4-b]喹啉-1-酮类化合物，其产物的编号、收率和物理参数列于表4-3中。

表4-3　对称的双N-烷基-吡咯并[3,4-b]喹啉-1-酮类化合物(IV-3k′-p′)的收率和物理性质

编号	结构	性状	收率/%	熔点/℃
IV-3k′	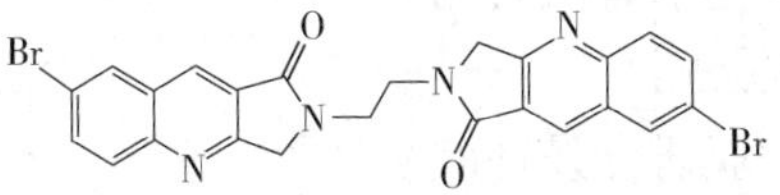	白色固体粉末	75	>300
IV-3l′	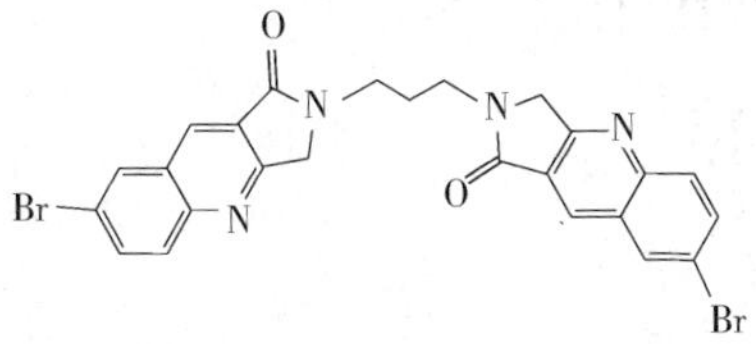	白色固体粉末	77	>300
IV-3m′	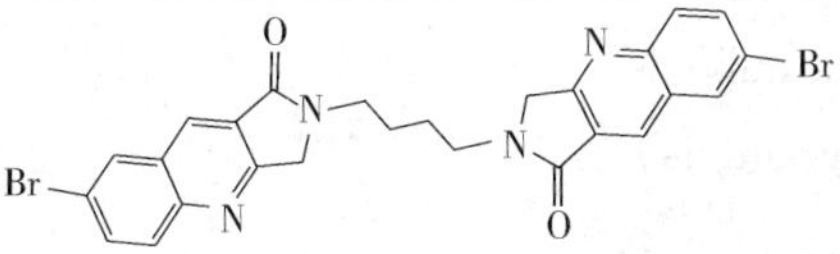	白色固体粉末	68	>300
IV-3n′	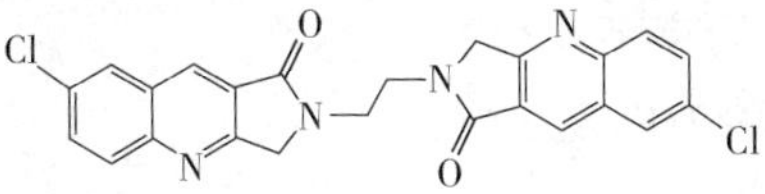	白色固体粉末	67	>300
IV-3o′	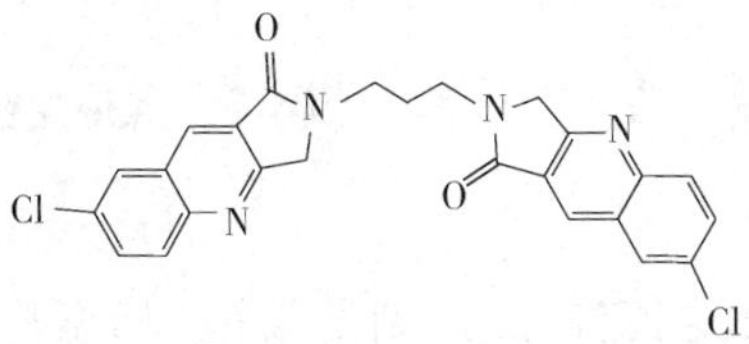	白色固体粉末	64	>300
IV-3p′	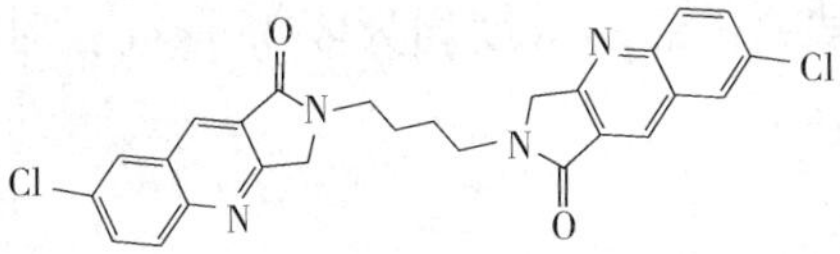	白色固体粉末	69	>300

4.3 杀菌活性测试部分

4.3.1 测试样品

选用上述合成的30个纯度在95%以上的*N*-烷基-吡咯并[3,4-b]喹啉-1-酮类化合物作为测试样品。

4.3.2 对照药剂

95%氰霜唑原药(浙江禾本科技有限公司)
95%醚菌酯原药(京博农化科技股份有限公司)
96%戊唑醇原药(宁波三江益农化学有限公司)
95%咪鲜胺原药(乐斯化学有限公司)
98%稻瘟灵原药(四川省化学工业研究设计院)
98%氟啶胺原药(江苏辉丰农化股份有限公司)

4.3.3 供试靶标和供试寄主

稻梨孢(Pyricularia oryzae)
灰葡萄孢(Botrytis cinerea)
古巴假霜霉(Pseudoperonospora cubenis)
禾本科布氏白粉菌(Blumeria graminis)
玉米柄锈(Puccinia sorghi)
黄瓜(Cucumis sativus L.，品种为京新4号)
小麦(Triticum aestivum L.，品种为周麦12号)
玉米(Zea mays L.，品种为白黏)

4.3.4 试验方法(参照文献：柴宝山等，2007；Xie et al.，2014)

(1) 孢子萌发测试方法

通过在培养液中加入测试样品，测定样品抑制稻梨孢(稻瘟病)和灰葡萄孢(蔬菜灰霉病)的孢子萌发活性。试验样品的浓度均为8.33mg/L；对照药剂稻瘟灵和氟啶胺的浓度均为8.33mg/L。

(2) 盆栽苗测试方法

① 寄主植物培养：温室内培养黄瓜、小麦、玉米苗，均长至2叶期，备用。

② 药液配制：准确称取制剂的样品，加入溶剂和0.05%的吐温-20，配制成400mg/L的药液各20mL，用于活体苗杀菌活性研究。对照药剂氰霜唑、醚菌酯、戊唑醇、咪鲜胺的浓度均为25mg/L。

③ 喷雾处理：喷雾器类型为作物喷雾机，喷雾压力为1.5kg/cm^2，喷液量约为1000L/hm^2。上述试验材料处理后，自然风干，24h后接种病原菌。

④ 接种病原菌：用接种器分别将黄瓜霜霉病菌孢子囊悬浮液(5×10^5个/mL)、黄瓜炭疽病菌孢子悬浮液(5×10^5个/mL)和玉米锈病菌孢子悬浮液(5×10^6个/mL)喷雾于寄主作物上，然后移入人工气候室培养(24℃，RH>90，无光照)。24h后，试验材料移于温室正常管理，4~7d后调查试验样品的杀菌活性；将小麦白粉病菌孢子抖落在小麦上，并在温室内培养，5~7d后调查化合物的杀菌活性。

4.3.5　结果调查

盆栽试验是根据对照的发病程度，采用目测方法，调查试验样品的杀菌活性。结果参照美国植病学会编写的《A Manual of Assessment Keys for Plant Diseases》，用100~0来表示，结果调查分四级，“100”级代表无病或孢子无萌发，“80”级代表孢子少量萌发或萌发但无菌丝生长，“50”级代表孢子萌发约50%，且萌发后菌丝较短，“0”级代表最严重的发病程度或与空白对照相近。

4.4　结果与讨论

4.4.1　反应条件的优化

我们选择2-氯甲基-6-溴喹啉-甲酸乙酯(IV-1a)与苯胺(IV-2)的反应为研究对象，对反应条件进行优化实验，其优化实验的结果列于表4-4。从表4-4中可以看出，当使用乙醇作为反应溶剂时，虽然能够生成想要的目标化合物IV-3a，但收率较低(entry 1)。为了进一步提高产品收率，我们尝试了使用其他的有机溶剂，如MeOH、$CHCl_3$、DMF、THF和dioxane等。但这些尝试也没有取得理想的结果，收率并没有得到明显的提高(entries 2~5)。我们也尝试让这一反应在水相或无溶剂研磨条件下进行，但我们发现该反应并没有发生，仅仅回收了反应物(entries 6和7)。通过不断的尝试，我们高兴地发现，当该反应在EtOH-AcOH混合溶剂系统中进行，产品收率能够得到进一步的提高。为了寻找到混合溶剂的最佳配比，我们又进行了一系列优化实验(entries 8~12)，发现当EtOH和AcOH

的体积比为 10∶1 时，产品 IV-3a 的收率最高为 79%(entry 10)。

表 4-4　合成化合物(IV-3a)反应条件和收率(II-3a)[1]

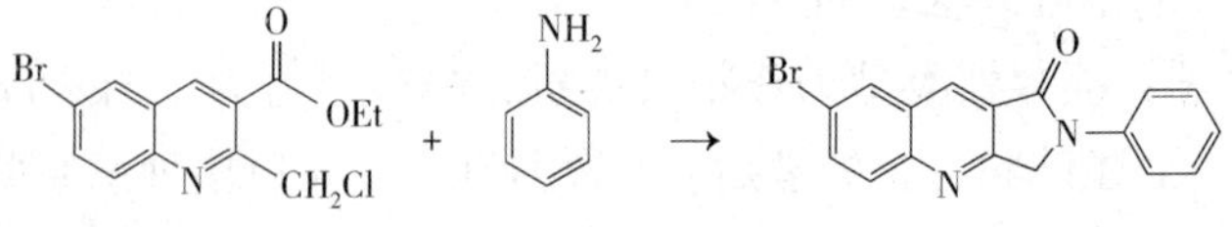

Ⅳ-1a + Ⅳ-2 → Ⅳ-3a

序号	溶剂	反应温度/℃	时间/h	收率[2]/%
1	EtOH	回流	24	61
2	MeOH	回流	24	50
3	$CHCl_3$	回流	24	42
4	DMF	85	24	33
5	dioxane	85	24	29
6	H_2O	回流	24	0
7	无溶剂	室温	3	0
8	EtOH-AcOH(20∶1, v/v)	回流	10	67
9	EtOH-AcOH(15∶1, v/v)	回流	10	74
10	EtOH-AcOH(10∶1, v/v)	回流	10	79
11	EtOH-AcOH(5∶1, v/v)	回流	12	67
12	EtOH-AcOH(2∶1, v/v)	回流	24	44

① Reaction conditions: compound 1(0.5mmol), aniline 5a(0.5mmol), solvent(5mL);

② 分离收率。

4.4.2　目标化合物的表征

通过优化实验，我们找到了最佳的反应条件。这样，我们开始进行产品结构的多样化合成，实验发现在此反应条件下各种不同取代的芳胺、脂肪胺和脂肪二胺都能顺利地进行这一连续的反应，顺利合成了一系列未见文献报道的目标化合物，它们的结构均已通过波谱数据和元素分析得以证实。

我们以化合物 IV-3d 为例加以说明。如图 4-3 所示的化合物 IV-3d 的氢核磁谱图中，化学位移在 3.94ppm 处的 3 个氢质子单峰归属于甲氧基上的氢；5.51ppm 处 2 个氢质子单峰归属于吡咯环亚甲基峰；在 7.71ppm 和 7.53ppm 处的两个 2 质子的双重峰则分别为苯环上的 4 个氢的信号峰；处于 8.24ppm 和 8.35ppm 化学位移的两个单质子双重峰及 8.61ppm 和 9.43ppm 处两个单质子单峰均是喹啉环上 4 个氢的信号峰。这样，所测的氢谱图中氢的个数、峰型和出现的化学位移与预想的结构相一致。

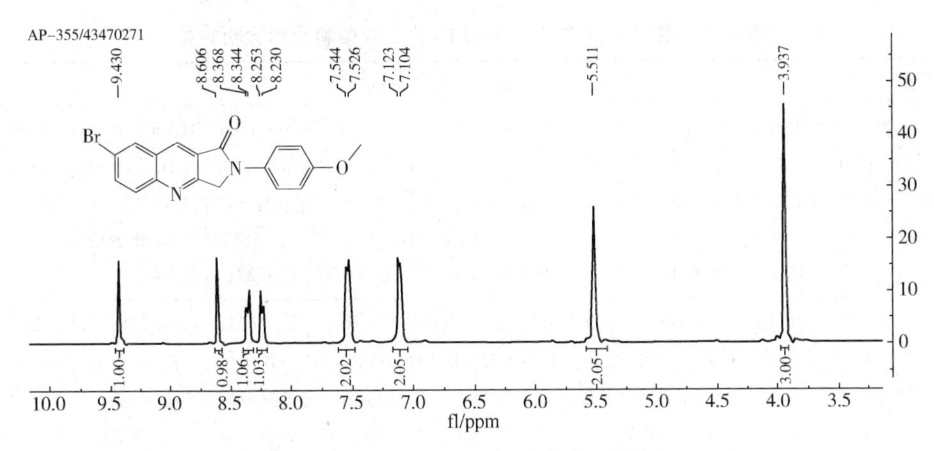

图 4-3　化合物 IV-3d 的氢核磁谱图

进一步，在化合物 IV-3d 的碳核磁谱图中(图 4-4)，化学位移在 51. 68ppm 处的吸收峰归属于吡咯环亚甲基碳的信号峰；在 54. 74ppm 处的吸收峰峰则为甲氧基碳的信号峰；在 109. 82～156. 53ppm 芳香区域出现的 13 个信号峰，正好与其三环稠环骨架结构的碳相一致，在 163. 93 处的信号峰则归属为酰胺羰基碳的信号峰。综合以上分析，所合成的目标化合物的结构与我们预想的相一致。

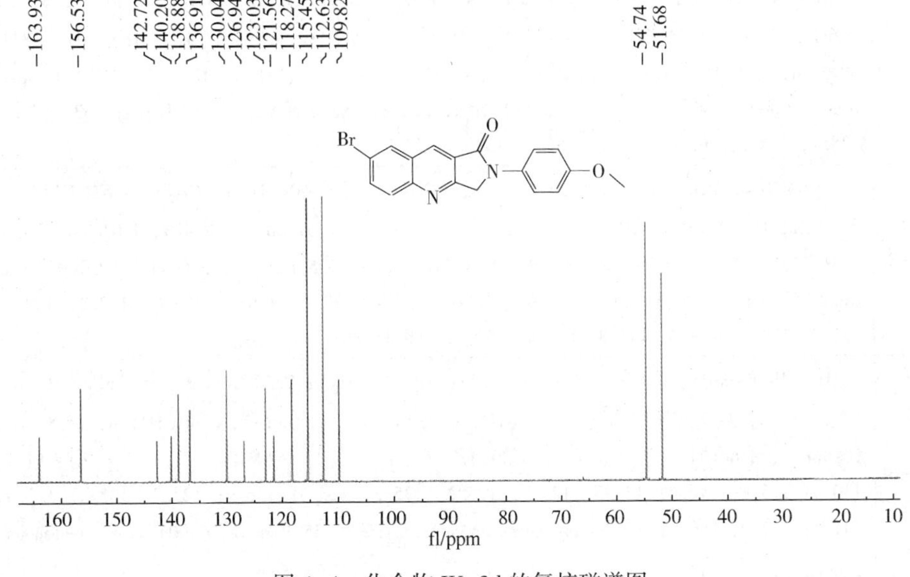

图 4-4　化合物 IV-3d 的氢核磁谱图

所有化合物的表征数据和元素分析列于表 4-5。

表 4-5　目标化合物 IV-3a-p′的表征数据和元素分析数据

编号	波谱和元素分析数据
IV-3a	^{1}H NMR spectrum，δ(ppm)(*J*，Hz)：5.65(2H，s，CH_2)；7.51~7.64(5H，m，H Ph)；8.36(1H，d，*J*=8.0Hz，H Quino)；8.46(1H，d，*J*=8.0Hz，H Quino)；8.71(1H，s，H Quino)；9.55(1H，s，H Quino). ^{13}C NMR spectrum，δ(ppm)：51.7；121.5；123.1；126.3；127.1；128.9；129.6；129.7；132.9；134.7；137.4；141.8；142.9；156.6；164.0. Found,%：C 60.47；H 3.10；N 8.45. $C_{17}H_{11}BrN_2O$. Calculated,%：C 60.20；H 3.27；N 8.26.
IV-3b	^{1}H NMR spectrum，δ(ppm)(*J*，Hz)：2.15(3H，s，CH_3)；5.31(2H，s，CH_2)；7.10(2H，d，*J*=7.6Hz，H Ar)；7.21(2H，d，*J*=7.6Hz，H Ar)；8.07(1H，d，*J*=8.4Hz，H Quino)；8.47(1H，d，*J*=8.4Hz，H Quino)；8.42(1H，s，H Quino)；9.24(1H，s，H Quino). ^{13}C NMR spectrum，δ(ppm)：18.96，51.68，121.56，123.03，126.94，129.21，129.30，130.04，131.72，136.91，138.57，138.88，140.20，142.72，156.53，163.93.
IV-3c	^{1}H NMR spectrum，δ(ppm)(*J*，Hz)：1.08(3H，t，*J*=7.6Hz，CH_3CH_2)；2.53(2H，q，*J*=7.6Hz，CH_3CH_2)；5.39(2H，s，CH_2)；7.20(2H，d，*J*=7.6Hz，H Ar)；7.30(2H，d，*J*=7.6Hz，H Ar)；8.12(1H，d，*J*=8.4，H Quino)；8.23(1H，d，*J*=8.4Hz，H Quino)；8.48(1H，s，H Quino)；9.31(1H，s，H Quino). ^{13}C NMR spectrum，δ(ppm)：13.4；27.7；51.8；110.0；121.4；123.2；126.1；127.0；129.0；129.6；131.9；132.7；137.2；141.6；142.7；146.7；156.7；164.0.
IV-3d	^{1}H NMR(400MHz，$CDCl_3$)：3.94(3H，s，OCH_3)；5.51(2H，s，CH_2)；7.11(2H，d，*J*=7.6Hz，H Ar)；7.54(2H，d，*J*=7.6Hz，H Ar)；8.24(1H，d，*J*=8.4Hz，H Quino)；8.35(1H，d，*J*=8.4Hz，H Quino)；8.61(1H，s，H Quino)；9.43(1H，s，H Quino). ^{13}C NMR spectrum，δ(ppm)：56.0(2C)；116.1；122.2；122.6；125.9；128.8；130.5；131.4；133.7(2C)；138.1；138.3；142.6；143.6；157.3；159.2；164.3.
IV-3e	^{1}H NMR(400MHz，$CDCl_3$)：1.37(9H，s，$(CH_3)_3C$)；5.60(2H，s，CH_2)；7.52(2H，d，*J*=7.6Hz，H Ar)；7.63(2H，d，*J*=7.2Hz，H Ar)；8.32(1H，d，*J*=8.4Hz，H Quino)；8.43(1H，d，*J*=8.4Hz，H Quino)；8.68(1H，s，H Quino)；9.51(1H，s，H Quino). ^{13}C NMR spectrum，δ(ppm)：29.6；34.2；52.0；110.0；121.6；122.9；126.3；126.8；127.2；129.8；131.8；132.9；137.4；141.8；142.8；153.7；156.8；164.5.
IV-3f	^{1}H NMR spectrum，δ(ppm)(*J*，Hz)：5.57(2H，s，CH_2)；7.20(2H，t，*J*=7.6Hz，H Ar)；7.61(2H，t，*J*=7.6Hz，H Ar)；8.29(1H，d，*J*=8.4Hz，H Quino)；8.40(1H，d，*J*=8.4Hz，H Quino)；8.66(1H，s，H Quino)；9.49(1H，s，H Quino). ^{13}C NMR spectrum，δ(ppm)：51.7；110.0；116.4；116.6；121.5；124.8；125.2；125.3；126.3；126.9；129.7；132.8；137.4；141.8；142.9；156.5；163.9. Mass spectrum，$m/z(I_{rel},\%)$：358 [M+H]$^+$(100)，calculated molecular ion [M]$^+$：357.

续表

编号	波谱和元素分析数据
IV-3g	^{1}H NMR spectrum, δ(ppm)(J, Hz): 5.66(2H, s, CH_2); 7.57(2H, d, J=8.0Hz, H Ar); 7.68(2H, d, J=7.6Hz, H Ar); 8.37(1H, d, J=8.4Hz, H Quino); 8.48(1H, d, J=8.4Hz, H Quino); 8.73(1H, s, H Quino); 9.57(1H, s, H Quino). ^{13}C NMR spectrum, δ(ppm): 51.2; 112.8; 115.6; 121.6; 123.8; 126.4; 126.9; 129.8; 132.9 (2C); 133.5; 135.0; 137.5; 141.9; 142.9; 156.4; 163.8. Found,%: C 54.40; H 2.60; N 7.64. $C_{17}H_{10}BrClN_2O$. Calculated,%: C 54.65; H 2.70; N 7.50.
IV-3h	^{1}H NMR spectrum, δ(ppm)(J, Hz): 5.65(2H, s, CH_2); 7.61(2H, d, J=8.4Hz, H Ar); 7.72(2H, d, J=8.0Hz, H Ar); 8.37(1H, d, J=8.8Hz, H Quino); 8.48(1H, d, J=8.4Hz, H Quino); 8.73(1H, s, H Quino); 9.56(1H, s, H Quino). ^{13}C NMR spectrum, δ(ppm): 51.2; 111.3; 113.6; 121.7; 122.5; 124.0; 126.5; 127.1; 129.9; 133.0; 133.1; 134.2; 137.6; 142.0; 143.1; 156.5; 163.8. Found,%: C 48.63; H 2.52; N 6.79. $C_{17}H_{10}Br_2N_2O$. Calculated,%: C 48.84; H 2.41; N 6.70.
IV-3i	^{1}H NMR δ(ppm): 5.90(s, 2H, CH_2N-Ph), 7.74~7.88(m, 5H, Ben-H), 8.57(d, J=8.4Hz, 1H, Quino-H), 8.67(d, J=8.4Hz, 1H, Quino-H), 8.77(s, 1H, Quino-H), 9.80(s, 1H, Quino-H); ^{13}C NMR(CF_3COOD, 100MHz)δ(ppm): 51.88, 122.02, 123.38, 127.45, 129.26, 129.74, 129.83, 129.97, 135.00, 137.48, 139.12, 139.45, 143.37, 156.90, 164.32. Anal. Calcd. for $C_{17}H_{11}ClN_2O$: C, 69.28; H, 3.76; N, 9.50. Found: C, 69.46; H, 3.94; N, 9.43.
IV-3j	^{1}H NMR(CF_3COOD, 400MHz)δ(ppm): 2.34(s, 3H, Me), 5.53(s, 2H, CH_2N-Ar), 7.29(d, J=7.8Hz, 2H, Ben-H), 7.40(d, J=7.8Hz, 2H, Ben-H), 8.22(d, J=8.4Hz, 1H, Quino-H), 8.33(d, J=8.4Hz, 1H, Quino-H), 8.42(s, 1H, Quino-H), 9.44(s, 1H, Quino-H); ^{13}C NMR(CF_3COOD, 150MHz)δ(ppm): 18.96, 51.68, 121.56, 123.03, 126.94, 19.21, 129.30, 130.04, 131.72, 136.91, 138.57, 138.88, 140.20, 142.72, 156.53, 163.93.
IV-3k	^{1}H NMR δ(ppm): 1.21(t, J=7.6Hz, 3H, CH_3CH_2), 2.67(q, J=7.6Hz, 2H, CH_3CH_2), 5.55(s, 2H, CH_2N-Ar), 7.34(d, J=8.0Hz, 2H, Ben-H), 7.44(d, J=8.4Hz, 2H, Ben-H), 8.24(d, J=8.4Hz, 1H, Quino-H), 8.34(d, J=8.4Hz, 1H, Quino-H), 8.43(s, 1H, Quino-H), 9.45(s, 1H, Quino-H); ^{13}C NMR($CDCl_3$, 100MHz)δ(ppm): 13.37, 27.69, 65.49, 121.60, 123.15, 127.02, 128.95, 129.25, 129.34, 131.88, 136.94, 138.59, 138.90, 142.76, 146.57, 156.57, 163.97; Anal. Calcd for $C_{19}H_{15}ClN_2O$: C, 70.70; H, 4.68; N, 8.68. Found: C, 70.99; H, 4.48; N, 8.57.
IV-3l	^{1}H NMR(CF_3COOD, 400MHz)δ(ppm): 1.33(s, 9H, t-Bu), 5.58(s, 2H, CH_2N-Ar), 7.48(d, J=7.6Hz, 2H, Ben-H), 7.59(d, J=8.0Hz, 2H, Ben-H), 8.26(d, J=8.4Hz, 1H, Quino-H), 8.37(d, J=8.4Hz, 1H, Quino-H), 8.46(s, 1H, Quino-H), 9.48(s, 1H, Quino-H); ^{13}C NMR(CF_3COOD, 100MHz)δ(ppm): 29.42, 34.03, 51.81, 121.64, 122.81, 126.67, 127.08, 129.29, 129.39, 131.61, 136.99, 138.67, 138.96, 142.79, 153.59, 156.69, 164.04.

续表

编号	波谱和元素分析数据
IV-3m	^{1}H NMR(CF_3COOD, 400MHz)δ(ppm)：3.99(s, 3H, OMe), 5.57(s, 2H, CH_2N-Ar), 7.16(d, J=7.6Hz, 2H, Ben-H), 7.58(d, J=7.6Hz, 2H, Ben-H), 8.27(d, J=8.4Hz, 1H, Quino-H), 8.37(d, J=8.4Hz, 1H, Quino-H), 8.47(s, 1H, Quino-H), 9.48(s, 1H, Quino-H)；^{13}C NMR(CF_3COOD, 100MHz)δ(ppm)：55.04, 55.16, 121.63, 125.06, 126.91, 129.29, 129.80, 130.36, 131.74, 137.01, 138.69, 138.99, 140.61, 142.81, 156.49, 164.00.
IV-3n	^{1}H NMR δ(ppm)：5.59(s, 2H, CH_2N-Ar), 7.20(d, J=7.6Hz, 2H, Ben-H), 7.62(d, J=7.6Hz, 2H, Ben-H), 8.28(d, J=8.4Hz, 1H, Quino-H), 8.38(d, J=8.4Hz, 1H, Quino-H), 8.47(s, 1H, Quino-H), 9.51(s, 1H, Quino-H)；^{13}C NMR：51.53, 118.28, 121.62, 125.21, 126.76, 129.25, 129.35, 130.60, 130.62, 137.06, 138.67, 138.99, 143.02, 156.36, 163.84；Anal. Calcd for $C_{17}H_{10}ClFN_2O$：C, 65.29；H, 3.22；N, 8.96. Found：C, 65.46；H, 3.08；N, 9.19.
IV-3o	^{1}H NMR δ(ppm)：5.58(s, 2H, CH_2N-Ar), 7.46(d, J=8.4Hz, 2H, Ben-H), 7.59(d, J=8.4Hz, 2H, Ben-H), 8.25(d, J=8.4Hz, 1H, Quino-H), 8.37(d, J=8.4Hz, 1H, Quino-H), 8.45(s, 1H, Quino-H), 9.48(s, 1H, Quino-H)；^{13}C NMR：51.09, 121.68, 123.72, 126.85, 129.33, 129.42, 129.67, 133.36, 134.88, 137.13, 138.74, 139.08, 142.95, 156.29, 163.63；Anal. Calcd for $C_{17}H_{10}Cl_2N_2O$：C, 62.03；H, 3.06；N, 8.51. Found：C, 61.74；H, 2.84；N, 8.30.
IV-3p	^{1}H NMR δ(ppm)：5.58(s, 2H, CH_2N-Ar), 7.53(d, J=8.4Hz, 2H, Ben-H), 7.63(d, J=7.6Hz, 2H, Ben-H), 8.26(d, J=8.4Hz, 1H, Quino-H), 8.37(d, J=8.4Hz, 1H, Quino-H), 8.44(s, 1H, Quino-H), 9.49(s, 1H, Quino-H)；^{13}C NMR：50.94, 121.66, 122.29, 123.75, 126.83, 129.30, 129.40, 132.72, 133.89, 137.11, 138.72, 139.06, 142.91, 156.24, 163.55；Anal. Calcd for $C_{17}H_{10}BrClN_2O$：C, 54.65；H, 2.70；N, 7.50. Found：C, 54.37；H, 2.81；N, 7.21.
IV-3q	^{1}H NMR δ(ppm)：8.26(d, J=8.8Hz, 1H, ArH), 7.86~7.91(m, 4H, ArH), 7.54~7.63(m, 4H, ArH), 7.46~7.51(m, 2H, ArH), 7.43(t, J=7.6Hz, 2H, ArH), 7.21(t, J=7.6Hz, 1H, ArH), 5.10(s, 2H, CH_2)；^{13}C NMR：164.83, 144.57, 143.28, 141.43, 138.08, 137.18, 135.35, 134.71, 134.61, 134.48, 133.62, 133.32, 132.65, 130.46, 127.68, 126.09, 125.38, 57.07. Anal. Calcd for $C_{23}H_{16}N_2O$：C, 82.12；H, 4.79；N, 8.33. Found：C, 81.81；H, 4.81；N, 8.27.
IV 3r	^{1}H NMR(400MHz, $CDCl_3$)δ(ppm)：8.20(d, J=8.4Hz, 1H, ArH), 7.84(d, J=8.0Hz, 2H, ArH), 7.74(d, J=8.4Hz, 2H, ArH), 7.43~7.55(m, 6H, ArH), 7.18(d, J=8.0Hz, 2H, ArH), 5.02(s, 2H, CH_2N), 2.33(s, 3H, CH_3)；^{13}C NMR(100MHz, $CDCl_3$)δ(ppm)：164.94, 159.40, 131.37, 130.49, 129.75, 129.59, 128.99, 128.91, 127.98, 127.66, 126.91, 126.21, 125.76, 124.70, 123.67, 123.18, 121.96, 119.75, 51.62, 20.87.

续表

编号	波谱和元素分析数据
Ⅳ-3s	^{1}H NMR δ(ppm)：8.24(d，*J*=8.4Hz，1H，ArH)，7.88(d，*J*=8.0Hz，2H，ArH)，7.78(d，*J*=8.0Hz，2H，ArH)，7.60~7.55(m，4H，ArH)，7.48~7.53(m，2H，ArH)，7.28(t，*J*=8.0Hz，2H，ArH)，5.07(s，2H，CH_2N)，2.66(q，*J*=7.6Hz，2H，CH_2CH_3)，1.25(t，*J*=7.6Hz，3H，CH_2CH_3)；^{13}C NMR δ(ppm)：165.03，146.59，142.27，138.16，136.98，135.39，134.59，134.53，134.03，133.59，133.27，133.08，132.52，131.79，129.09，127.88，126.15，125.51，57.24，33.89，21.22. Anal. Calcd for $C_{25}H_{20}N_2O$：C，82.39；H，5.53；N，7.69. Found：C，82.16；H，5.81；N，7.53.
Ⅳ-3t	^{1}H NMR(400MHz，$CDCl_3$)δ(ppm)：8.16(d，*J*=8.4Hz，1H，ArH)，7.79(t，*J*=8.0Hz，2H，ArH)，7.70(dd，*J*=8.4，1.6Hz，2H，ArH)，7.46~7.55(m，4H，ArH)，7.39~7.44(m，2H，ArH)，6.86(dd，*J*=8.4，1.6Hz，2H，ArH)，4.96(s，2H，CH_2N)，3.74(s，3H，OCH_3)；^{13}C NMR δ(ppm)：167.96，152.01，143.90，127.72，127.38，126.69，125.03，124.20，124.07，123.23，122.91，122.72，122.23，116.83，115.82，110.01，109.93，109.44，50.72，47.05.
Ⅳ-3u	^{1}H NMR(400MHz，$CDCl_3$)δ(ppm)：8.23(d，*J*=8.0Hz，1H，ArH)，7.86(d，*J*=8.0Hz，2H，ArH)，7.77(d，*J*=7.6Hz，2H，ArH)，7.53~7.61(m，4H，ArH)，7.45~7.49(m，2H，ArH)，7.40(d，*J*=7.2Hz，2H，ArH)，5.06(s，2H，CH_2N)，1.30(s，9H，*t*-Bu)；^{13}C NMR (100MHz，$CDCl_3$)：164.62，159.27，147.93，136.28，132.39，131.59，129.02，128.71，127.99，127.71，127.51，127.07，126.73，125.92，125.07，124.65，120.60，119.64，51.44，34.41，31.30.
Ⅳ-3v	^{1}H NMR(400MHz，$CDCl_3$)：8.23(d，*J*=8.0Hz，1H，ArH)，7.81~7.88(m，3H，ArH)，7.52~7.613(m，5H，ArH)，7.48(t，*J*=8.0Hz，2H，ArH)，7.07~7.12(m，2H，ArH)，5.05(s，2H，CH_2N)；^{13}C NMR δ(ppm)：164.88，141.01，135.14，134.18，132.49，131.64，129.76，129.07，128.97，128.06，127.75，127.53，127.13，124.70，121.70，121.64，115.92，115.75，51.76. Anal. Calcd for $C_{23}H_{15}FN_2O$：C，77.95；H，4.27；N，7.90. Found：C，77.63；H，4.19；N，7.81
Ⅳ-3w	^{1}H NMR(400MHz，$CDCl_3$)δ(ppm)：8.22(d，*J*=7.2Hz，1H，ArH)，7.83~7.89(m，4H，ArH)，7.54~7.62(m，4H，ArH)，7.46~7.51(m，2H，ArH)，7.37(dd，*J*=7.6，1.6Hz，2H，ArH)，5.03(s，2H，CH_2N)；^{13}C NMR(100MHz，$CDCl_3$)δ(ppm)：165.21，159.29，150.43，149.06，137.97，132.80，131.83，130.18，129.96，129.44，129.38，129.29，128.32，127.98，127.74，127.31，121.01，120.39，51.78.
Ⅳ-3x	^{1}H NMR(400MHz，$CDCl_3$)δ(ppm)：8.25(d，*J*=8.0Hz，1H，ArH)，7.88(t，*J*=8.0Hz，2H，ArH)，7.82(d，*J*=8.8Hz，2H，ArH)，7.56~7.63(m，4H，ArH)，7.53(d，*J*=8.4Hz，2H，ArH)，7.46~7.51(m，2H，ArH)，5.06(s，2H，CH_2N)；^{13}C NMR(100MHz，$CDCl_3$)δ(ppm)：164.44，140.15，138.95，137.66，137.33，137.10，135.27，134.69，134.59，133.66，133.35，132.75，128.77，126.62，121.94，112.61，98.29，56.99.

续表

编号	波谱和元素分析数据
IV-3y	^{1}H NMR spectrum, δ(ppm)(J, Hz): 5.34(2H, s, CH_2); 8.38(1H, d, J=8.0Hz, H Quino); 8.51(1H, d, J=8.4Hz, H Quino); 8.75(1H, s, H Quino); 8.97(1H, s, H Quino); 9.59(1H, s, NH). ^{13}C NMR spectrum, δ(ppm): 40.1; 110.8; 116.5; 122.2; 127.0; 130.3; 133.8; 138.4; 142.8; 144.3; 162.7.
IV-3z	^{1}H NMR spectrum, δ(ppm)(J, Hz): 3.24(3H, s, CH_3); 5.00(2H, s, CH_2); 8.07(1H, d, J=8.4Hz, H Quino); 8.21(1H, d, J=8.4Hz, H Quino); 8.46(1H, s, H Quino); 9.23(1H, s, H Quino). ^{13}C NMR spectrum, δ(ppm): 24.1; 46.1; 116.4; 121.2; 121.7; 124.5; 127.8; 132.1; 136.6; 137.3; 151.9; 159.9.
IV-3a′	^{1}H NMR spectrum, δ(ppm)(J, Hz): 1.25(3H, t, J=7.2Hz, CH_2CH_3); 3.65(2H, q, J=7.2Hz, CH_2CH_3); 4.65(2H, s, CH_2); 7.98(1H, d, J=8.4Hz, H Quino); 8.03(1H, d, J=8.4Hz, H Quino); 8.47(1H, s, H Quino); 8.69(1H, s, H Quino). ^{13}C NMR spectrum, δ(ppm): 13.6; 37.0; 50.8; 120.0; 125.4; 128.9; 131.2; 131.4; 132.1; 134.6; 148.0; 156.9; 162.2.
IV-3b′	^{1}H NMR spectrum, δ(ppm)(J, Hz): 4.57(2H, s, CH_2Ph); 4.87(2H, s, CH_2); 7.30~7.37(5H, m, H Ph); 8.18(1H, d, J=8.4Hz, H Quino); 8.30(1H, d, J=8.4Hz, H Quino); 8.60(1H, s, H Quino); 9.41(1H, s, H Quino). ^{13}C NMR spectrum, δ(ppm): 46.0; 51.4; 120.1; 124.9; 127.7; 128.0; 128.1; 128.4; 128.9; 129.4; 131.1; 131.8; 132.0; 132.1; 132.2; 137.3; 148.1; 161.9. Found,%: C 61.01; H 3.77; N 8.06. $C_{18}H_{13}BrN_2O$. Calculated,%: C 61.21; H 3.71; N 7.93.
IV-3c′	^{1}H NMR(CF_3COOD, 400MHz)δ(ppm): 5.07(s, 2H, CH_2N-H), 8.11(d, J=7.6Hz, 1H, Quino-H), 8.23(d, J=8.4Hz, 1H, Quino-H), 8.28(s, 1H, Quino-H), 9.31(s, 1H, Quino-H), 11.58(br s, 1H, NH); ^{13}C NMR(CF_3COOD, 100MHz)δ(ppm): 45.65, 121.46, 126.01, 129.07, 129.25, 137.12, 138.61, 139.13, 143.32, 158.36, 167.54.
IV-3d′	^{1}H NMR(CF_3COOD, 400MHz)δ(ppm): 3.33(s, 3H, N-Me), 4.61(s, 2H, CH_2N-Ar), 7.79(d, J=8.4Hz, 1H, Quino-H), 7.99(s, 1H, Quino-H), 8.11(d, J=8.4Hz, 1H, Quino-H), 8.53(s, 1H, Quino-H); ^{13}C NMR(CF_3COOD, 100MHz)δ(ppm): 29.71, 53.58, 124.98, 128.01, 128.06, 130.47, 131.37, 132.23, 132.83, 147.86, 160.41, 166.02.
IV-3e′	^{1}H NMR δ(ppm): 1.35(t, J=7.2Hz, 3H, CH_2CH_3), 3.84(q, J=7.2Hz, 2H, CH_2CH_3), 5.14(s, 2H, CH_2N-Ar), 8.19(d, J=8.4Hz, 1H, Quino-H), 8.28(d, J=8.4Hz, 1H, Quino-H), 8.39(s, 1H, Quino-H), 9.36(s, 1H, Quino-H); ^{13}C NMR δ(ppm): 10.81, 38.39, 48.41, 121.47, 126.94, 126.97, 129.17, 136.66, 138.47, 138.66, 142.29, 156.79, 164.30; Anal. Calcd for $C_{13}H_{11}ClN_2O$: C, 63.29; H, 4.49; N, 11.36. Found: C, 63.51; H, 4.61; N, 11.28.

续表

编号	波谱和元素分析数据
IV-3f′	^{1}H NMR(CF_3COOD, 400MHz)δ(ppm)：4.98(s, 2H, NCH_2Ph), 5.02(s, 2H, CH_2N-Bn), 7.30~7.36(m, 5H, Ben-H), 8.22(d, *J*=8.4Hz, 1H, Quino-H), 8.30(d, *J*=8.4Hz, 1H, Quino-H), 8.43(s, 1H, Quino-H), 9.45(s, 1H, Quino-H)；^{13}C NMR(CF_3COOD, 100MHz)δ(ppm)：47.19, 48.54, 121.47, 126.78, 127.69, 128.65, 128.85, 129.18, 132.41, 132.70, 136.71, 138.48, 138.69, 142.53, 156.93, 164.26.
IV-3g′	^{1}H NMR(400MHz, $CDCl_3$)δ(ppm)：8.84(s, 1H, NH), 8.16(dd, *J*=8.0Hz, 2.4Hz, 1H, ArH), 7.90(t, *J*=8.0Hz, 1H, ArH), 7.54~7.69(m, 5H, ArH), 7.40~7.45(m, 2H, ArH), 4.56(s, 2H, CH_2N)；^{13}C NMR(100MHz, $CDCl_3$)δ(ppm)：163.72, 149.52, 147.00, 134.60, 133.20, 131.41, 130.31, 129.33, 128.81, 128.13, 127.25, 120.32, 46.25.
IV-3h′	^{1}H NMR(400MHz, $CDCl_3$)：8.20(d, *J*=8.4Hz, 1H, ArH), 7.82~7.88(m, 2H, ArH), 7.51~7.60(m, 4H, ArH), 7.43~7.48(m, 2H, ArH), 4.60(s, 2H, CH_2N), 3.23(s, 3H, NCH_3)；^{13}C NMR δ(ppm)：166.38, 156.33, 156.16, 148.36, 145.37, 138.18, 136.64, 135.42, 134.60, 134.39, 133.49, 133.19, 132.38, 125.68, 58.47, 35.03.
IV-3i′	^{1}H NMR(400MHz, $CDCl_3$)δ(ppm)：8.21(d, *J*=8.4Hz, 1H, ArH), 7.87(d, *J*=8.4Hz, 1H, ArH), 7.83(t, *J*=8.4Hz, 1H, ArH), 7.54~7.62(m, 4H, ArH), 7.44~7.49(m, 2H, ArH), 4.60(s, 2H, CH_2N), 3.71(q, *J*=7.2Hz, 2H, CH_2CH_3), 1.31(t, *J*=7.2Hz, 3H, $CH_2\underline{CH_3}$)；^{13}C NMR(100MHz, $CDCl_3$)δ(ppm)：166.17, 154.13, 138.25, 136.60, 135.44, 134.57, 134.35, 133.49, 133.17, 132.83, 132.33, 55.74, 42.58, 18.86.
IV-3j′	^{1}H NMR(400MHz, $CDCl_3$)δ(ppm)：8.28(d, *J*=8.4Hz, 1H, ArH), 7.89(d, *J*=8.0Hz, 2H, ArH), 7.84(s, 1H, ArH), 7.56~7.63(m, 5H, ArH), 7.48~7.52(m, 2H, ArH), 7.31(t, *J*=8.0Hz, 1H, ArH), 7.03(d, *J*=7.2Hz, 1H, ArH), 5.11(s, 2H, CH_2N), 2.39(s, 3H, CH_3)；^{13}C NMR δ(ppm)：164.39, 134.55, 132.65, 129.81, 129.74, 127.79, 125.73, 122.39, 121.61, 118.32, 115.22, 113.39, 111.80, 108.32, 106.45, 102.84, 101.56, 52.60, 21.32.
IV-3k′	^{1}H NMR spectrum, δ(ppm)(*J*, Hz)：3.71(4H, d, *J*=7.2, $2CH_2$)；5.28(4H, s, $2CH_2$N)；8.30(2H, d, *J*=8.4Hz, H Quino)；8.48(2H, d, *J*=8.4Hz, H Quino)；8.72(2H, s, H Quino)；9.46(2H, s, H Quino). ^{13}C NMR spectrum, δ(ppm)：40.4；49.2；110.6；113.4；116.3；119.1；122.2；126.3；130.2；133.5；157.2；162.1.
IV-3l′	^{1}H NMR spectrum, δ(ppm)(*J*, Hz)：2.33~2.40(2H, m, CH_2)；3.98(4H, t, *J*=7.2, $2CH_2$)；5.28(4H, s, $2CH_2$N)；8.23(2H, d, *J*=8.4Hz, H Quino)；8.37(2H, d, *J*=8.4Hz, H Quino)；8.61(2H, s, H Quino)；9.38(2H, s, H Quino). ^{13}C NMR spectrum, δ(ppm)：25.1；40.3；49.3；115.5；121.3；126.1；129.5；132.7；137.1；141.6；142.4；157.0；164.9. Found,%：C 53.46；H 3.25；N 10.13. $C_{25}H_{18}Br_2N_4O_2$. Calculated,%：C 53.03；H 3.20；N 9.89.

续表

编号	波谱和元素分析数据
IV-3m′	^{1}H NMR spectrum, δ(ppm)(J, Hz): 1.93~1.99(4H, m, $2CH_2$); 3.93(4H, t, J=7.2, $2CH_2$); 5.24(4H, s, $2CH_2N$); 8.24(2H, d, J=8.4Hz, H Quino); 8.32(2H, d, J=8.4Hz, H Quino); 8.44(2H, s, H Quino); 9.35(2H, s, H Quino). ^{13}C NMR spectrum, δ(ppm): 24.4; 43.5; 51.2; 118.3; 121.5; 126.7; 129.2; 136.8; 138.6; 138.8; 142.4; 156.9; 162.3. Found,%: C 54.06; H 3.73; N 9.38. $C_{26}H_{20}Br_2N_4O_2$. Calculated,%: C 53.82; H 3.47; N 9.66.
IV-3n′	^{1}H NMR(CF_3COOD, 400MHz)δ(ppm): 3.76(d, J=7.2Hz, 4H, 2×CH_2), 5.35(s, 4H, 2×CH_2N), 8.26(d, J=8.4Hz, 2H, Quino-H), 8.42(d, J=8.4Hz, 2H, Quino-H), 8.66(s, 2H, Quino-H), 9.42(s, 2H, Quino-H); ^{13}C NMR(CF_3COOD, 100MHz)δ(ppm): 40.32, 41.96, 121.98, 126.33, 127.06, 130.11, 133.54, 138.03, 142.67, 143.32, 157.33, 167.36; Anal. Calcd for $C_{24}H_{16}Cl_2N_4O_2$: C, 62.22; H, 3.48; N, 12.09. Found: C, 61.88; H, 3.18; N, 11.72.
IV-3o′	^{1}H NMR δ(ppm): 3.35~3.38(m, 2H, CH_2), 3.96(t, J=7.2Hz, 4H, 2×CH_2), 5.28(s, 4H, 2×CH_2N), 8.22(d, J=8.4Hz, 2H, Quino-H), 8.29(d, J=8.4Hz, 2H, Quino-H), 8.40(s, 2H, Quino-H), 9.36(s, 2H, Quino-H); ^{13}C NMR δ(ppm): 25.10, 40.31, 54.05, 121.50, 126.55, 129.23, 129.27, 136.80, 138.61, 138.87, 142.50, 156.96, 164.96; Anal. Calcd for $C_{25}H_{18}Cl_2N_4O_2$: C, 62.90; H, 3.80; N, 11.74. Found: C, 62.68; H, 3.73; N, 12.06.
IV-3p′	^{1}H NMR δ(ppm): 1.96~1.99(m, 4H, 2×CH_2), 3.94(t, J=7.2Hz, 4H, 2×CH_2), 5.24(s, 4H, 2×CH_2N), 8.25(d, J=8.4Hz, 2H, Quino-H), 8.33(d, J=8.4Hz, 2H, Quino-H), 8.42(s, 2H, Quino-H), 9.37(s, 2H, Quino-H); ^{13}C NMR δ(ppm): 24.37, 42.84, 49.14, 121.51, 126.70, 129.23, 136.78, 138.61, 138.83, 142.37, 156.88, 156.91, 164.83; Anal. Calcd for $C_{26}H_{20}Cl_2N_4O_2$: C, 63.55; H, 4.10; N, 11.40. Found: C, 63.84; H, 3.90; N, 11.29.

4.4.3 推测的反应机理

我们推测的该反应的可能机理是经历了连续的亲电取代和亲电环化反应，形成两个新的C—N键，如图4-5所示(以生成化合物IV-3a为例)。首先化合物IV-1a上的2-氯甲基与胺进行亲电取代反应形成新的C—N键，生成中间体A；然后中间体A进一步发生分子内的环化反应，形成五元内酰胺环B；最后脱去一分子乙醇得到产品IV-3a。

4.4.4 杀菌活性研究

采用盆栽苗测试法测定了目标化合物对黄瓜霜霉病(cucumber downy mildew)、

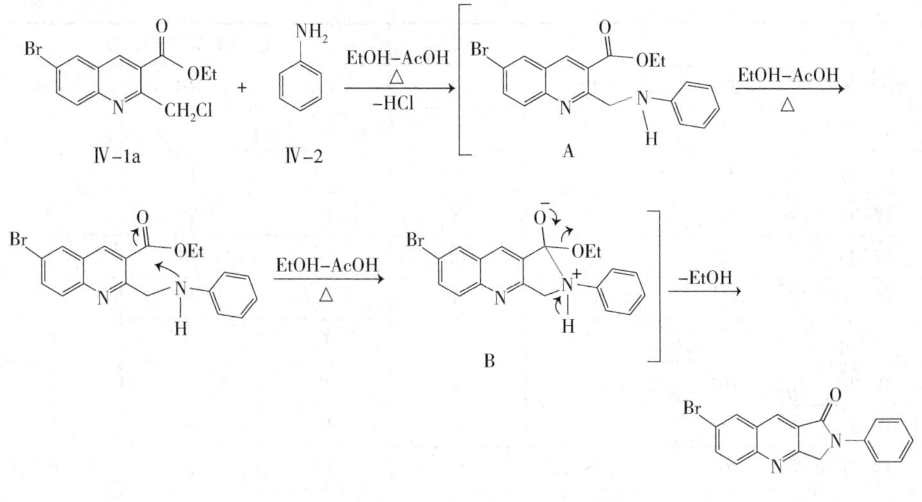

图 4-5 合成化合物 IV-3a 可能的反应机理

小麦白粉病（wheat powdery mildew）、小麦锈病（wheat rust）和黄瓜炭疽病（cucumber anthracnose）的杀菌活性，测试浓度为400mg/L；孢子萌发测试法测定了目标化合物对稻瘟病（rice blast）和灰霉病（gray mold）的杀菌活性，测试浓度为25mg/L。初步生物活性试验结果见表 4-6。

表 4-6 目标化合物 IV-3a-p′的杀菌活性的测试数据

测试样品	盆栽防效/%			孢子萌发抑制率/%		
	CDM	WPM	WR	CA	RB	GM
IV-3a	20	15	10	0	0	0
IV-3b	10	20	0	0	0	0
IV-3c	35	30	0	0	0	0
IV-3d	10	0	10	10	0	0
IV-3e	25	20	10	0	0	0
IV-3f	40	35	0	10	0	0
IV-3g	55	60	0	0	0	0
IV-3h	30	40	10	0	0	0
IV-3i	20	30	10	0	0	0
IV-3j	10	10	0	0	0	0
IV-3k	30	20	0	0	0	0

续表

测试样品	盆栽防效/%			孢子萌发抑制率/%		
	CDM	WPM	WR	CA	RB	GM
IV-3l	25	30	10	0	0	0
IV-3m	0	60	0	15	0	0
IV-3n	50	50	20	10	0	0
IV-3o	65	65	10	10	0	0
IV-3p	45	60	0	0	0	0
IV-3q	25	20	0	0	0	0
IV-3r	10	20	0	0	0	0
IV-3s	15	10	5	10	0	0
IV-3t	10	40	0	10	0	10
IV-3u	20	20	15	0	0	0
IV-3v	35	40	0	0	0	0
IV-3w	50	45	0	10	0	0
IV-3x	40	50	10	0	0	0
IV-3k′	60	75	20	30	0	0
IV-3l′	70	75	20	20	0	0
IV-3m′	65	70	40	10	0	0
IV-3n′	80	80	55	0	0	0
IV-3o′	75	90	40	30	0	10
IV-3p′	85	80	45	40	0	10
氰霜唑	95	///	///	///	///	///
醚菌酯	///	100	///	///	///	///
戊唑醇	///	///	100	///	///	///
咪鲜胺	///	///	///	98	///	///
稻瘟灵	///	///	///	///	100	///
氟啶胺	///	///	///	///	///	100

注：CDM：黄瓜霜霉病；WPM：小麦白粉病；WR：小麦锈病；CA：黄瓜炭疽病；RB：稻瘟病；GM：灰霉病。

从表 4-6 可以看出，目标化合物 IV-3a-p′对黄瓜霜霉病(CDM)和小麦白粉病(WPM)表现出不同程度的杀菌活性，对其他作物致病苗的杀菌活性很低或没有活性。通过观察这些化合物的构-效关系比较，发现：具有对称结构性质的双(*N*-烷基吡咯并[3,4-b]喹啉-1-酮)类化合物 IV-3k′-3p′ 与其他测试的样品相比，具有较好的杀菌活性，在这其中氯取代的Ⅳ-3n′、Ⅳ-3o′和Ⅳ-3p′的活性又略高于溴取代的Ⅳ-3k′、Ⅳ-3l′和Ⅳ-3m′。这类对称结构的测试样品具有非常好的进一步研究开发价值。

而对于那些非对称结构的化合物Ⅳ-3a-l′，表现出中等至偏弱的杀菌活性。在这其中：①含有卤素官能团化合物的杀菌活性，要稍好于那些含供电子基团的化合物，如*N*-芳基上含有氟、氯、溴取代基的化合物Ⅳ-3f、Ⅳ-3g和Ⅳ-3h，它们对CDM/WPM的杀菌活性分别为40%/35%、55%/60%和30%/40%，要高于那些在同样位置上带有甲基、乙基和甲氧基的化合物Ⅳ-3b、Ⅳ-3c和Ⅳ-3d(10%/20%、35%/30%和10%/0%)；②当*N*-芳基上都为卤素取代基时，喹啉环上6-氯取代化合物的杀菌活性要比6-溴取代的高，6-溴取代的要比苯基取代的要高一些(Cl > Br > Ph)，如*N*-芳基上同为氯取代而喹啉环上依次为溴、氯和苯基取代的化合物Ⅳ-3g、Ⅳ-3o和Ⅳ-3w，它们的杀菌活性顺序为Ⅳ-3w(50%/45%)<Ⅳ-3g(55%/60%)< Ⅳ-3o(65%/65%)。

4.5 本章小结

① 利用亚结构基团的拼接原理，将具有生物活性的异吲哚啉-1-酮上的苯环替换为喹啉环，设计合成了42个未见文献报道的*N*-取代吡咯并[3,4-*b*]喹啉-1-酮类化合物，并对它们进行杀菌活性研究。

② 杀菌活性实验结果表明：具有对称结构性质的双(*N*-烷基吡咯并[3,4-b]喹啉-1-酮)类化合物对黄瓜霜霉病(CDM)和小麦白粉病(WPM)表现出较好的杀菌活性，杀菌率都在60%以上，最好的达到了90%，略低于参照的杀菌剂。这类化合物结构新颖、有趣，具有非常好的进一步研究开发价值。

第5章　(*E*)-6-氯-2-(芳/杂芳基乙烯基)喹啉-3-羧酸的设计、合成及杀菌活性研究

5.1 引　言

上一章我们使用6-氯-2-氯甲基喹啉-3-甲酸乙酯为反应物与芳胺类化合物通过一步连续反应的合成策略，有效合成了结构多种多样的*N*-取代吡咯并[3,4-b]喹啉-1-酮类化合物，并发现具有对称结构的化合物对某些致病菌苗具有较好的杀菌活性。根据上一章的思路，我们进一步开发6-氯-2-氯甲基喹啉-3-甲酸乙酯这一反应平台，使其与各种芳醛或杂芳醛反应，来合成2-芳(杂芳)乙烯基喹啉-3-羧酸类化合物。

在众多的喹啉类化合物中，2-芳乙烯基喹啉类化合物是一类非常重要的生物活性化合物，表现出广谱的生物活性(Mekouar, et al., 1998; Ouali, et al., 2000; Zouhiri, et al., 2000)。例如，Kouznetsov等(2012)报道他们所合成的2-吡啶基乙烯基喹啉类化合物对一些念珠菌种(Candida albicans)具高效的杀菌活性。由于这类化合物所具有的广谱生物活性，人们在围绕2-苯乙烯基喹啉作为结构模板进行结构改造和修饰方面做了大量的工作，进行了不断的结构创新(Normand-Bayle, et al., 2005; Sridharan, et al., 2009; Zouhiri, et al., 2001)。在这方面，Zouhiri等(2005)曾报道在2-苯乙烯基喹啉环引入羧酸官能团能够明显增强母体化合物的抗病毒活性。后来Podeszwa等(2007)也发现，一些5-位或8-位羧酸取代的2-苯乙烯基喹啉类化合物表现出很好的抗恶性细胞增生活性。另外，卤代的有机杂环化合物中许多都具有很好的杀菌力，其中一般氯代的较强，它能够破坏菌体或改变细胞膜的通透性，抑制酶的活性。鉴于此，本章开发一简便有效的“三步一锅法”合成结构未见文献报道的(*E*)-6-氯-2-芳基/吡啶芳基喹啉-3-羧酸类化合物，并通过杀菌活性测试，以期从中能发现高活性的先导化合物。

5.2 化学实验部分

5.2.1 仪器和主要试剂

WRS-1B 数字熔点仪(上海仪器设备厂)；VARIAN Scimitar 2000 系列傅立叶变换红外光谱仪(美国瓦里安有限公司)；Agilent 400-MR 型核磁共振仪(美国安捷伦公司)；EA 2400II 型元素分析仪(美国珀金埃尔默公司)；Agilent 1100 系列 LC/MSD VL ESI 型液质联用仪(美国安捷伦公司)；Customer micrOTOF-Q 125 型高分辨质谱仪(美国布鲁克公司)；WP-2330-1 紫外分析仪；RE-52AA 型旋转蒸发仪(上海亚荣生化仪器厂)。亚磷酸三乙酯、氢化钠、各种不同取代的芳香醛、2-吡啶醛、3-吡啶醛，均为分析纯，购于阿拉丁试剂公司(上海，中国)。

5.2.2 设计的合成路线

设计以上一章制备的6-氯-2-氯甲基喹啉-3-甲酸乙酯与各种取代的芳醛或吡啶醛，经“三步一锅法”的合成方式，简便而又有效的制备一系列未见文献报道的6-氯-2-(芳/杂芳基乙烯基)喹啉-3-羧类化合物(V-3a-s)，如图 5-1 所示。

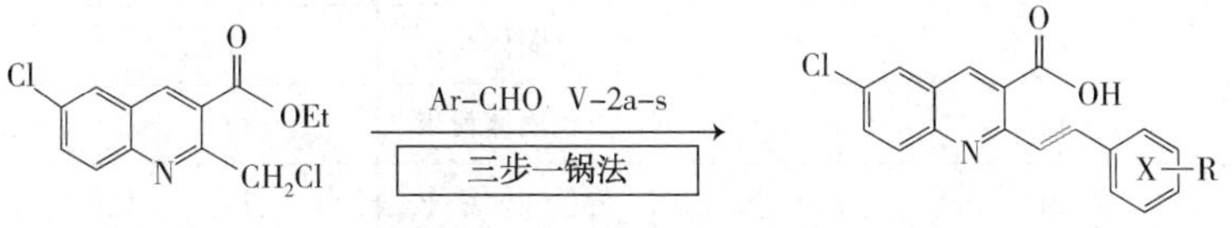

图 5-1 “三步一锅法”合成目标化合物(*E*)-6-氯-2-(芳/杂芳基乙烯基)喹啉-3-羧(V-3a-s)的合成路线

5.2.3 目标化合物的合成

6-氯 2-氯甲基喹啉-3-甲酸乙酯 V-1(0.284g，1mmol)首先与过量的亚磷酸三乙酯(20.0mmol)在 160℃ 下进行 Arbuzov 反应，生成相应的磷叶立德中间体。生成的中间体不经分离提纯，直接将反应液中过量的亚磷酸三乙酯减压蒸除。然后将所得的固体溶解在干燥的 *N*,*N*-二甲基甲酰胺(DMF)中，再向该溶液中依次加入相应的芳醛或吡啶醛(1.1mmol)和氢化钠(2.0mmol)。将所得的反应液先室温搅拌 1h，然后加热到 90℃反应 4h，使之发生 Horner-Emmons olefination 反应，生成相应的2-芳基(杂芳基)乙烯基喹啉-3-羧酸酯。由于该乙烯化的反应体系不影响下一步的酯基水解反应，故而该产物无须分离提纯，直接向该反应加入5%NaOH水溶液，再继续回流6h，然后后处理用1mol/L盐酸溶液酸化至pH值3~4，析出的固体粗产物抽滤，干燥，经重结晶提纯得到(*E*)-6-氯2-芳基/吡啶基乙烯基喹啉-3-羧酸V-3a-s，其产物的编号、收率和物理参数见表5-1。

表5-1 目标化合物V-3a-s的收率和物理性质

编号	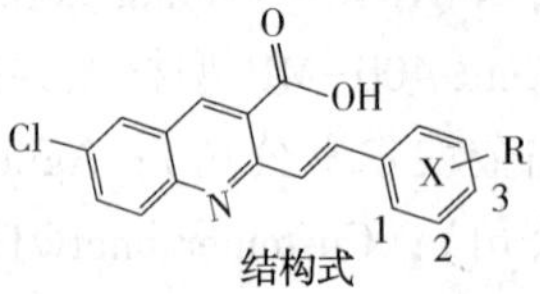 结构式		性状	收率/%	熔点/℃
	R	X			
V-3a	H	C	黄色固体粉末	84	211~212
V-3b	2-Me	C	黄色固体粉末	75	260~261
V-3c	4-OMe	C	橙色固体粉末	77	227~228
V-3d	2-OEt	C	黄色固体粉末	73	197~198
V-3e	2,3-$(OMe)_2$	C	黄色固体粉末	71	224~225
V-3f	2,4,5-$(OMe)_3$	C	黄色固体粉末	76	210~212
V-3g	2-Cl	C	白色固体粉末	73	260~261
V-3h	4-Cl	C	黄色固体粉末	81	268~269
V-3i	2-Br	C	白色固体粉末	77	272~273
V-3j	4-Br	C	黄色固体粉末	78	269~271
V-3k	2-NO_2	C	白色固体粉末	69	253~254
V-3l	4-NO_2	C	白色固体粉末	68	292~293
V-3m	4-CF_3	C	白色固体粉末	76	238~240
V-3n	2,3-$(Cl)_2$	C	黄色固体粉末	76	261~262
V-3o	2,4-$(Cl)_2$	C	黄色固体粉末	72	256~257
V-3p	3,5-$(Cl)_2$	C	黄色固体粉末	75	281~282
V-3q	2,6-$(Cl)_2$	C	黄色固体粉末	70	242~243
V-3r	H	N	黄色固体粉末	56	283~284
V-3s	H	N	黄色固体粉末	61	264~265

5.3 杀菌活性测试部分

5.3.1 测试样品

测试样品使用的是上述合成的19个纯度在95%以上的(*E*)-6-氯2-芳基/吡啶基乙烯基喹啉-3-羧酸类化合物V-3a-s。

5.3.2 对照药剂

95%氰霜唑原药(浙江禾本科技有限公司)
95%醚菌酯原药(京博农化科技股份有限公司)
96%戊唑醇原药(宁波三江益农化学有限公司)
95%咪鲜胺原药(乐斯化学有限公司)
98%稻瘟灵原药(四川省化学工业研究设计院)
98%氟啶胺原药(江苏辉丰农化股份有限公司)

5.3.3 供试靶标和供试寄主

稻梨孢(Pyricularia oryzae)
灰葡萄孢(Botrytis cinerea)
古巴假霜霉(Pseudoperonospora cubenis)
禾本科布氏白粉菌(Blumeria graminis)
玉米柄锈(Puccinia sorghi)
黄瓜(Cucumis sativus L.,品种为京新4号)
小麦(Triticum aestivum L.,品种为周麦12号)
玉米(Zea mays L.,品种为白黏)

5.3.4 试验方法(参照文献:柴宝山等,2007;Xie,et al.,2014)

(1)孢子萌发测试方法

通过在培养液中加入测试样品,测定样品抑制稻梨孢(稻瘟病)和灰葡萄孢(蔬菜灰霉病)的孢子萌发活性。试验样品的浓度均为8.33mg/L;对照药剂稻瘟灵和氟啶胺的浓度均为8.33mg/L。

(2)盆栽苗测试方法

① 寄主植物培养:温室内培养黄瓜、小麦、玉米苗,均长至2叶期,备用。

② 药液配制：准确称取制剂的样品，加入溶剂和 0.05%的吐温-20 后，配制成 400mg/L 的药液各 20mL，用于活体苗杀菌活性研究。对照药剂氰霜唑、醚菌酯、戊唑醇、咪鲜胺的浓度均为 25mg/L。

③ 喷雾处理：喷雾器类型为作物喷雾机，喷雾压力为 1.5kg/cm^2，喷液量约为 1000L/hm^2。上述试验材料处理后，自然风干，24h 后接种病原菌。

④ 接种病原菌：用接种器分别将黄瓜霜霉病菌孢子囊悬浮液(5×10^5 个/mL)、黄瓜炭疽病菌孢子悬浮液(5×10^5 个/mL)和玉米锈病菌孢子悬浮液(5×10^6 个/mL)喷雾于寄主作物上，然后移入人工气候室培养(24℃，RH>90，无光照)。24h 后，试验材料移于温室正常管理，4~7d 后调查试验样品的杀菌活性；将小麦白粉病菌孢子抖落在小麦上，并在温室内培养，5~7d 后调查化合物的杀菌活性。

5.3.5 结果调查

孢子萌发试验采用 HTS 评价方法，盆栽试验是根据对照的发病程度，采用目测方法，调查试验样品的杀菌活性。结果参照美国植病学会编写的《A Manual of Assessment Keys for Plant Diseases》，用 100~0 来表示，结果调查分四级，"100"级代表无病或孢子无萌发，"80"级代表孢子少量萌发或萌发但无菌丝生长，"50"级代表孢子萌发约 50%，且萌发后菌丝较短，"0"级代表最严重的发病程度或与空白对照相近。

5.4 结果与讨论

5.4.1 "三步一锅法"合成策略的设计

2-芳基(杂芳基)乙烯基喹啉类化合物的合成普遍使用经典的 Perkin 缩合反应(Sliman, et al., 2010; Normand-Bayle, et al., 2005; Nosova, et al., 2013)。然而，该合成方法要求的反应条件苛刻，后处理烦琐复杂，要用到大量的醛，而且收率低，不适合广泛的应用。因此，开发一种反应条件简单、操作和后处理简便、收率高的合成方法一定会引起人们的极大兴趣。我们知道，卤甲基化合物可以与亚磷酸三乙酯发生 Arbuzov 反应，生成相应的磷叶立德，而磷叶立德又容易与芳醛发生 Horner-Emmons 反应，转变为芳乙烯基化合物，如图 5-2(a)所示。所以我们构想，可以使用上一章的 6-氯-2-氯甲基喹啉-3-甲酸乙酯作为反应物分别与亚磷酸三乙酯和芳醛进行上述反应就可以得到相应的2-苯乙烯基喹啉，最后3-位的酯基经简单的水解反应就可合成到目标化合物，如图5-2(b)所示。

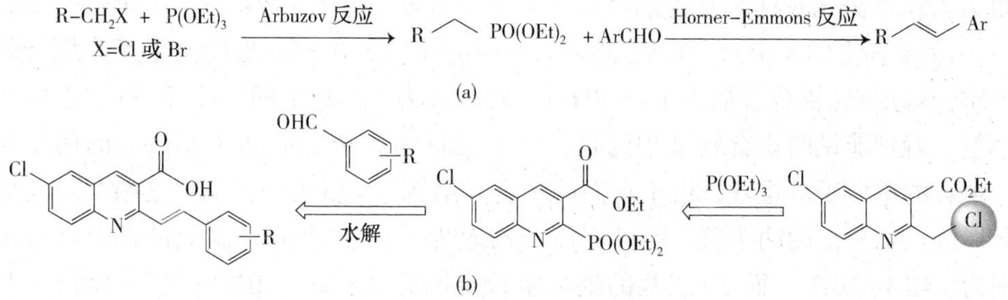

R-CH2X + P(OEt)3
X=Cl 或 Br
Arbuzov 反应
R PO(OEt)2 + ArCHO
Horner-Emmons 反应
R Ar
(a)
OHC
R
Cl
O
OH
N
水解
OEt
PO(OEt)2
P(OEt)3
CO2Et
Cl
(b)

图5-2 卤甲基转变成芳乙烯基的反应路线图

在实际的实验操作中我们发现，6-氯-2-氯甲基喹啉-3-甲酸乙酯(V-1)与亚磷酸三乙酯的Arbuzov反应、接下来的Horner-Emmons反应和酯的水解反应的收率都很高，而且上一步的反应条件不影响下一步反应的进行，这样我们尝试把这三步反应串联起来在一个反应容器内进行，以“三步一锅”法的合成方式进行。实验证明，该合成方法不仅操作简便、后处理简单，而且收率高、适用范围广，各种取代的芳醛都可以顺利参与反应，不受取代基电子效应和空间效应的影响，因此该方法具有很好的应用价值。反应路线如图5-3所示。

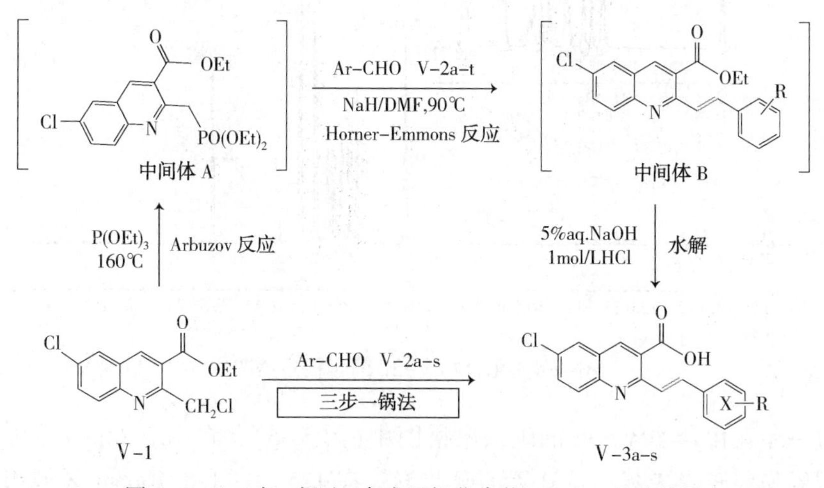

OEt
Cl
N
PO(OEt)2
中间体 A
Ar-CHO V-2a-t
NaH/DMF,90℃
Horner-Emmons 反应
中间体 B
P(OEt)3
160℃
Arbuzov 反应
5%aq.NaOH
1mol/LHCl
水解
CH2Cl
Ar-CHO V-2a-s
三步一锅法
OH
X
R
V-1
V-3a-s

图5-3 “三步一锅法”合成目标化合物V-3a-s的路线图

5.4.2 目标化合物的表征

使用上述的“三步一锅法”顺利合成一系列含有各种取代基的目标化合物，

它们的结构均已通过了波谱谱图和元素分析得以证实。我们以化合物 V-3h 为例加以说明。如图 5-4 所示的化合物 V-3h 的氢核磁谱图中，化学位移在 7.51ppm 和 7.72ppm 处出现两个互为耦合的双质子双重峰(耦合常数为 J=7.6Hz)，归属为 4-氯苯环上的 4 个氢；在化学位移 7.87ppm 和 8.06ppm 处的两个互为耦合的单质子双重峰(耦合常数为 J=8.8Hz)，则归属为喹啉环上的 7-位和 8-位上的两个氢；特别能说明化合物结构的是，化学位移为 7.95ppm 和 8.17ppm 的两个互为耦合的单质子双重峰，由于它们的耦合常数为 J=15.6Hz，说明这两个氢应该归属为乙烯基上的两个氢，而且立体结构应为 E-式结构(E-式氢的耦合常数范围为 J=14~16Hz；而 Z-式氢的耦合常数范围为 J=10~12Hz)；在 8.26ppm 和 8.90ppm 处两个单质子单峰则很容易将其归属为喹啉环上 5-位和 4-位上的两个氢；在 13.71ppm 处出现的较宽的单峰，则是羧基上的氢。这样，所测的氢谱图中氢的个数、峰型和出现的化学位移与预想的结构相一致。

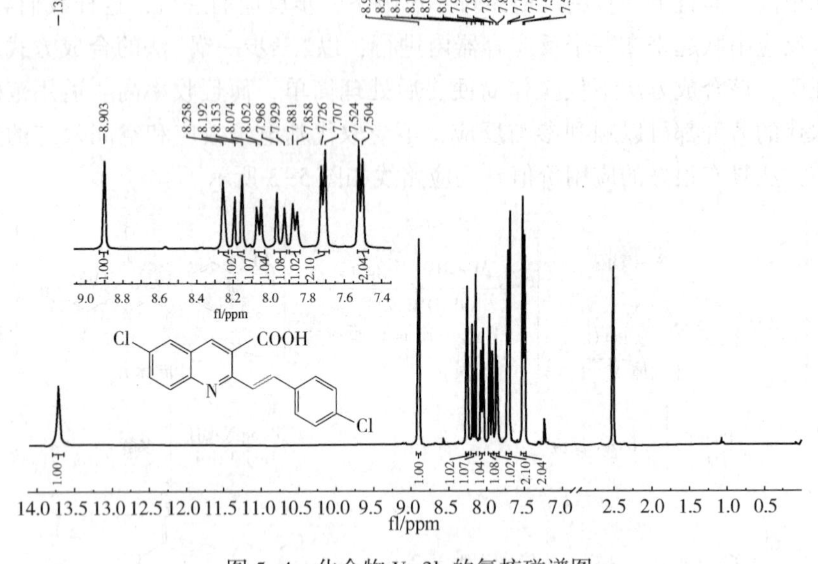

图 5-4　化合物 V-3h 的氢核磁谱图

进一步在化合物 V-3h 的碳核磁谱图中(图 5-5)，在 167.88ppm 处的信号峰，很容易归属为羧基上羰基碳的吸收峰；在 125.30~153.70ppm 区域出现 15 个信号峰，正好与其结构中芳香碳的个数相一致。综合以上分析，化合物所测的波谱数据与预想的分子结构相吻合。

所有化合物的表征数据和元素分析见表 5-2。

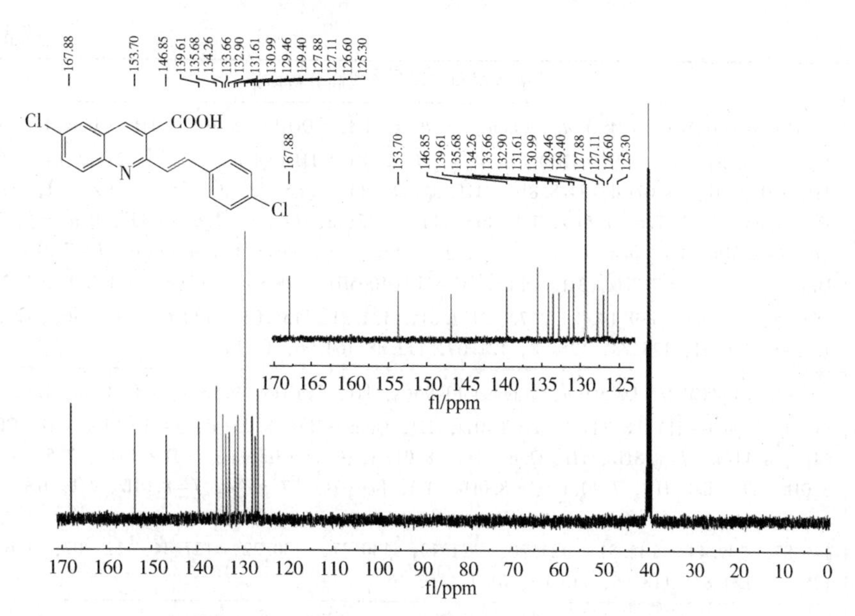

图 5-5 化合物 V-3h 的碳核磁谱图反应的主产物

表 5-2 目标化合物 V-3a-s 的表征数据和元素分析数据

编号	波谱数据和元素分析或高分辨质谱
V-3a	^{1}H NMR(400MHz, DMSO-d_6)δ: 13.70(s, 1H, COOH), 8.89(s, 1H, quino-H), 8.24(d, J=2.0Hz, 1H, quino-H), 8.17(d, J=15.6Hz, 1H, CH═CH), 8.06(d, J=8.8Hz, 1H, quino-H), 7.98(d, J=16.0Hz, 1H, CH═CH), 7.86(dd, J=8.8, 2.4Hz, 1H, quino-H), 7.69(d, J=7.6Hz, 2H, Ben-H), 7.46(t, J=7.2Hz, 2H, Ben-H), 7.38(t, J=7.2Hz, 1H, Ben-H); ^{13}C NMR δ(ppm) 167.97, 153.88, 146.87, 139.53, 136.73, 135.71, 132.84, 131.50, 130.99, 129.39, 129.33, 127.85, 127.81, 127.05, 125.76, 125.33; HR-MS: Calcd. For: $C_{18}H_{13}ClNO_2$[M+H]$^+$: 310.0629, Found: 310.0636.
V-3b	^{1}H NMR(400MHz, DMSO-d_6)δ(ppm) 13.72(s, 1H, COOH), 8.89(s, 1H, quino-H), 8.25(d, J=2.4Hz, 1H, quino-H), 8.22(d, J=15.6Hz, 1H), 8.08(d, J=4.8Hz, 1H), 8.05(d, J=11.6Hz, 1H), 7.86(dd, J=9.0, 2.4Hz, 1H), 7.70~7.68(m, 1H), 7.30~7.27(m, 3H), 2.48(s, 3H); ^{13}C NMR(100MHz, DMSO-d_6)δ(ppm) 168.01, 154.00, 146.85, 139.50, 136.93, 135.63, 133.24, 132.81, 131.50, 131.10, 131.09, 129.10, 127.83, 127.05, 126.93, 126.85, 126.25, 125.37, 20.06; Anal. Calcd for $C_{19}H_{14}ClNO_2$: C, 70.48; H, 4.36; N, 4.33%. Found: C, 70.66; H, 4.18; N, 4.26%.
V-3c	^{1}H NMR(400MHz, DMSO-d_6)δ(ppm) 13.63(s, 1H, COOH), 8.89(s, 1H, Quino-H), 8.24(d, J=2.0Hz, 1H, Quino-H), 8.08(d, J=8.8Hz, 1H, Quino-H), 8.02(d, J=16.0Hz, 1H, CH═CH), 7.97(d, J=15.6Hz, 1H, CH═CH), 7.86(dd, J=8.8, 2.4Hz, 1H, Quino-H), 7.64(d, J=8.8Hz, 2H, Ben-H), 7.02(d, J=8.8Hz, 2H, Ben-H), 3.81(s, 3H, OMe); ^{13}C NMR(100MHz, DMSO-d_6)δ(ppm) 167.86, 160.49, 154.09, 146.38, 139.84, 136.18, 132.97, 131.34, 130.39, 129.44, 129.25, 127.89, 126.89, 125.27, 122.75, 114.88, 114.37, 55.69.

续表

编号	波谱数据和元素分析或高分辨质谱
V-3d	^{1}H NMR(400MHz, DMSO-d_6)δ(ppm) 13.70(s, 1H, COOH), 8.86(s, 1H, Quino-H), 8.27(d, J=16.0Hz, 1H, CH=CH), 8.24(d, J=2.0Hz, 1H, Quino-H), 8.22(d, J=16.0Hz, 1H, CH=CH), 8.07(d, J=8.8Hz, 1H, Quino-H), 7.86(dd, J=8.8, 2.0Hz, 1H, Quino-H), 7.65(dd, J=7.6, 1.6Hz, 1H, Ben-H), 7.35(td, J=7.6, 1.6Hz, 1H, Ben-H), 7.10(d, J=7.6Hz, 1H, Ben-H), 7.03(t, J=7.6Hz, 1H, Ben-H), 4.17(q, J=7.2Hz, 2H, OEt), 1.47(t, J=7.2Hz, 3H, OEt); ^{13}C NMR(100MHz, DMSO-d_6)δ(ppm) 168.15, 157.37, 154.35, 146.85, 139.19, 132.72, 131.61, 131.31, 131.05, 130.61, 128.96, 127.80, 126.96, 126.21, 125.73, 125.18, 121.09, 112.88, 64.06, 15.14.
V-3e	^{1}H NMR(400MHz, DMSO-d_6)δ(ppm) 13.96(s, 1H, COOH), 9.13(s, 1H, Quino-H), 8.51(s, 1H, Quino-H), 8.34(d, J=8.8Hz, 1H, Quino-H), 8.23(d, J=16.0Hz, 1H, CH=CH), 8.11(d, J=8.8Hz, 1H, Quino-H), 8.01(d, J=15.6Hz, 1H, CH=CH), 7.55(d, J=8.0Hz, 1H, Ben-H), 7.40(t, J=8.0Hz, 1H, Ben-H), 7.32(d, J=8.0Hz, 1H, Ben-H), 4.10(s, 3H, OMe), 4.07(s, 3H, OMe); ^{13}C NMR δ(ppm) 168.03, 154.04, 153.31, 147.71, 146.87, 139.44, 132.81, 131.50, 131.13, 130.37, 130.22, 127.84, 127.07, 126.92, 125.52, 124.84, 118.96, 113.63, 61.11, 56.16.
V-3f	^{1}H NMR(400MHz, DMSO-d_6)δ(ppm) 13.59(s, 1H, COOH), 8.80(s, 1H, Quino-H), 8.37(s, 1H, Quino-H), 8.21(d, J=16.0Hz, 1H, CH=CH), 8.00(d, J=15.6Hz, 1H, CH=CH), 7.95(d, J=8.8Hz, 1H, Quino-H), 7.92(d, J=8.8Hz, 1H, Quino-H), 7.22(s, 1H, Ben-H), 6.77(s, 1H, Ben-H), 3.91(s, 3H, OMe), 3.87(s, 3H, OMe), 3.79(s, 3H, OMe); ^{13}C NMR(100MHz, DMSO-d_6)δ(ppm) 166.62, 153.00, 151.64, 149.75, 145.46, 141.66, 137.30, 133.53, 129.42, 129.29, 129.20, 125.66, 123.88, 121.75, 117.92, 114.93, 109.65, 96.68, 55.05, 54.93, 54.55; Anal. Calcd for $C_{21}H_{18}ClNO_5$: C, 63.08; H, 4.54; N, 3.50%. Found: C, 62.93; H, 4.47; N, 3.58%.
V-3g	^{1}H NMR(400MHz, DMSO-d_6)δ(ppm) 13.75(s, 1H, COOH), 8.93(s, 1H, Quino-H), 8.29(d, J=15.6Hz, 1H, CH=CH), 8.28(s, 1H, Quino-H), 8.20(d, J=15.6Hz, 1H, CH=CH), 8.10(d, J=8.8Hz, 1H, Quino-H), 7.86~7.89(m, 2H, Quino-H and Ben-H), 7.57(d, J=7.6Hz, 1H, Ben-H), 7.47(d, J=7.6Hz, 1H, Ben-H), 7.42(t, J=7.6Hz, 1H, Ben-H); ^{13}C NMR(100MHz, DMSO-d_6)δ(ppm) 167.84, 153.52, 146.83, 139.72, 134.58, 133.58, 132.98, 131.83, 131.20, 130.81, 130.73, 130.38, 128.89, 128.22, 127.90, 127.82, 127.26, 125.41; Anal. Calcd for $C_{18}H_{11}Cl_2NO_2$: C, 62.81; H, 3.22; N, 4.07%. Found: C, 62.95; H, 3.19; N, 3.89%.
V-3h	^{1}H NMR(400MHz, DMSO-d_6)δ(ppm) 13.71(s, 1H, COOH), 8.90(s, 1H, Quino-H), 8.26(s, 1H, Quino-H), 8.17(d, J=15.6Hz, 1H, CH=CH), 8.06(d, J=8.8Hz, 1H, Quino-H), 7.95(d, J=15.6Hz, 1H, CH=CH), 7.87(d, J=8.8Hz, 1H, Quino-H), 7.72(d, J=7.6Hz, 2H, Ben-H), 7.51(d, J=8.0Hz, 2H, Ben-H); ^{13}C NMR(100MHz, DMSO-d_6)δ(ppm) 167.88, 153.70, 146.85, 139.61, 135.68, 134.26, 133.66, 132.90, 131.61, 130.99, 129.46, 129.40, 127.88, 127.11, 126.60, 125.30; Anal. Calcd for $C_{18}H_{11}Cl_2NO_2$: C, 62.81; H, 3.22; N, 4.07%. Found: C, 62.66; H, 3.27; N, 4.23%.

续表

编号	波谱数据和元素分析或高分辨质谱
V-3i	^{1}H NMR(400MHz, DMSO-d_6)δ(ppm) 13.75(s, 1H, COOH), 8.94(s, 1H, Quino-H), 8.29(d, *J*=2.0Hz, 1H, Quino-H), 8.24(d, *J*=15.6Hz, 1H, CH=CH), 8.16(d, *J*=15.6Hz, 1H, CH=CH), 8.10(d, *J*=8.8Hz, 1H, Quino-H), 7.90(dd, *J*=8.8, 2.0Hz, 1H, Quino-H), 7.87(d, *J*=7.6Hz, 1H, Ben-H), 7.74(d, *J*=8.0Hz, 1H, Ben-H), 7.50(t, *J*=7.6Hz, 1H, Ben-H), 7.34(t, *J*=8.0Hz, 1H, Ben-H); ^{13}C NMR(100MHz, DMSO-d_6)δ(ppm) 167.83, 153.51, 146.83, 139.73, 136.33, 133.61, 133.51, 132.99, 131.82, 131.20, 130.96, 129.05, 128.77, 128.00, 127.92, 127.26, 125.40, 124.59.
V-3j	^{1}H NMR(400MHz, DMSO-d_6)δ(ppm) 13.68(s, 1H, COOH), 8.90(s, 1H, Quino-H), 8.26(d, *J*=2.0Hz, 1H, Quino-H), 8.18(d, *J*=15.6Hz, 1H, CH=CH), 8.06(d, *J*=8.8Hz, 1H, Quino-H), 7.93(d, *J*=15.6Hz, 1H, CH=CH), 7.87(dd, *J*=8.8, 2.0Hz, 1H, Quino-H), 7.68(d, *J*=7.6Hz, 2H, Ben-H), 7.62(d, *J*=7.2Hz, 2H, Ben-H); ^{13}C NMR(100MHz, DMSO-d_6)δ(ppm) 167.86, 153.67, 146.84, 139.60, 136.00, 134.35, 132.91, 132.31, 131.62, 131.00, 129.73, 127.89, 127.12, 126.62, 125.33, 122.38.
V-3k	^{1}H NMR(400MHz, DMSO-d_6)δ(ppm) 13.78(s, 1H, COOH), 8.96(s, 1H, Quino-H), 8.31(s, 1H, Quino-H), 8.23(d, *J*=15.6Hz, 1H, CH=CH), 8.18(d, *J*=15.6Hz, 1H, CH=CH), 8.10(d, *J*=8.8Hz, 1H, Quino-H), 8.06(d, *J*=7.6Hz, 1H, Ben-H), 7.97(d, *J*=8.0Hz, 1H, Ben-H), 7.90(d, *J*=8.8Hz, 1H, Quino-H), 7.84(t, *J*=7.6Hz, 1H, Ben-H), 7.65(t, *J*=7.6Hz, 1H, Ben-H); ^{13}C NMR(100MHz, DMSO-d_6)δ(ppm) 167.73, 153.20, 148.75, 146.79, 139.81, 134.24, 133.06, 132.00, 131.73, 131.23, 130.62, 130.09, 130.00, 128.98, 127.94, 127.37, 125.44, 125.09.
V-3l	^{1}H NMR(400MHz, DMSO-d_6)δ(ppm) 13.75(s, 1H, COOH), 8.93(s, 1H, Quino-H), 8.35(d, *J*=16.0Hz, 1H, CH=CH), 8.23~8.30(m, 3H, Quino-H and Ben-H), 8.08(d, *J*=8.8Hz, 1H, Quino-H), 8.02(d, *J*=16.0Hz, 1H, CH=CH), 7.94(d, *J*=8.4Hz, 2H, Ben-H), 7.89(d, *J*=8.8Hz, 1H, Quino-H); ^{13}C NMR δ(ppm) 167.69, 153.21, 147.33, 146.79, 143.37, 139.74, 133.13, 133.02, 132.00, 131.11, 130.27, 128.71, 127.93, 127.33, 125.49, 124.57.
V-3m	^{1}H NMR(400MHz, DMSO-d_6)δ(ppm) 13.62(s, 1H, COOH), 8.92(s, 1H, Quino-H), 8.29(d, *J*=15.6Hz, 1H, CH=CH), 8.22(s, 1H, Quino-H), 8.14(d, *J*=8.4Hz, 1H, Quino-H), 8.08(d, *J*=8.8Hz, 1H, Quino-H), 8.01(d, *J*=16.0Hz, 1H, CH=CH), 7.87(d, *J*=8.0Hz, 2H, Ben-H), 7.79(d, *J*=8.0Hz, 2H, Ben-H); ^{13}C NMR δ(ppm) 167.82, 153.46, 146.84, 140.78, 139.71, 133.87, 133.00, 131.85, 131.08, 130.53, 128.65, 128.35, 127.92, 126.21, 126.02, 125.42; Anal. Calcd for $C_{19}H_{11}ClF_3NO_2$: C, 60.41; H, 2.94; N, 3.71%. Found: C, C, 60.62; H, 3.01; N, 3.54%
V-3n	^{1}H NMR(400MHz, DMSO-d_6)δ(ppm) 13.75(s, 1H, COOH), 8.92(s, 1H, Quino-H), 8.26(d, *J*=2.0Hz, 1H, Quino-H), 8.24(d, *J*=15.6Hz, 1H, CH=CH), 8.19(d, *J*=15.6Hz, 1H, CH=CH), 8.08(d, *J*=8.8Hz, 1H, Quino-H), 7.86(dd, *J*=8.8, 2.4Hz, 1H, Quino-H), 7.82(d, *J*=7.2Hz, 1H, Ben-H), 7.66(d, *J*=8.0Hz, 1H, Ben-H), 7.46(t, *J*=7.6Hz, 1H, Ben-H); ^{13}C NMR(100MHz, DMSO-d_6)δ(ppm) 167.74, 153.23, 146.78, 139.79, 137.21, 132.99, 132.87, 131.95, 131.32, 131.22, 130.80, 130.68, 130.28, 128.95, 127.89, 127.32, 126.42, 125.38; Anal. Calcd for $C_{18}H_{10}Cl_3NO_2$: C, 57.10; H, 2.66; N, 3.70%. Found: C, 56.87; H, 2.91; N, 3.85%.

续表

编号	波谱数据和元素分析或高分辨质谱
V-3o	^{1}H NMR(400MHz, DMSO-d_6)δ(ppm) 13.77(s, 1H, COOH), 8.93(s, 1H, Quino-H), 8.28(d, J=2.0Hz, 1H, Quino-H), 8.23(d, J=15.6Hz, 1H, CH=CH), 8.18(d, J=15.6Hz, 1H, CH=CH), 8.09(d, J=8.8Hz, 1H, Quino-H), 7.87~7.90(m, 2H, Quino-H and Ben-H), 7.73(d, J=2.0Hz, 1H, Ben-H), 7.53(dd, J=8.8, 2.0Hz, 1H, Ben-H); ^{13}C NMR(100MHz, DMSO-d_6)δ(ppm) 167.73, 153.31, 146.80, 139.74, 134.29, 134.17, 133.63, 133.00, 131.90, 131.20, 129.78, 129.55, 129.53, 129.02, 128.47, 127.91, 127.31, 125.46.
V-3p	^{1}H NMR(400MHz, DMSO-d_6)δ(ppm) 13.72(s, 1H, COOH), 8.91(s, 1H, Quino-H), 8.27(d, J=2.0Hz, 1H, Quino-H), 8.20(d, J=15.6Hz, 1H, CH=CH), 8.05(d, J=8.8Hz, 1H, Quino-H), 7.89(dd, J=8.8, 2.0Hz, 1H, Quino-H), 7.86(d, J=15.6Hz, 1H, CH=CH), 7.75(s, 2H, Ben-H), 7.59(s, 1H, Ben-H); ^{13}C NMR(100MHz, DMSO-d_6)δ(ppm) 167.73, 153.38, 146.77, 140.58, 139.65, 135.00, 133.00, 132.47, 131.88, 131.04, 129.28, 128.20, 127.92, 127.27, 126.19, 125.52; HR-MS: Calcd. For: $C_{18}H_{11}Cl_3NO_2$ [M+H]$^+$: 377.9850, Found: 377.9848.
V-3q	^{1}H NMR(400MHz, DMSO-d_6)δ(ppm) 13.78(s, 1H, COOH), 8.96(s, 1H, Quino-H), 8.31(d, J=2.0Hz, 1H, Quino-H), 8.27(d, J=16.0Hz, 1H, CH=CH), 8.13(d, J=8.8Hz, 1H, Quino-H), 8.04(d, J=16.0Hz, 1H, CH=CH), 7.91(dd, J=8.8, 2.0Hz, 1H, Quino-H), 7.60(d, J=8.0Hz, 2H, Ben-H), 7.40(t, J=8.4Hz, 1H, Ben-H); ^{13}C NMR δ(ppm) 167.76, 152.86, 146.80, 139.80, 134.31, 133.72, 133.06, 132.03, 131.31, 130.43, 129.60, 129.13, 127.93, 127.41, 125.44; Anal. Calcd for $C_{18}H_{10}Cl_3NO_2$: C, 57.10; H, 2.66; N, 3.70%. Found: C, 56.81; H, 2.54; N, 3.76%.
V-3r	^{1}H NMR(400MHz, DMSO-d_6)δ(ppm) 13.69(s, 1H, COOH), 8.98(s, 1H, Quino-H), 8.85(d, J=4.8Hz, 1H, Pyridine-H), 8.73(d, J=15.6Hz, 1H, CH=CH), 8.45(t, J=7.6Hz, 1H, Pyridine-H), 8.33(s, 1H, Quino-H), 8.28(dd, J=8.0, 4.8Hz, 1H, pyridine-H), 8.13(d, J=15.6Hz, 1H, CH=CH), 8.10(d, J=8.8Hz, 1H, Quino-H), 7.93(d, J=8.8Hz, 1H, Quino-H), 7.85(t, J=7.2Hz, 1H, Pyridine-H); ^{13}C NMR(100MHz, DMSO-d_6)δ(ppm) 167.47, 152.29, 150.61, 146.66, 144.25, 144.22, 139.86, 135.20, 135.17, 133.29, 132.58, 131.22, 128.03, 127.70, 125.94, 125.76, 124.81; Anal. Calcd for $C_{17}H_{11}ClN_2O_2$: C, 65.71; H, 3.57; N, 9.02%. Found: C, 65.83; H, 3.50; N, 8.91%.
V-3s	^{1}H NMR(400MHz, DMSO-d_6)δ(ppm) 13.63(s, 1H, COOH), 9.21(s, 1H, pyridine-H), 8.97(s, 1H, Quino-H), 8.83(d, J=4.8Hz, 1H, Pyridine-H), 8.76(d, J=8.0Hz, 1H, pyridine-H), 8.41(d, J=16.0Hz, 1H, CH=CH), 8.32(d, J=2.0Hz, 1H, Quino-H), 8.10(d, J=8.8Hz, 1H, Quino-H), 8.05(d, J=16.0Hz, 1H, CH=CH), 8.00(dd, J=8.0, 4.8Hz, 1H, pyridine-H), 7.92(dd, J=8.8, 2.0Hz, 1H, Quino-H); ^{13}C NMR δ(ppm) 167.65, 153.00, 146.76, 143.09, 142.99, 141.05, 139.83, 135.44, 133.20, 132.18, 131.18, 131.08, 129.46, 128.02, 127.47, 127.07, 125.62.

5.4.3 杀菌活性研究

采用盆栽苗测试法测定了目标化合物对黄瓜霜霉病(Cucumber downy mildew)、小麦白粉病(Wheat powdery mildew)、小麦锈病(Wheat rust)和黄瓜炭疽病(Cucumber anthracnose)的杀菌活性，测试浓度为400mg/L；孢子萌发测试法测定了目标化合物对稻瘟病(Rice blast)和灰霉病(Gray mold)的杀菌活性，测试浓度为25mg/L。初步生物活性试验结果见表5-3。

表5-3 目标化合物V-3a-s的杀菌活性

测试样品	盆栽防效/%			孢子萌发抑制率/%		
	CDM	WPM	WR	CA	RB	GM
V-3a	0	0	0	0	0	0
V-3b	0	0	0	0	0	0
V-3c	0	0	0	0	0	0
V-3d	0	0	0	0	0	0
V-3e	0	0	0	40	50	0
V-3f	0	0	0	0	50	0
V-3g	0	0	0	0	0	0
V-3h	0	0	0	0	0	0
V-3i	0	0	0	0	0	0
V-3j	0	0	0	0	0	0
V-3k	0	0	0	0	0	0
V-3l	0	0	0	0	0	0
V-3m	0	0	0	0	50	0
V-3n	0	0	0	0	0	0
V-3o	0	0	0	0	0	0
V-3p	0	0	0	0	0	0
V-3q	0	0	0	0	0	0
V-3r	0	0	0	0	50	0
V-3s	0	0	0	0	50	0
氰霜唑	95	///	///	///	///	///
醚菌酯	///	100	///	///	///	///
戊唑醇	///	///	100	///	///	///
咪鲜胺	///	///	///	98	///	///
稻瘟灵	///	///	///	///	100	///
氟啶胺	///	///	///	///	///	100

注：CDM：黄瓜霜霉病；WPM：小麦白粉病；WR：小麦锈病；CA：黄瓜炭疽病；RB：稻瘟病；GM：灰霉病。

从表5-3可以看出，目标化合物Ⅴ-3a-s对这6种农作物病菌的杀菌效果均不理想，只有少数几个测试样品对某一作物致病菌的杀菌活性达到40%以上。如2,3-二甲氧基取代的化合物Ⅴ-3e，对稻瘟病(RB)的杀菌率为40%，对灰霉病(GM)的杀菌率为50%；取代基为2,4,5-三甲氧基(Ⅴ-3f)、三氟甲基(Ⅴ-3m)和吡啶乙烯基(Ⅴ-3r和Ⅴ-3s)的化合物对稻瘟病(RB)表现出一定的杀菌活性，杀菌率均为50%，且不具有较为广谱的杀菌活性。结构还有待进一步优化和修饰，下一步我们构想将3-位的羧基转变为酰胺基团，来尝试对其活性的提高。

5.5 本章小结

本章通过开发的一种新的“三步一锅法”简便有效地高收率合成了19个结构未见文献报道的6-氯-2-芳基(或吡啶基)乙基喹啉-3-羧酸类化合物。所有目标化合物的结构都通过波谱数据和元素分析或高分辨质谱得以确认。对其进行了杀菌活性测定，结果显示这些化合物对所测的6种植物致病菌没有明显的杀菌效果，只有其中少数几个测试样品对某一作物致病菌具有一定的杀菌活性，杀菌率在50%。

第6章 亚甲基桥连喹啉和1,2,3-三唑双杂环化合物的设计、合成及杀菌活性

6.1 引 言

1,2,3-三唑因其独特的五元芳香氮杂环结构，可与生物体内多种酶和受体结合，呈现出显著的生物活性，已成为农药创制领域一类非常活跃的药效基团。但是，长期和过度使用会使病菌容易对这类农药产生抗药性，使得原本具有高效的药剂失去活性。为此，科研人员围绕1,2,3-三唑环进行了不断创新和改进，以期开发出更加安全有效的三唑类新型农药。例如，贺红武等人利用Click反应设计合成了具有作为杀菌剂应用价值的新型的亚甲基桥连嘧啶和1,2,3-三唑的双杂环化合物(见结构式A)，对小麦赤霉病菌、水稻纹枯病菌、黄瓜灰霉病菌和黄瓜炭疽病菌等具有显著防效。另一方面，喹啉作为一类非常重要的含氮杂环化合物，具有广谱的生物活性和低毒性，已成为发展新农药的焦点，并显示出良好的发展前景。已投放市场的喹啉类化合物作为农药品种，如苯氧喹啉对白粉病的防治有特效，能够抑制附着孢的生长，而且对农作物无害，对环境安全，可有效防治禾谷类作物和蔬菜类作物的白粉病；喹啉酰胺农药对水稻的稻瘟病和葡萄的灰霉病有100%的防治效果。

鉴于此，将喹啉环和1,2,3-三唑构建于同一分子结构中合成1,2,3-三唑-喹啉杂合体是一项很受关注的研究工作，如Boechat等报道通过Click反应设计合成一类具有抗恶性疟原虫活性的1,2,3-三唑-喹啉杂合体(见结构式B)；Venkata等以类似的方法设计合成一类具有抗肿瘤活性的1,2,3-三唑-喹啉杂合体(见结构式C)；最近，Singh等报道利用Click反应制备了甲氧基桥连喹啉和1,2,3-三唑类杂合化合物(见结构式D)，该类化合物具有很好的抗疟活性。尽管科研人员对1,2,3-三唑-喹啉杂合体的合成及活性研究有较多报道，但对于亚甲基桥连喹啉和1,2,3-三唑的双杂环类化合物的合成及杀菌活性研究还未有报道。基于这些研究事实，如果能够提供一种简便而有效的方法合成一类亚甲基桥连喹啉和

1,2,3-三唑的双杂环类化合物(见结构式 I)，并对它们的杀菌活性进行评估将是一项很有意义的研究工作，将对今后关于此类杀菌剂的研究与开发提供重要的思路和参考(图 6-1)。

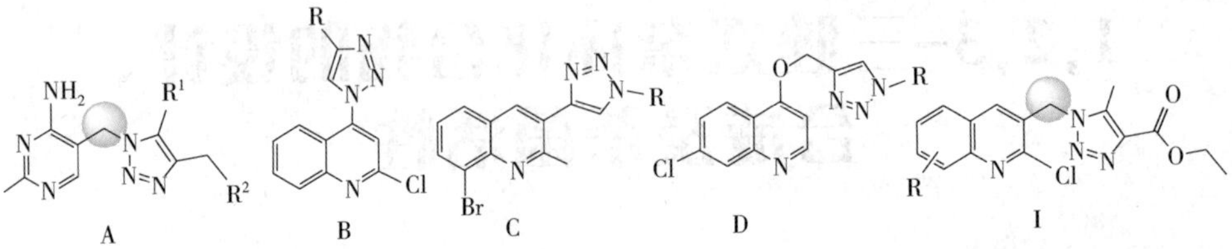

图 6-1　具有重要生物活性的喹啉和 1,2,3-三唑类化合物的结构(A-D)及目标化合物结构(VI)

6.2　化学实验部分

6.2.1　仪器和主要试剂

WRS-1B 数字熔点仪(上海仪器设备厂)；VARIAN Scimitar 2000 系列傅立叶变换红外光谱仪(美国瓦里安有限公司)；Agilent 400-MR 型核磁共振仪(美国安捷伦公司)；EA 2400II 型元素分析仪(美国珀金埃尔默公司)；Agilent 1100 系列 LC/MSD VL ESI 型液质联用仪(美国安捷伦公司)；Customer micrOTOF-Q 125 型高分辨质谱仪(美国布鲁克公司)；WP-2330-1 紫外分析仪；RE-52AA 型旋转蒸发仪(上海亚荣生化仪器厂)。叠氮钠、二甲基亚砜、三氯氧磷、硼氢化钠、各种芳胺，均为分析纯，购于阿拉丁试剂公司(上海，中国)。

6.2.2　设计的合成路线

设计以各种取代的 2-氯喹啉-3-甲醛(VI-1a-h)为起始化合物，经硼氢化钠($NaBH_4$)还原得到相应的 2-氯喹啉-3-甲醇(VI-2a-h)，进一步在氯化亚砜作用下进行氯化反应，得到重要的中间体 2-氯-3-氯甲基喹啉(VI-3a-h)。然后，将所得的该中间体与亲核试剂叠氮钠在乙醇溶液中发生亲核取代反应，所得产物 2-氯-3-叠氮甲基喹啉(A)不经分离提纯直接与乙酰乙酸乙酯进行环化脱水反应，得到目的产物亚甲基桥连喹啉和 1,2,3-三唑双杂环化合物，如图 6-2 所示。

6.2.3　化合物的合成

6.2.3.1　(2-氯喹啉-3-基)甲醇(VI-2)的合成

参照文献的方法，各种取代的 2-氯喹啉-3-甲醛(10mmol)溶于干燥后的甲

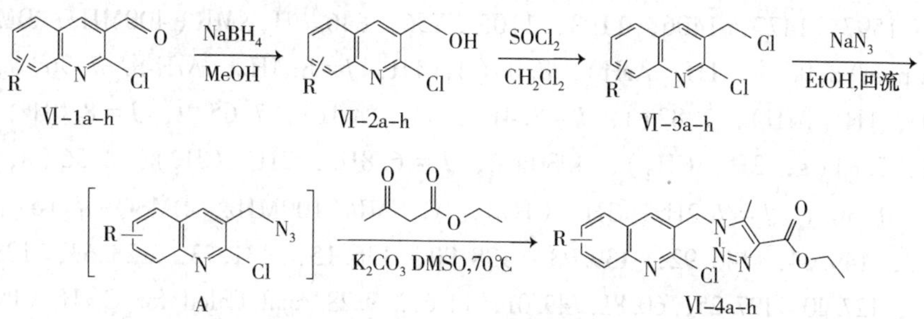

图6-2 亚甲基桥连喹啉和1,2,3-三唑双杂环化合物的合成路线

醇溶液中，分批次加入$NaBH_4$(12mmol，0.4539g)，进行常温搅拌反应。TLC监测反应进程。反应完成后，旋出甲醇，将得到的固体用水研磨后，再过滤水洗，然后用重结晶法(甲醇溶液)进行分离提纯，得到目标产物(2-氯喹啉-3-基)甲醇VI-2，产率76.8%~88.3%。

6.2.3.2 2-氯-3-(氯甲基)喹啉(VI-3)的合成

参照文献的方法，取(2-氯喹啉-3-基)甲醇(VI-2)(1.5mmol，0.2304g)溶于干燥后的二氯甲烷溶液中，再加1~2滴DMF，在冰水浴下滴加氯化亚砜(2.5mmol，0.2974g)，完成后，在油浴锅中加热回流4h，旋出二氯甲烷，向该体系中加入20mL水，先把水层用三氯甲烷萃取两次，再使用饱和$NaHCO_3$溶液洗有产物的有机层至中性，用无水硫酸钠干燥过夜，旋蒸出三氯甲烷，得到目标产物2-氯-3-(氯甲基)喹啉(VI-3)，产率76.4%~86.7%。

6.2.3.3 1-(2-氯喹啉-3-基)甲基-5-甲基-1H-1,2,3-三唑-4-羧酸乙酯(VI-4)的合成

将各种取代的2-氯-3-(氯甲基)喹啉(VI-3)(1.0mmol)溶于无水乙醇溶液中，然后加入叠氮钠(1.2mmol，0.0780g)，在油浴锅中加热回流，TLC监测反应进程，待反应完全后旋蒸出乙醇，冷却至室温。再加入乙酰乙酸乙酯(1mmol，0.1301g)，研磨的K_2CO_3(1mmol，0.1382g)溶于DMSO中，70℃加热反应。TLC监测反应进程。反应完毕，冷却至室温，将反应液倒入盛有水的烧杯中，有固体析出，抽滤，先用水洗，再用石油醚洗，把所得到的固体进行干燥，即得纯品化合物VI-4a-h。所有新化合物的结构均经红外谱图(IR)、氢核磁谱图(^1H NMR)、碳核磁谱图(^{13}C NMR)、质谱(ESI-MS)和高分辨质谱(HRMS)得以确证，其物化数据和波谱数据如下：

1-(2-氯喹啉-3-基)甲基-5-甲基-1H-1,2,3-三唑-4-羧酸乙酯(VI-4a)：淡黄色固体，产率71.4%；熔点165.8~167.0℃；IR(KBr，cm^{-1})ν：3132，

1734，1597，1477，1406，1193，1105，756，846. ^1H NMR（400MHz，DMSO－d_6）δ（ppm）8.06（s，1H，ArH），8.03（d，1H，J=8.4Hz，ArH），7.96（d，J=8.4Hz，1H，ArH），7.82（t，J=8.4Hz，1H，ArH），7.65（t，J=8.0Hz，1H，ArH），5.81（s，2H，CH_2），4.30（q，J=6.8Hz，2H，CH_2），2.56（s，3H，CH_3），1.30（t，J=7.2Hz，3H，CH_3）. ^{13}C NMR（100MHz，DMSO－d_6）δ（ppm）161.57，149.04，146.92，139.93，138.90，136.15，131.73，128.63，128.18，127.97，127.40，127.25，60.81，49.01，14.61，9.28. Anal. Calcd for $C_{16}H_{15}ClN_4O_2$：C，58.10；H，4.57；N，16.94%. Found：C，58.13；H，4.66；N，16.81%.

1－(2－氯－6－甲基喹啉－3－基)甲基－5－甲基－1H－1,2,3－三唑－4－羧酸乙酯（VI－4b）：浅绿色固体，产率75.6%；熔点150.9～152.1℃；^1H NMR（400MHz，DMSO－d_6）δ（ppm）8.42（s，1H，ArH），7.92（s，1H，ArH），7.79（d，J=8.4Hz，1H，ArH），7.65（d，J=8.4Hz，1H，ArH），5.79（s，2H，CH_2），4.30（q，J=6.8Hz，2H，CH_2），2.54（s，3H，CH_3），2.45（s，3H，CH_3），1.30（t，J=8.8Hz，3H，CH_3）. ^{13}C NMR（100MHz，DMSO－d_6）δ（ppm）161.57，148.92，148.08，145.51，139.89，138.82，138.17，137.92，133.70，127.68，127.28，127.18，60.81，51.65，21.51，14.61，9.27. Anal. Calcd for $C_{17}H_{17}ClN_4O_2$：C，59.22；H，4.97；N，16.25%. Found：C，59.10；H，4.86；N，16.29%.

1－(2－氯－8－乙基喹啉－3－基)甲基－5－甲基－1H－1,2,3－三唑－4－羧酸乙酯（VI－4c）：白色固体，产率75.0%；熔点119.0～120.8℃；IR（KBr，cm^{-1}）ν：3134，1710，1570，1408，1373，1249，1193，1087，756. ^1H NMR（400MHz，DMSO－d_6）δ（ppm）8.04（s，1H，ArH），7.85（d，J=8.0Hz，1H，ArH），7.67（d，J=7.2Hz，1H，ArH），7.56（t，J=7.6Hz，1H，ArH），5.80（s，2H，CH_2），4.30（q，J=7.2Hz，2H，CH_2），3.11（q，J=7.6Hz，2H，CH_2），2.56（s，3H，CH_3），1.31～1.24（m，6H，CH_3，CH_3）. ^{13}C NMR（100MHz，DMSO－d_6）δ（ppm）161.57，148.15，145.37，141.56，139.90，139.38，136.13，130.12，128.09，127.42，127.11，126.48，60.80，49.02，24.16，15.50，14.61，9.29. Anal. Calcd for $C_{18}H_{19}ClN_4O_2$：C，60.25；H，5.34；N，15.61%. Found：C，60.13；H，5.38；N，15.72%.

1－(2－氯－7－甲基喹啉－3－基)甲基－5－甲基－1H－1,2,3－三唑－4－羧酸乙酯（VI－4d）：青色固体，产率78.1%；熔点161.4～162.5℃；^1H NMR（400MHz，DMSO－d_6）δ（ppm）8.47（s，1H，ArH），7.94（d，J=8.4Hz，1H，ArH），7.74（s，1H，ArH），7.50（d，J=8.8Hz，1H，ArH），5.78（s，2H，CH_2），4.29（q，J=7.2Hz，2H，CH_2），2.55（s，3H，CH_3），2.48（s，3H，CH_3），1.29（t，J=7.2Hz，3H，CH_3）. ^{13}C NMR（100MHz，DMSO－d_6）δ（ppm）161.57，149.80，

147.23，141.93，139.25，138.72，130.27，128.23，127.14，126.97，126.88，125.27，60.80，51.67，21.85，14.61，9.28. Anal. Calcd for $C_{17}H_{17}ClN_4O_2$：C，59.22；H，4.97；N，16.25%. Found：C，59.13；H，4.84；N，16.23%.

1-(2-氯-6-乙基喹啉-3-基)甲基-5-甲基-1H-1,2,3-三唑-4-羧酸乙酯(VI-4e)：青白色固体，产率70.4%；熔点169.9~171.5℃；^1H NMR(400MHz, DMSO-d_6)δ(ppm)8.35(s，1H，ArH)，7.83(d，J=8.8Hz，2H，ArH)，7.63(d，J=8.8Hz，1H，ArH)，5.67(s，2H，CH_2)，4.65(q，J=7.2Hz，2H，CH_2)，2.77(q，J=7.6Hz，2H，CH_2)，2.48(s，3H，CH_3)，1.25(m，6H，$2CH_3$). ^{13}C NMR(100MHz，DMSO-d_6)δ(ppm)161.52，148.15，145.37，141.48，139.97，139.32，136.13，130.12，128.19，127.42，127.11，126.56，60.88，49.02，24.20，15.45，14.70，9.29. Anal. Calcd for $C_{18}H_{19}ClN_4O_2$：C，60.25；H，5.34；N，15.61%. Found：C，60.19；H，5.38；N，15.56%.

1-(2-氯-6，8-二甲基喹啉-3-基)甲基-5-甲基-1H-1,2,3-三唑-4-羧酸乙酯(VI-4f)：白色固体，产率69.5%；熔点190.6~191.3℃；^1H NMR(400MHz, DMSO-d_6)δ(ppm)7.89(s，1H，ArH)，7.60(s，1H，ArH)，7.52(s，1H，ArH)，5.79(s，2H，CH_2)，4.30(q，J=7.2Hz，2H，CH_2)，2.60(s，3H，CH_3)，2.54(s，3H，CH_3)，2.40(s，3H，CH_3)，1.30(t，J=7.2Hz，3H，CH_3). ^{13}C NMR(100MHz，DMSO-d_6)δ(ppm)161.56，147.18，144.67，139.84，138.50，137.53，135.93，135.44，133.72，127.38，127.03，125.12，60.80，49.02，21.50，17.68，14.61，9.27. Anal. Calcd for $C_{18}H_{19}ClN_4O_2$：C，60.25；H，5.34；N，15.61%. Found：C，60.18；H，5.40；N，15.53%.

1-(2-氯-6-碘喹啉-3-基)甲基-5-甲基-1H-1,2,3-三唑-4-羧酸乙酯(VI-4g)：黄色固体，产率68.1%；熔点158.3~159.9℃；^1H NMR(400MHz, DMSO-d_6)δ(ppm)8.06(s，1H，ArH)，8.03(d，1H，J=8.2Hz，ArH)，7.96(d，J=8.2Hz，1H，ArH)，7.83(t，J=8.4Hz，1H，ArH)，5.82(s，2H，CH_2)，4.31(q，J=6.6Hz，2H，CH_2)，2.56(s，3H，CH_3)，1.28(t，J=7.2Hz，3H，CH_3). ^{13}C NMR(100MHz，DMSO-d_6)δ(ppm)161.05，148.92，148.08，145.52，139.89，138.17，136.16，133.78，128.03，127.77，127.28，127.24，60.66，48.84，14.61，9.55. Anal. Calcd for $C_{16}H_{14}ClIN_4O_2$：C，42.08；H，3.09；N，12.27%. Found：C，42.29；H，3.01；N，12.16%.

1-(2-氯-8-甲基喹啉-3-基)甲基-5-甲基-1H-1,2,3-三唑-4-羧酸乙酯(VI-4h)：白色固体，产率73.9%；熔点120.2~121.8℃；IR(KBr，cm^{-1})ν：3153，1710，1647，1475，1404，1246，1083，1012，771. ^1H NMR(400MHz, DMSO-d_6)δ8.04(s，1H，ArH)，7.84(d，J=8.0Hz，1H，ArH)，7.67(d，J=

6.8Hz, 1H, ArH), 7.53(t, J=7.6Hz, 1H, ArH), 5.81(s, 2H, CH_2), 4.29 (q, J=7.2Hz, 2H, CH_2), 2.64(s, 3H, CH_3), 2.55(s, 3H, CH_3), 1.29(t, J=7.2Hz, 3H, CH_3). ^{13}C NMR(100MHz, DMSO-d_6)δ(ppm) 161.57, 148.14, 146.04, 139.88, 139.28, 136.14, 135.82, 131.59, 127.92, 127.32, 127.12, 126.46, 60.80, 49.01, 17.80, 14.61, 9.28. Anal. Calcd for $C_{17}H_{17}ClN_4O_2$: C, 59.22; H, 4.97; N, 16.25%. Found: C, 59.14; H, 4.82; N, 16.29%.

6.3 杀菌活性测试部分

6.3.1 测试样品

测试样品使用的是上述所合成的 8 个纯度在 95%以上的亚甲基桥连喹啉和 1,2,3-三唑双杂环类化合物 VI-4a-h。

6.3.2 对照药剂

95%氰霜唑原药(浙江禾本科技有限公司)
95%醚菌酯原药(京博农化科技股份有限公司)
96%戊唑醇原药(宁波三江益农化学有限公司)
95%咪鲜胺原药(乐斯化学有限公司)
98%稻瘟灵原药(四川省化学工业研究设计院)
98%氟啶胺原药 (江苏辉丰农化股份有限公司)

6.3.3 供试靶标和供试寄主

稻梨孢(Pyricularia oryzae)
灰葡萄孢(Botrytis cinerea)
古巴假霜霉(Pseudoperonospora cubenis)
禾本科布氏白粉菌(Blumeria graminis)
玉米柄锈(Puccinia sorghi)
黄瓜(Cucumis sativus L., 品种为京新 4 号)
小麦(Triticum aestivum L., 品种为周麦 12 号)
玉米(Zea mays L., 品种为白黏)

6.3.4 试验方法(参照文献: 柴宝山, 等, 2007; Xie, et al., 2014)

(1) 孢子萌发测试方法

通过在培养液中加入测试样品, 测定样品抑制稻梨孢(稻瘟病)和灰葡萄孢

(蔬菜灰霉病)的孢子萌发活性。试验样品的浓度均为 8. 33mg/L；对照药剂稻瘟灵和氟啶胺的浓度均为 8. 33mg/L。

(2) 盆栽苗测试方法

① 寄主植物培养：温室内培养黄瓜、小麦、玉米苗，均长至 2 叶期，备用。

② 药液配制：准确称取制剂的样品，加入溶剂和 0. 05%的吐温-20 后，配制成 400mg/L 的药液各 20mL，用于活体苗杀菌活性研究。对照药剂氰霜唑、醚菌酯、戊唑醇、咪鲜胺的浓度均为 25mg/L。

③ 喷雾处理：喷雾器类型为作物喷雾机，喷雾压力为 1. 5kg/cm^2，喷液量约为 1000L/hm^2。上述试验材料处理后，自然风干，24h 后接种病原菌。

④ 接种病原菌：用接种器分别将黄瓜霜霉病菌孢子囊悬浮液(5×10^5 个/mL)、黄瓜炭疽病菌孢子悬浮液(5×10^5 个/mL)和玉米锈病菌孢子悬浮液(5×10^6 个/mL)喷雾于寄主作物上，然后移入人工气候室培养(24℃，RH>90，无光照)。24h 后，试验材料移于温室正常管理，4~7d 后调查试验样品的杀菌活性；将小麦白粉病菌孢子抖落在小麦上，并在温室内培养，5~7d 后调查化合物的杀菌活性。

6. 3. 5　结果调查

孢子萌发试验采用 HTS 评价方法，盆栽试验是根据对照的发病程度，采用目测方法，调查试验样品的杀菌活性。结果参照美国植病学会编写的《A Manual of Assessment Keys for Plant Diseases》，用 100 ~ 0 来表示，结果调查分四级，“100”级代表无病或孢子无萌发，“80”级代表孢子少量萌发或萌发但无菌丝生长，“50”级代表孢子萌发约 50%，且萌发后菌丝较短，“0”级代表最严重的发病程度或与空白对照相近。

6. 4　结果与讨论

6. 4. 1　“两步一锅法”合成策略的设计

最初，1-(2-氯喹啉-3-基)甲基-5-甲基-1H-1,2,3-三唑-4-羧酸乙酯Ⅵ-4a 采用分步法合成。与叠氮钠反应完后，旋出反应瓶里的溶剂，加水处理，萃取水层用二氯甲烷溶液，静置干燥后，再把有机溶剂层旋干，再用柱层析法把油状物进行提纯，但这样后处理并没有得到沉淀 A(如图式 6-3 所示)，而是得到难以处理的油状物，后处理过程也比较烦琐，并且所得产物产率也比较低(仅为 43%)。因为第一步的反应条件不影响第二步的碱性条件下的反应条件，为此我们构想采用“两步一锅法"的方式，即不将反应中间体 A 进行分离提纯，第一步结束后旋干溶剂，直接加碱加溶剂进行下一步反应，最后加水处理得到目标化合物 VI-4a。

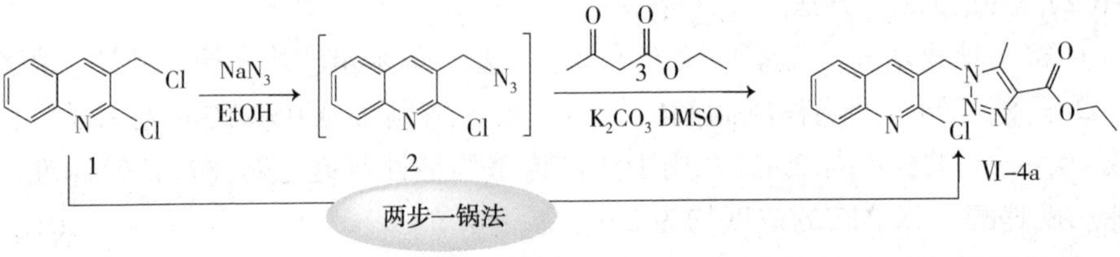

NaN_3 / EtOH

K_2CO_3 DMSO

1　2　Ⅵ-4a

两步一锅法

图 6-3 "两步一锅"法合成亚甲基桥连喹啉和 1,2,3-三唑双杂环化合物(VI-4a-h)

实验结果证明，"两步一锅法"的合成方法来制备 1-(2-氯喹啉-3-基)甲基-5-甲基-1H-1,2,3-三唑-4-羧酸乙酯 VI-4a 的确简单又有效，不仅大大提高了化合物的产率(VI-4a 产率提高到 71.3%)，而且简化了后处理过程。进一步，我们对该合成方法进行了拓展性研究，令我们高兴的是，这一合成方法也适用于其他不同取代的 2-氯-3-(氯甲基)喹啉，都以较好的产率得到了亚甲基桥连的双杂环化合物，即 1-(2-氯喹啉-3-基)甲基-5-甲基-1H-1,2,3-三唑-4-羧酸乙酯类衍生物 VI-4a-h，如表 6-1 所列。

表 6-1　目标化合物 VI-4a-h 的收率及熔点

Entry	产物	结　构	收率[①]/%	熔点/℃
1	VI-4a	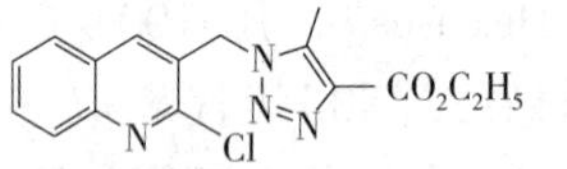 $CO_2C_2H_5$	71.4	165.8~167.0
2	VI-4b	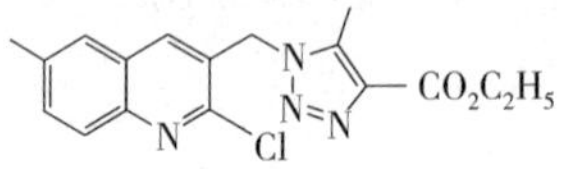 $CO_2C_2H_5$	75.6	150.9~152.1
3	VI-4c	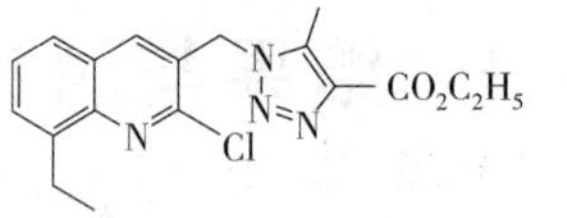 $CO_2C_2H_5$	75.0	119.0~120.8
4	VI-4d	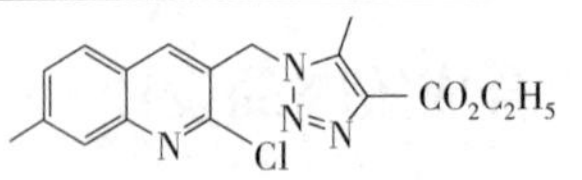 $CO_2C_2H_5$	78.1	161.4~162.5
5	VI-4e	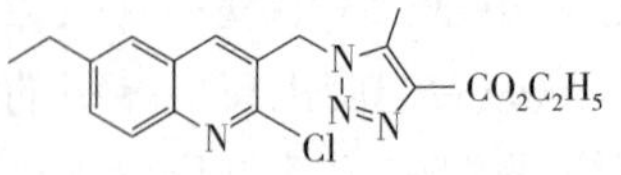 $CO_2C_2H_5$	70.4	169.9~171.5
6	VI-4f	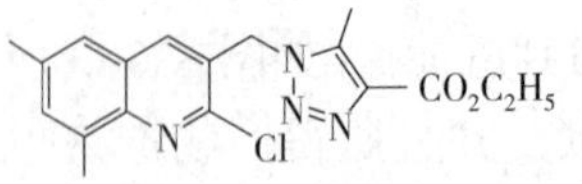 $CO_2C_2H_5$	69.5	190.6~191.3

续表

Entry	产物	结　构	收率①/%	熔点/℃
7	VI-4g		68.1	158.3~159.9
8	VI-4h		73.9	120.2~121.8

① 分离收率。

6.4.2　目标化合物的结构表征

本章所合成的亚甲基桥连的双杂环化合物，即1-(2-氯喹啉-3-基)甲基-5-甲基-1H-1,2,3-三唑-4-羧酸乙酯类双杂环化合物都是未见文献报道过的新化合物，均已通过红外光谱图(IR)、氢核磁共振谱图(^{1}H NMR)和碳核磁共振谱(^{13}C NMR)进行结构表征和确定。下面以化合物VI-4a为例进行表征说明。

化合物VI-4a的红外光谱如图6-4所示，在1734cm^{-1}处出现的吸收峰为典型的酯基上羰基的伸缩振动吸收峰；在1597cm^{-1}，1477cm^{-1}，1406cm^{-1}处出现的吸收峰为芳环骨架振动吸收峰。

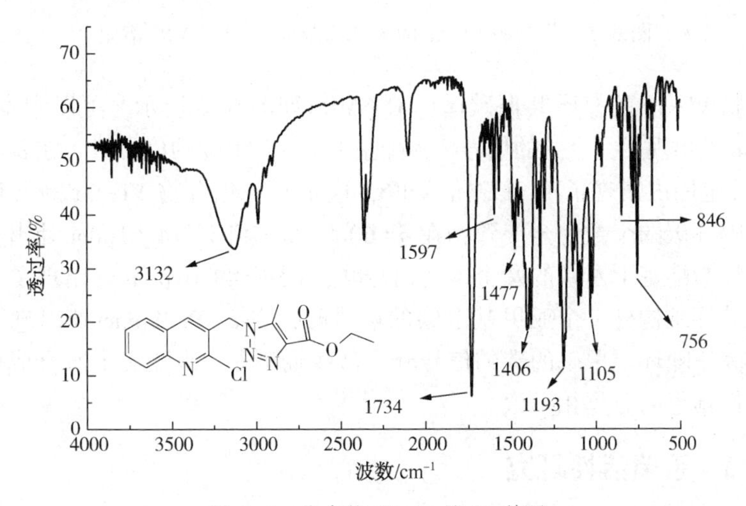

图6-4　化合物VI-4a的IR谱图

化合物VI-4a的核磁共振氢谱(^{1}H NMR)如图6-5所示，可以观察到在芳环区域δ=8.06~7.63ppm范围内出现了5个氢质子吸收峰，这恰好与芳环结构喹啉环上氢质子数相一致；在δ=5.81ppm处出现了一个极为尖锐的单峰为芳环结构外亚甲基的两个氢质子吸收峰；在δ=4.33~4.27ppm出现的四重峰为酯基上乙基中的亚甲基的两个氢质子吸收峰；在 $\delta=2.56$ppm 处出现了一个极为尖锐的单峰为三唑环上甲基的三个氢质子吸收峰；在 $\delta=1.32\sim1.28$ppm 出现的三重峰为酯基上乙基中的甲基的三个氢质子吸收峰。这样，通过对该化合物的核磁共振氢谱分析，证实所得化合物的结构与我们所预想的分子结构完全一致。

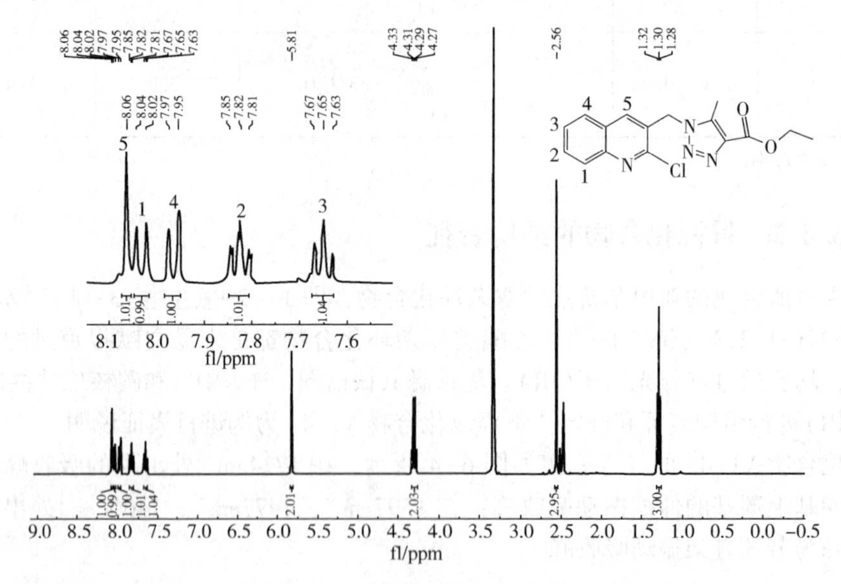

图 6-5 化合物 VI-4a 的核磁共振氢谱（^{1}H NMR）谱图

化合物 VI-4a 的核磁共振碳谱（^{13}C NMR）如图 6-6 所示，可以观察到在 $\delta=161.57$ppm 处出现了一个碳的信号峰为酯基上 C═O 上碳的信号峰，在 $\delta=149.04\sim127.25$ppm 范围内出现了 11 个碳信号峰，这正好与化合物 VI-4a 的芳环结构喹啉环和三唑环碳的个数完全一致；在 $\delta=60.81$ppm 和 $\delta=14.61$ppm 处出现了两个碳的信号峰为酯基上乙基的两个碳的信号峰；在 $\delta=49.01$ppm 处出现了一个碳的信号峰为芳环结构外一个亚甲基上碳的信号峰；在 $\delta=9.28$ppm 处出现了一个碳的信号峰为三唑环上甲基的碳的信号峰。这些观察进一步证实了所合成化合物的结构与我们预想的分子相一致。

6.4.3 杀菌活性研究

采用盆栽苗测试法测定了目标化合物对黄瓜霜霉病（Cucumber downy mildew）、小麦白粉病（Wheat powdery mildew）、小麦锈病（Wheat rust）和黄瓜炭疽病（Cucumber anthracnose）的杀菌活性，测试浓度为 400mg/L；孢子萌发测试法测定了目标化合物对稻瘟病（Rice blast）和灰霉病（Gray mold）的杀菌活性，测试浓度为 25mg/L。初步生物活性试验结果见表 6-2。

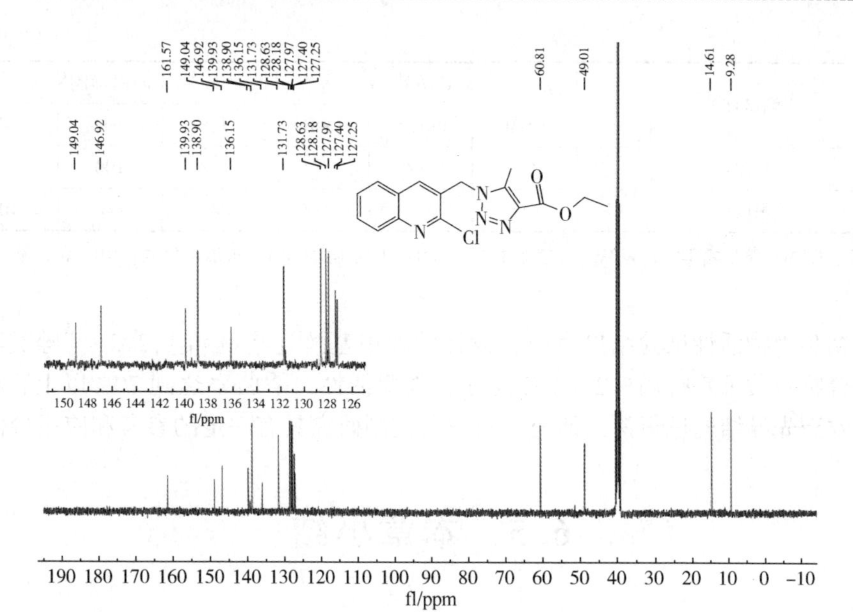

图 6-6　化合物 VI-4a 的核磁共振碳谱(^{13}C NMR)谱图

表 6-2　目标化合物 VI-4a-h 的杀菌活性

测试样品	盆栽防效/%			孢子萌发抑制率/%		
	CDM	WPM	WR	CA	RB	GM
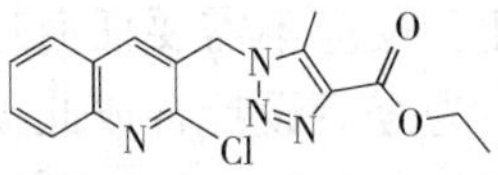	75	20	10	30	10	5
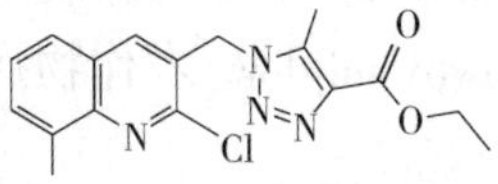	85	15	15	25	10	15
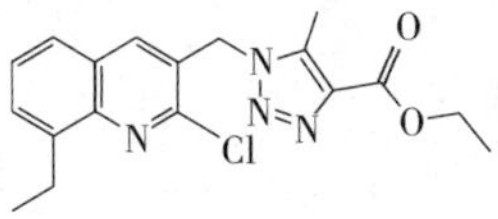	70	10	10	30	15	10
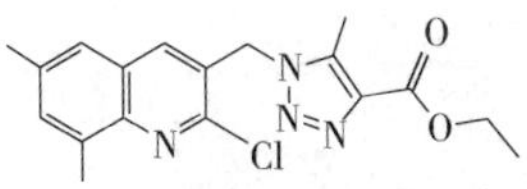	80	20	20	40	15	15
氰霜唑	95	///	///	///	///	///
醚菌酯	///	100	///	///	///	///
戊唑醇	///	///	100	///	///	///
咪鲜胺	///	///	///	98	///	///

续表

测试样品	盆栽防效/%			孢子萌发抑制率/%		
	CDM	WPM	WR	CA	RB	GM
稻瘟灵	///	///	///	///	100	///
氟啶胺	///	///	///	///	///	100

注：CDM：黄瓜霜霉病；WPM：小麦白粉病；WR：小麦锈病；CA：黄瓜炭疽病；RB：稻瘟病；GM：灰霉病。

初步生物活性试验结果表明，设计的亚甲基桥连喹啉和1,2,3-三唑类双杂环化合物对黄瓜霜霉病(CDM)有良好的杀菌活性，杀菌率达到70%以上，可以作为农药先导结构进行深入研究，对农药创制研究具有一定的参考和应用价值。

6.5 本章小结

本章以2-氯-3-氯甲基喹啉作为重要的反应物与叠氮化钠发生亲核取代反应生成3-叠氮甲基-2-氯喹啉产物。然后所得产物不经分离提纯直接与乙酰乙酸乙酯在碱作用下发生环合反应，从而“两步一锅法”合成亚甲基桥连喹啉和1,2,3-三唑双杂环化合物。

所有目标化合物的结构都通过波谱数据和元素分析或高分辨质谱得以确认。该合成方法所用原料易得，合成路线简单，实验操作简便，反应不需要任何过渡金属的参与，不需要分离中间体，大大提高了合成效率，为今后设计合成此类化合物提供了思路。杀菌活性实验表明，这类化合物对黄瓜霜霉病(CDM)表现出良好的杀菌活性，可应用于防治黄瓜霜霉病(Cucumber downy mildew)农作物病菌杀菌剂的制备。

第7章　结论与展望

7.1　主要结论

本书利用亚结构拼接原理，通过分子设计合成了五个系列结构新颖的氮杂环类芳香化合物，所有的化合物均已通过氢核磁谱图、碳核磁谱图和元素分析或高分辨质谱得以确认。这些化合物的杀菌活性试验采用盆栽苗测试法及孢子萌发测试方法对黄瓜霜霉病(CDM)、小麦白粉病(WPM)、小麦锈病(WR)、黄瓜炭疽病(CA)、稻瘟病(RB)和灰霉病(GM)进行了测定，生物活性试验结果发现，其中一些化合物对某些植物致病菌具有良好的杀菌活性。

① 以*N*-烷基2-氯-3-吲哚醛为反应底物，通过和硝酸胍的环化缩合反应，将2-氨基嘧啶结构与吲哚环以稠合的形式构建于同一分子结构中。通过反应条件的优化实验确定了最佳反应条件是以KOH作为碱性催化剂，无水乙醇作为溶剂，以较高的收率(64%~87%)合成得到了28个结构新颖的2-氨基嘧啶并[4,5-b]吲哚类化合物。目标化合物的杀菌活性测试结果显示，在400mg/L浓度下，带有*N*-丁基和6-乙基取代的测试样品II-3k和II-3a′对黄瓜霜霉病(CDM)具有良好的杀菌活性，分别为90%和85%。

② 同样以3-乙酰基-2-氯-*N*-甲基吲哚为反应底物，通过与靛红及取代靛红反应的研究，发现新奇的一步连续反应策略，可以在环境友好的条件下将喹啉-4-羧酸环构建于吲哚环上，以较好的66%~77%的收率得到57个结构未见文献报道的6-甲基吲哚并[2,3-b]喹啉-11-羧酸类化合物。对这一新发现的合成策略进行反应机理的探讨，推测其可能通过分子间的环化缩合、烯醇互变和分子内的电环化等一系列连续的反应历程。对目标化合物的杀菌活性测定表明，这类化合物的杀菌活性不理想，杀菌率都在50%以下，分析其原因可能是由于环的骨架比较光秃，不易与受体相互结合。对这类化合物将进行结构修饰和改进。

③ 按照这种简单有效的一步连续反应的合成设计理念，我们又设计实验室自制的2-氯甲基喹啉-3-甲酸乙酯为反应物，通过和各种芳胺、脂肪胺和脂肪二胺的一步连续反应，将具有活性的喹啉环与五元内酰胺环稠合在同一分子中。通

过对反应条件的优化实验找到了最佳的反应溶剂为体积比 10∶1 的乙醇-乙酸的混合溶剂，以较高的收率(61%~85%)合成得到了 42 个结构新颖的 2-氨基嘧啶并[4,5-b]吲哚类化合物。目标化合物的杀菌活性测试结果显示，在 400mg/L 浓度下，6 个具有对称结构性质的 *N*-烷基吡咯并[3,4-b]喹啉-1-酮类化合物对黄瓜霜霉病(CDM)和小麦白粉病(WPM)表现出较好的杀菌活性，杀菌率都在 60%以上，最好的达到了 90%，略低于参照的杀菌剂。

④ 进一步开发 6-氯-2-氯甲基喹啉-3-甲酸乙酯这一反应平台，首次将 Arbuzov 反应、Horner-Emmons 反应和酯的水解反应串联在一起，以“三步一锅法”的合成方式，简便高效地合成了 19 个结构新颖的 6-氯-2-芳基(或吡啶)基乙基喹啉-3-羧酸类化合物，其收率都在 60%~90%。它们的杀菌活性测定试验显示这些化合物对所测的 6 种植物致病菌没有明显的杀菌效果，只有其中少数几个含三氟甲基取代、甲氧基取代和吡啶乙烯基取代的样品对稻瘟病(RB)表现出一定的杀菌活性，杀菌率均为 50%。

⑤ 进一步开发 2-氯甲基喹啉这一反应平台，首次将其与叠氮钠进行亲核取代反应，所得产物 2-氯-3-叠氮甲基喹啉(A)不经分离提纯直接与乙酰乙酸乙酯进行环化脱水反应，从而“两步一锅法”得到目的产物亚甲基桥连喹啉和 1,2,3-三唑双杂环化合物。

7.2 创 新 点

主要特色与创新点如下：

① 本书通过亚结构拼接原理构建并合成了分子中同时含有吲哚和 2-氨基嘧啶、吲哚和喹啉、喹啉和内酰胺或 2-芳乙烯基喹啉和 3-羧酸类、亚甲基桥连喹啉和 1,2,3-三唑双杂环类化合物五个系列共 172 种结构新颖的氮杂化类化合物，增添了氮杂环化合物的新颖结构和种类，丰富了其多样性。

② 对目标化合物的合成，首次提出了“一步连续法”和“多步一锅法”的合成新策略，即通过一步反应完成对多个化学键的键合。所开发的合成工艺操作简单、条件温和、所需试剂廉价易得，如果目标化合物形成产品，具有很好的工业化应用前景。

③ 对结构新颖的目标化合物的杀菌活性进行了初步的测定和评价，部分化合物表现出良好的杀菌活性，具有进一步研究价值，同时也为以后设计和研究此类氮杂环类杀菌剂提供一定的参考依据。

7.3 本书中存在的不足之处

① 生测试验采用6种不同的菌株，虽然都是农业生产中比较常见的致病菌，但其种类仍然不够丰富，而且所选用的病原菌的危害对象也比较单调。

② 离体生物试验方面采用了孢子萌发法测试了化合物对稻梨孢(稻瘟病)和灰葡萄孢(蔬菜灰霉病)的孢子萌发的影响，但由于时间及条件的限制，并没有深入研究化合物对菌株的微观影响以及作用机制方面的研究。

③ 活体试验方面是在实验室温室中进行，虽然这种活体试验结果可信度较高，但温室的试验条件终究与田间实际生产中作物发病环境有一定差别，只有真正的田间试验数据才能充分说明化合物效果，该系列化合物的田间试验正在准备中。

④ 目前我们对所合成的化合物进行的构效关系分析工作只是简单地根据化合物对某一靶标表现出来的活性来推断其结构与活性之间的相关性，有很大的局限性和不确定性。

7.4 展 望

依据活性亚结构拼接原理，运用一步连续反应的合成思路，设计和合成了五个系列具有不同结构类别的新型氮杂环类化合物。这些结构新颖的氮杂环化合物能够为新药创制人员的选题提供很好的可选底物，还可作为农药中间体去开发“低毒、高效、安全”的新型农药。后续的研究工作将可从下几个方面展开：

① 将进一步丰富化合物结构。对嘧啶并[4,5-b]吲哚2-胺这一系列化合物上的氨基可以进行多种的结构衍生化，向化合物中引入了活性基团；对6-甲基吲哚并[2,3-b]喹啉-11-羧酸和6-氯-2-芳基(或吡啶)基乙烯基喹啉-3-羧酸这两个系列化合物上的羧基进行结构修饰，向化合物中引入了酰胺基团；对*N*-取代吡咯并[3,4-b]喹啉-1-酮这一系列化合物中的羰基进一步结构优化，使其转变为肟醚或肟酯结构。我们相信经过适当结构优化改造，一定会发现具有高活性的化合物。

② 我们今后工作将进行化合物的定量构效关系研究。利用同位素标记等方法对活性较好的化合物的作用机理及靶标进行深入研究，根据实验结果对其进行分类及再次结构优化。

参 考 文 献

[1] Thind T. S.，张松. 施用杀菌剂的经济性. 农药译丛，1990，12(1)：17-22.
[2] 杨华铮. 今日农药与展望. 大学化学，1992，7(5)：1-6.
[3] Russell P. E. A century of fungicide evolution. Journal of Agricultural Science，2005，143(1)：11-25.
[4] Kramer W.，and U. Schirmer. Modern crop protection compounds. Germany：Wiley-VCH，2007.
[5] 王大翔. 杂环化合物在农药发展中的重要作用. 农药，1995，34(1)：6-9.
[6] Lamberth C. Heterocyclic chemistry in crop protection. Pest Management Science，2013，69(10)：1106-1114.
[7] 王正权，王大翔. 新世纪的农药发展趋势. 农药，1999，38(10)：8-10.
[8] 宋宝安. 新杂环农药：杀菌剂. 北京：化学工业出版社，2009.
[9] 刘建超，贺红武，冯新民. 化学农药的发展方向-绿色化学农药. 农药，2005，44(1)：1-4.
[10] 钱旭红，徐晓勇，宋恭华，李忠. 二十一世纪新农药研发趋势. 贵州大学学报(自然科学版). 2003，20(1)：83-90.
[11] 罗亚敏，蔡志勇，胡笑形. 近10年世界农药专利概况与趋势剖析. 农药，2013，52(7)：476-479.
[12] 杨吉春，刁杰，葛童，刘长令. 吡啶类农药最新研究进展. 农药，2007，46(1)：1-9.
[13] 郎玉成，柏亚罗. 吡唑类农药品种的研究开发进展. 现代农药，2006，5(5)：6-12.
[14] 陈爽，何冬梅，董新，等. 噻唑类农药活性化合物的研究进展. 现代农药，2017，16(1)：8-12.
[15] 吴清来，凌云. 哌嗪类衍生物在农药创制中的应用. 农药，2016，55(11)：785-789.
[16] 白雪，周成合，米佳丽. 三唑类化合物研究与应用. 化学研究与应用，2007，19(7)：721-729.
[17] 陈红军. 杂环类杀菌剂作用机理的研究进展. 现代农业科学，2009，16(11)：3-5.
[18] 祁之秋，王建新，陈长军，周明国. 现代杀菌剂抗性研究进展. 农药，2006，45(10)：655-659.
[19] Sanemitsu Y.，and S. Kawamura. Studies on the synthetic development for the discovery of novel heterocyclic agrochemicals. Journal of Pesticide Science，2008，32(2)：175-177.
[20] 尚尔才，刘长令，杜英娟. 嘧啶类农药的研究进展. 化工进展，1995(5)：8-15.
[21] Nagata T.，K. Masuda，S. Maeno，I. Miura. Synthesis and structure-activity study of fungicidal anilinopyrimidines leading to mepanipyrim (KIF-3535) as an anti-Botrytis agent. Pest Management Science，2004，60(4)：399-407.
[22] 吴琴，宋宝安，金林红，胡德禹. 嘧啶类化合物的合成及抗菌活性研究进展. 有机化学，2009，29(3)：365-379.
[23] 任玮静，王立增，李云. 嘧啶类杀菌剂的研究进展. 农药，2013，52(1)：1-6.
[24] 刘长令. 世界农药大全(杀菌剂卷). 北京：化学工业出版社，2006.

[25] 林学圃(编译)，张一宾(校对). 杀菌剂嘧菌胺(mepanipyrim)的开发. 世界农药，1998，20(1)：30-36.

[26] Nomann G. L. 新杀菌剂 pyrimethanil. 农药，1994，33(2)：31.

[27] 覃章兰，胡利红，李超，等. 新型氮杂黄烷酮化合物的合成及杀菌活性研究. 农药学学报，2002，4(4)：28-32.

[28] 吴军，孙燕萍，张培志，俞庆森. 取代嘧啶化合物的合成和生物活性研究. 有机化学，2004，24(11)：1403-1406.

[29] 袁德凯，李正名，赵卫光，等. 一类新型嘧啶苯氧(硫)醚的合成及生物活性. 应用化学，2005，22(10)：1045-1049.

[30] 黄明智，罗晓艳，任叶果，等. *N*-(4,6-二取代嘧啶-2-基)苯甲酰胺类化合物的合成与杀菌活性. 农药学学报，2007，9(1)：76-79.

[31] 柴宝山，刘长令，李志念. 嘧菌环胺的合成与杀菌活性. 农药，2007，46(6)：377-378.

[32] Chai B S，C L Liu，H C Li，et al. Design，synthesis and acaricidal activity of novel strobilurin derivatives containing pyrimidine moieties. Pest Management Science，2010，66(11)：1208-1214.

[33] Sun L，J Wu，L Zhang，et al. Synthesis and antifungal activities of some novel pyrimidine derivatives. Molecules，2011，16(7)：5618-5628.

[34] Zhang X，Y X Gao，H J Liu，et al. Design，synthesis and antifungal activities of novel strobilurin derivatives containing pyrimidine moieties. Bulletin of the Korean Chemical Society，2012，33(10)：2627-2634.

[35] Liu C，Z Cui，X J Yan，et al. Synthesis，fungicidal activity and mode of action of 4-phenyl-6-trifluoromethyl-2-aminopyrimidines against *Botrytis cinerea*. Molecules，2016，21：828-844.

[36] Zhang P F，A Y Guan，X L Xia，et al. Design，synthesis，and structure-activity relationship of new arylpyrazole pyrimidine ether derivatives as fungicides. Journal of Agricultural and Food Chemistry，2019，67：11893-11900.

[37] Deng X L，W N Zheng，C Jin，et al. Synthesis of novel6-aryloxy-4-chloro-2-phenylpyrimidines as fungicides and herbicide safeners. ACS Omega，2020，5：37，23996-24004.

[38] Sun C X，S Zhang，P Qian，et al. Synthesis and fungicidal activity of novel benzimidazole derivatives bearing pyrimidine-thioether moiety against *Botrytis cinerea*. Pest Management Science，2021，77(12)：5529-5536.

[39] Abdel-Aty A. S. Fungicidal activity of indole derivatives against some plant pathogenic fungi. Journal of Pesticide Science，2010，35(4)：431-440.

[40] 江镇海. 吲哚及其衍生物在农药中的应用. 今日农药，2010，3：38.

[41] Xu H，L L Fan. Antifungal agents. Part 4：Synthesis and antifungal activities of novel indole [1,2-c]-1,2,4-benzotriazine derivatives against phytopathogenic fungi in vitro. European Journal of Medicinal Chemistry，2011，46(1)：364-369.

[42] Barden T C. Indoles：industrial，agricultural and over-the-counter uses. Heterocyclic

Scaffolds II：reactions and applications ofindoles. 2010，26(11)：31-46.
[43] 刘磊，郑中博，覃兆海，等. 2-吲哚基噁唑啉和噻唑啉衍生物的合成及生物活性研究. 有机化学，2008，28(10)：1841-1845.
[44] 王美岩，曲智强，杜丹，等. 1-(3-吲哚基)-3-芳基-2-丙烯-1-酮肟醚的合成及抑菌活性. 有机化学，2013，33(5)：1005-1009.
[45] 车志平，刘圣明，魏素玲，等. 3-醛基吲哚类化合物的合成及对玉米大、小斑病菌的抑制作用. 农药，2015，54(3)：177-179.
[46] 陈根强，车志平，田月娥，等. 取代吲哚-3-甲醛类化合物抑菌活性研究. 现代农药，2016，15(5)：12-15.
[47] Xie Y Q，Z L Huang，H D Yan，et al. Design，synthesis，and biological activity of oxime ether strobilurin derivatives containing indole noiety as novel fungicide. Chemical Biology & Drug Design，2014，85(6)：743-755.
[48] 范超，马养民，刘存弟，等. 3-芳亚甲基吲哚-2-酮类化合物的合成及其抑菌活性研究. 化学通报，2017，80(5)：471-476.
[49] 麻妙锋，王德志，夏先华，等. 1,3-二取代-2-氧代-3-吲哚乙腈的合成及抑菌活性研究. 西北农林科技大学学报(自然科学版)，2017，45(7)：149-154.
[50] Tu H，S Q Wu，X Q Li，et al. Synthesis and antibacterial activity of novel 1H-indol-2-ol derivatives. Journal of Heterocyclic Chemistry，2017，55(1)：269-275.
[51] Arora G，S Sharma，S Joshi. Synthesis of substituted 2-phenyl-1H-indoles and their fungicidal activity. Asian Journal of Chemistry，2017，29(8)：1651-1654.
[52] 巫受群，李小琴，孟娇，等. 2-吗啉基-1-丙基-1H-吲哚-3-取代酰腙类化合物的合成及抑菌活性. 有机化学，2018，38(6)：1447-1453.
[53] Dutov M D，V V Kachala，B I Ugrak，et al. Mendeleev Communications，2018，28：437-438.
[54] Zeng J，Z J Zhang，Q Zhu，et al. Simplification of naturalβ-carboline alkaloids to obtain indole derivatives as potent fungicides against *Rice sheath blight*. Molecules，2020，25(5)：1189.
[55] Wei C L，L Zhao，Z R Sun，et al. Discovery of novel indole derivatives containing dithioacetal as potential antiviral agents for plants. Pesticide Biochemistry and Physiology，2020，166：104568.
[56] 田俊锋，刘军，孙旭峰，等. 具有生物活性的喹啉类化合物的研究进展. 农药，2011，50(8)：552-557.
[57] Musiol R，M Serda，S Hensel-Bielowka，J Polanski. Quinoline-based antifungals. Current Medicinal Chemistry，2010，17(18)：1960-1973.
[58] Arnold W R，M J Coghlan，G P Jourdan，et al. Quinoline and Cinnoline Fungicide Compositions：US，5240940[P]. 1992.
[59] Hackler R E，P L Johnson，G P Jourdan，et al. N-(4-Pyridyl or 4-quinolinyl) arylacetamide pesticides. WO，9304580[P]. 1993.
[60] Macritchie J A，M J O'Mahony，S D Lindell. Chromones useful as fungicide. WO，9827080

[P]. 1998.
[61] Kirby N V, J F Daeuble, L N Davis, et al. Synthesis and fungicidal activity of a series of novel aryloxylepidines. Pest Management Science, 2001, 57(9): 844-851.
[62] Crowley P J, R Salmon. Quinolin-, isoquinolin-, and quinazolin-oxyalkylamides and their use as fungicides. WO 2004047538.
[63] 郝树林，田俊峰，徐英，等. Tebufloquin 的合成与生物活性. 农药，2012，51(6)：410-412.
[64] Lamberth C, F M Kessabi, R Beaudegnies, et al. Synthesis and fungicidal activity of quinolin-6-yloxyacetamides, a novel class of tubulin polymerization inhibitors. Bioorganic & Medicinal Chemistry, 2014, 22(15): 3922-3930.
[65] 倪芸，许天明，钟良坤，等. 含氟喹啉酰胺类化合物的合成及杀菌活性. 有机化学，2015，35(6)：2218-2222.
[66] 成光辉，杜春华，马霖姣. 5-氟-7-烯丙基-8-羟基喹啉的合成及生物活性测定. 农药，2015，54(1)：16-18.
[67] Liu X H, Y M Fang, F Xie, et al. Synthesis and in vivo fungicidal activity of some new quinoline derivatives against rice blast. Pest Management Science, 2017, 73(9): 1900-1907.
[68] Yang G Z, J K Zhu, X D Yin, et al. Design, synthesis, and antifungal evaluation of novel quinoline derivatives inspired from natural quinine alkaloids. Journal of Agricultural and Food Chemistry, 2019, 67(41): 11340-11353.
[69] Pei D, F Zhang, J Liu, et al. Synthesis and fungicidal activities of 2,3-dimethyl-4-(1-acyloxy)alkoxy-6-*tert*-butyl-8-fluoroquinolines, Journal of Heterocyclic Chemistry, 2019, 56(4): 1383-1387.
[70] Zhu J K, J M Gao, C J Yang, et al. Design, synthesis and antifungal evaluation of Neocryptolepine derivatives against phytopathogenic fungi. Journal of Agricultural and Food Chemistry, 2020, 68(8): 2306-2315.
[71] Yang Y D, Y H He, K Y Ma, et al. Design and discovery of novel antifungal quinoline derivatives with acylhydrazide as a promising pharmacophore. Journal of Agricultural and Food Chemistry, 2021, 69(30): 8347-8357.
[72] Arnoldi A, M R Cabrini, G Farina, et al. Activity of a series of. beta. -lactams against some phytopathogenic fungi. Journal of Agricultural and Food Chemistry, 1990, 38(12): 2197-2199.
[73] Walczak P, J Pannek, F Boratynski, et al. Synthesis and fungistatic activity of bicyclic lactones and lactams against botrytis cinerea, penicillium citrinum, and aspergillus glaucus. Journal of Agricultural and Food Chemistry, 2014, 62(34): 8571-8578.
[74] 刘武成，刘长令. 新型高效杀菌剂氟吗啉. 农药，2002，41(1)：8-11.
[75] 杨吉春，张金波，柴宝山. 刘长令. 酰胺类杀菌剂新品种开发进展. 农药，2008，47(1)：6-10.
[76] 郑玉国，郭晴晴，余忠林，等. 酰胺类化合物农药生物活性的研究进展. 精细化工中间

体，2015，45(3)：1-10.

[77] 谭成侠，沈德隆，翁建全，等. 1-(吡唑-5-酰基)-1H-取代吡唑的合成及生物活性. 农药学学报，2005，7(1)：69-72.

[78] 程华，刘兴平，魏振中，等. 肟醚-酰胺衍生物的合成与生物活性研究. 化学通报，2006，69(8)：635-638.

[79] 薛伟，郑玉国，郭晴晴，等. 双酰胺类衍生物的合成及抑菌活性. 化学研究与应用，2012，24(3)：427-432.

[80] 吴志兵，何雪峰，等. *N*-(1,4-二取代吡唑基)-杂环酰胺类化合物的合成及抗植病真菌生物活性. 农药，2013，52(1)：11-15.

[81] Li H J, Y Q Zhang, L F Tang. A simple and efficient synthesis of isoindolinone derivatives based on reaction of ortho-lithiated aromatic imines with CO. Tetrahedron, 2015, 71(40): 7681-7685.

[82] Xu Y, X Y Liu, Z H Wang, L F Tang. Synthesis of 3-acyl, methylene and epoxy substituted isoindolinone derivatives via the ortho-lithiation/cyclization procedures of aromatic imines with carbon monoxide. Tetrahedron, 2017, 73(52): 7245-7253.

[83] Wang S S, L Z Bao, D Song, et al. Heterocyclic lactam derivatives containing piperonyl moiety as potential antifungal agents. Bioorganic & Medicinal Chemistry Letters, 2019, 29(20): 126661.

[84] Song D, X F Cao, J J Wang, S Y Ke. Discovery of γ-lactam derivatives containing 1, 3-benzodioxole unit as potential anti-phytopathogenic fungus agents. Bioorganic & Medicinal Chemistry Letters, 2020, 30(2): 126826.

[85] 陈文彬，金桂玉. 含稠杂环新农药的研究进展. 农药学学报，2000，2(4)：1-10

[86] 杨华铮. 农药分子设计. 北京：科学出版社，2003.

[87] 张一宾. 含杂环新农药探索中合成方法的研究开发(编译). 世界农药，2008，30(6)：14-22.

[88] 李兴海，凌云，杨新玲. 含噻二唑环苯甲酰脲化合物的合成及杀虫活性. 化学通报，2003，66(5)：333-336.

[89] Cena C, K Chegaev, S Balbo, L. et al. Novel antioxidant agents deriving from molecular combination of Vitamin C and NO-donor moieties. Bioorganic & Medicinal Chemistry, 2008, 16(9): 5199-5206.

[90] Choi S, N Reixach, S Connelly, et al. A substructure combination strategy to create potent and selective transthyretin kinetic stabilizers that prevent amyloidogenesis and cytotoxicity. Journal of the American Chemical Society, 2010, 132(4): 1359-1370.

[91] Liu M., Y. Wang, W-Z. Wangyang, et al. Design, Synthesis, and Insecticidal Activities of Phthalamides Containing a Hydrazone Substructure. Journal of Agricultural and Food Chemistry, 2010, 58(11): 6858-6863.

[92] Guan A. -Y., C. -L. Liu, M. Li, et al. Design, synthesis and structure-activity relationship of novel coumarin derivatives. Pest Management Science, 2011, 67(6): 647-655.

[93] 赵平. 嘧啶胺类杀菌剂或将是杀菌剂市场的又一匹黑马. 农药市场信息，2017，15：42.

[94] 张齐，丁志彬，孙楠，等. 新型 4-吡啶基-2-氨基嘧啶类化合物的合成及其生物活性.

林业工程学报，2(1)：2017，51-56.

[95] 张明智. 天然产物 Pimprinine 的结构改造及其衍生物的杀菌活性研究[O]. 武汉：华中师范大学，2013.

[96] Gao W T，D P Gao，H Guo. Synthesis of novel 1-alkyl-2-chloro(alkoxy)-1*H*-indole 3-carbaldehyde oximes and oxime-ethers(esters)derivatives. Chemical Research in Chinese Universities，2009，25(4)：465-473.

[97] Showalter H D H，A J Bridges，H Zhou，et al. Tyrosine kinase inhibitors. 1 6. 6,5,6-tricyclic benzothieno[3,2-d]pyrimidines and pyrimido[5,4-b]-and-[4,5-b]indoles as potent inhibitors of the epidermal growth factor receptor tyrosine kinase. Journal of Medicinal Chemistry，1999，42(26)：5464-5474.

[98] Mizar P，B Myrboh. Three-component synthesis of 5∶6 and 6∶6 fused pyrimidines using KF-alumina as a catalyst. TetrahedronLetters，2008，49(36)：5283-5285.

[99] Matasi J J，J P Caldwell，J S Hao，et al. The discovery and synthesis of novel adenosine receptor(A2A)antagonists. Bioorganic Medicinal Chemistry Letters，2005，15(5)：1333-1336.

[100] Biswas S，S Batra. One-Step synthesis of 2-amino-5H-pyrimido[5,4-b]indoles，substituted 2-(1,3,5-triazin-2-yl)-1H-indoles，and 1,3,5-triazines from aldehydes. European Journal of Organic Chemistry，2012，2012(18)：3492-3499.

[101] Chandra A，S Upadhyay，B Singh，et al. Base-catalyzed cyclization reaction of 2-chloroquinoline-3-carbonitriles and guanidine hydrochloride：a rapid synthesis of 2-amino-3H-pyrimido[4,5-b]quinolin-4-ones. Tetrahedron，2012，43(30)：9219-9224.

[102] Vijay T A J，N C Sandhya，C S Pavankumar，et al. Ligand-and catalyst-free intramolecular C-S bond formation：direct access to indalothiochromen-4-ones. Heterocyclic Communications，2015，21(3)：159-163.

[103] Sharaf M H M，P L Schiff，A N Tackie，et al. Two new indoloquinoline alkaloids from cryptolepis sanguinolenta：Cryptosanguinolentine and cryptotackieine. Journal of Heterocyclic Chemistry，1996，33(2)：239-243.

[104] Cimanga，K T De Bruyne，L Pieters，et al. New alkaloids from Cryptolepis Sanguinolenta. Tetrahedron Letters，1996，37：1703-1706.

[105] Peczynska-Czoch W，F Pognan，L Kaczmarek，et al. Synthesis and structure-activity relationship of methyl-substituted indolo[2,3-b]quinolines：novel cytotoxic，DNA Topoisomerase II inhibitor. Journal of Medicinal Chemistry，1994，37(21)：3503-3510.

[106] Luniewski W，J Wietrzyk，J Godlewska，et al. New derivatives of 11-methyl-6-[2-(dimethylamino)ethyl]-6H-indolo[2,3-b] quinoline as cytotoxic DNA topoisomerase II inhibitors. Bioorganic Medicinal Chemistry Letters，2012，22(19)：6103-6107.

[107] Wang L，M Świtalska，Z W Mei，et al. Synthesis and in vitro antiproliferative activity of new 11-aminoalkylamino-substituted 5H-and 6H-indolo[2,3-b]quinolines；structure-activity relationships of neocryptolepines and 6-methyl congeners. Bioorganic Medicinal Chemietry，2012，20(15)：4820-4829.

[108] Mei Z W, L Wang, W J Lu, et al. 2013, Synthesis and in vitro antimalarial testing of Neocryptolepines: SAR study for improved activity by introduction and modifications of side chains at C2 and C11 on indolo[2,3-b]quinolines. Journal of Medicinal Chemistry, 2013, 56(4): 1431-1442.

[109] Jonckers T H M, S V Miert, K Cimanga, et al. Synthesis, cytotoxicity, and antiplasmodial and antitrypanosomal activity of new Neocryptolepine derivatives. Journal of Medicinal Chemistry, 2002, 45(16): 3497-3508.

[110] Shi C, Q Zhang, K K Wang. Biradicals from thermolysis of N-[2-(1-alkynyl)phenyl]-N′-phenylcarbodiimides and their subsequent transformations to *6H*-indolo[2,3-*b*]quinolines. Journal of Organic Chemistry, 1999, 64(6): 925-932.

[111] Parvatkar P T, P S Parameswaran, S G Tilve. An expeditious I_2-catalyzed entry into *6H*-indolo[2,3-*b*]quinoline system of Cryptotackieine. Journal of Organic Chemistry, 2009, 74(10): 8369-8372.

[112] Hostyn S, K A Tehrani, F Lemière, et al. Highly efficient one-pot synthesis of D-ring chlorosubstituted neocryptolepines via a condensation—Pd-catalyzed intramolecular direct arylation strategy. Tetrahedron, 2011, 67(3): 655-659.

[113] Bogányi B, J Kámán. A concise synthesis of indoloquinoline skeletons applying two consecutive Pd-catalyzed reactions. Tetrahedron, 2013, 69(45): 9512-9519.

[114] Gao W T, X F Zhang, Y Li, et al. First synthesis of 2-tropolonyl quiniline-4-carboxylic acid derivatives via Pfitzinger reaction in water. Heterocycles, 2010, 81(7): 1689-1696.

[115] Mekouar K, J F Mouscadet, D Desmaële, et al. Styrylquinoline derivatives: a new class of potent HIV-1 integrase inhibitors that block HIV-1 replication in CEM cells. Journal of Medicinal Chemistry, 1998, 41(15): 2846-2857.

[116] Ouali M, C Laboulais, H Leh, et al. Modeling of the inhibition of retroviral integrases by styrylquinoline derivatives. Journal of Medicinal Chemistry, 2000, 43(10): 1949-1957.

[117] Zouhiri F, J F Mouscadet, K Mekouar, et al. Structureactivity relationships and binding mode of styrylquinolines as potent inhibitors of HIV-1 integrase and replication of HIV-1 in cell culture. Journal of Medicinal Chemistry, 2000, 43(8): 1533-1540.

[118] Kouznetsov V V, C M M. Gómez, M G Derita, et al. Synthesis and antifungal activity of diverse C-2 pyridinyl and pyridinylvinyl substituted quinolines. Bioorganic & Medicinal Chemistry, 2012, 20(21): 6506-6512.

[119] Normand-Bayle M, C Bénard, F Zouhiri, et al. New HIV-1 replication inhibitors of the styryquinoline class bearing aroyl/acyl groups at the C-7 position: Synthesis and biological activity. Bioorganic Medicinal Chemistry Leteer, 2005, 15(18): 4019-4022.

[120] Sridharan V, C Avendaño J C Menéndez. Convenient, two-step synthesis of 2-styrylquinolines: an application of the CAN-catalyzed vinylogous type-II Povarov reaction. Tetrahedron, 2009, 40(27): 2087-2096.

[121] Zouhiri F, D Desmaële, J d'Angelo, et al. HIV-1 replication inhibitors of the styrylquinoline

class: incorporation of a masked diketo acid pharmacophore. Tetrahedron Letters, 2001, 42(46): 8189-8192.

[122] Zouhiri F, M Danet, C Bénard, et al. HIV-1 replication inhibitors of the styrylquinoline class: introduction of an additional carboxyl group at the C-5 position of the quinoline. Tetrahedron Letters, 2005, 46(13): 2201-2205.

[123] Podeszwa B, H Niedbala, J Polanski, et al. Investigating the antiproliferative activity of quinoline-5,8-diones and styryl quinolinecarboxylic acids on tumor cell lines. Bioorganic & Medicinal Chemistry Letters, 2007, 17(22): 6138-6141.

[124] Sliman, F, M Blairvacq, E Durieu, et al. Identification and structure-activity relationship of 8-hydroxy-quinoline-7-carboxylic acid derivatives as inhibitors of Pim-1 kinase. Bioorganic & Medicinal Chemistry Letters, 2010, 20(9): 2801-2805.

[125] Normand-Bayle M, C Bénard, F Zouhiri, et al. New HIV-1 replication inhibitors of the styryquinoline class bearing aroyl/acyl groups at the C-7 position: Synthesis and biological activity. Bioorganic & Medicinal Chemistry Letters, 2005, 15(18): 4019-4022.

[126] Nosova E V, T V Stupina, G N Lipunova, et al. Synthesis and fluorescent properties of 2-styryl-6, 7-difluoro-8-hydroxyquinoline and its Zn(II) complex. Journal of Fluorine Chemistry, 2013, 150: 36-38.

[127] Boechat N, M L G Ferreira, L C S Pinheiro, et al. New compounds hybrids 1H-1,2,3-triazole-quinoline against *Plasmodium falciparum*. Chemical Biology & Drug Design, 2014, 84(3): 325-332.

[128] Venkata S R G, U C Narkhede, V D Jadhav, et al. Quinoline consists of 1H-1,2,3-triazole hybrids: Design, synthesis and anticancer evaluation. ChemistrySelect, 2019, 4(48): 14184-14190.

[129] Singh A, M Kalamuddin, A Mohmmed, et al. Quinoline-triazole hybrids inhibit falcipain-2 and arrest the development of *Plasmodium falciparum* at the trophozoite stage. RSC Advances, 2019, 9: 39410-39421.

[130] Roopan S M, F R N Khan, B K Mandal. Fe nano particles mediated C-N bond-forming reaction: Regioselective synthesis of 3-[(2-chloroquinolin-3-yl)methyl]pyrimidin-4(3H)ones Tetrahedron Letters, 2010, 51(17): 2309-2311.

附　图

部分化合物的核磁谱图

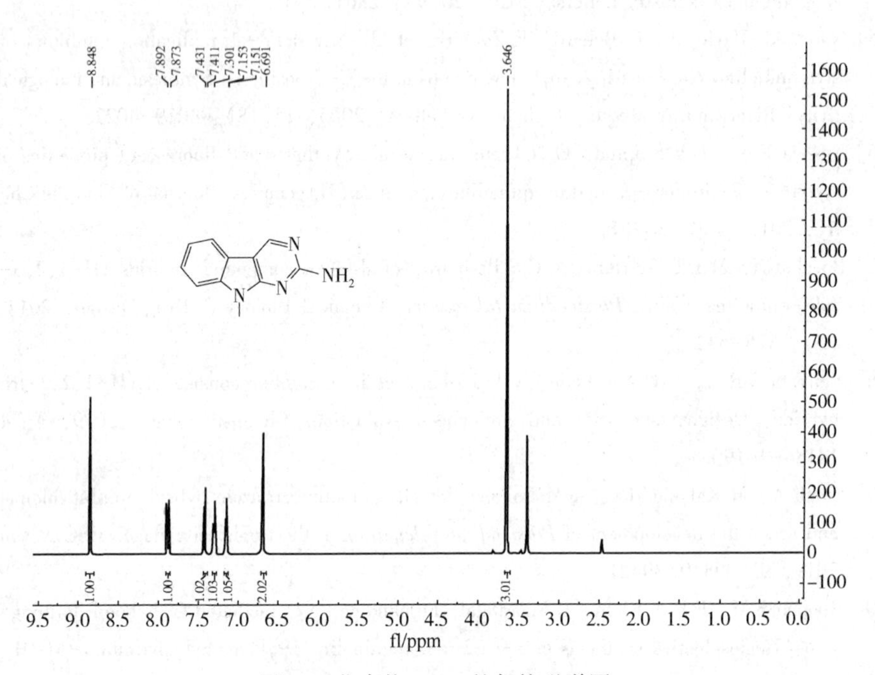

图 S1　化合物 II-3a 的氢核磁谱图

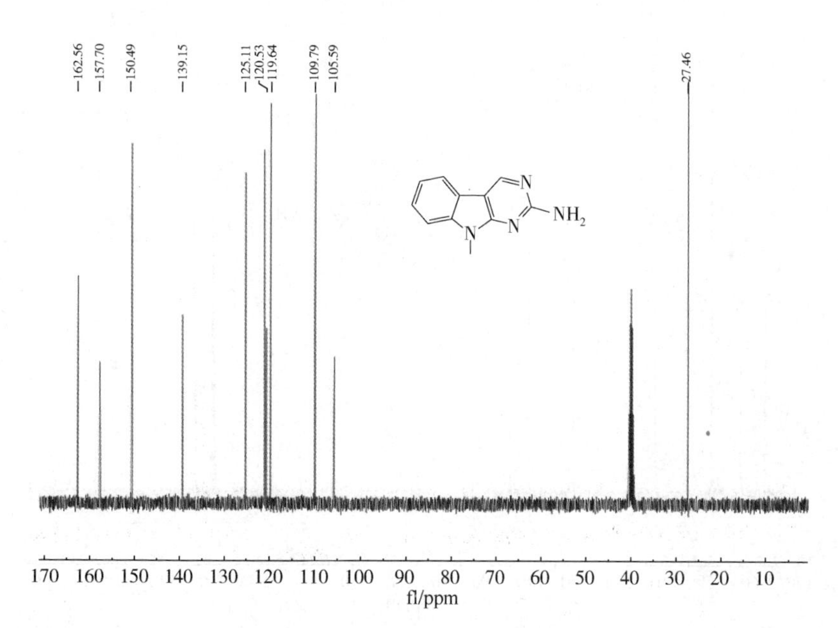

图 S2 化合物 II-3a 的碳核磁谱图

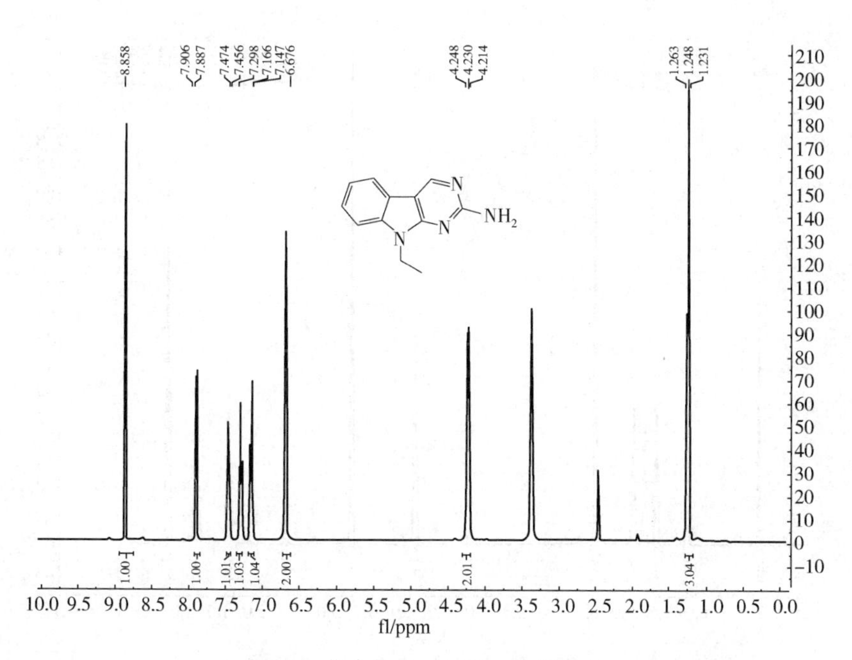

图 S3 化合物 II-3b 的氢核磁谱图

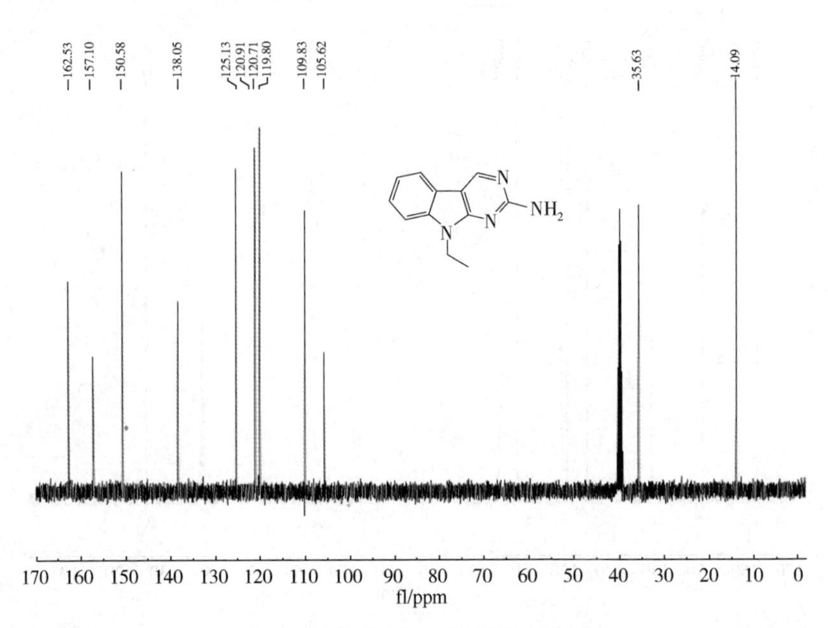

图 S4　化合物 II-3b 的碳核磁谱图

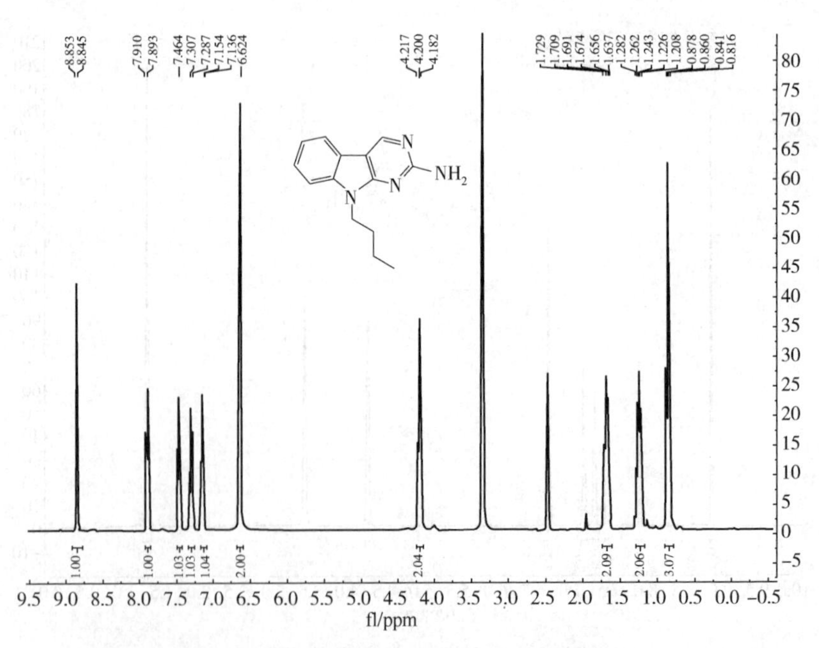

图 S5　化合物 II-3c 的氢核磁谱图

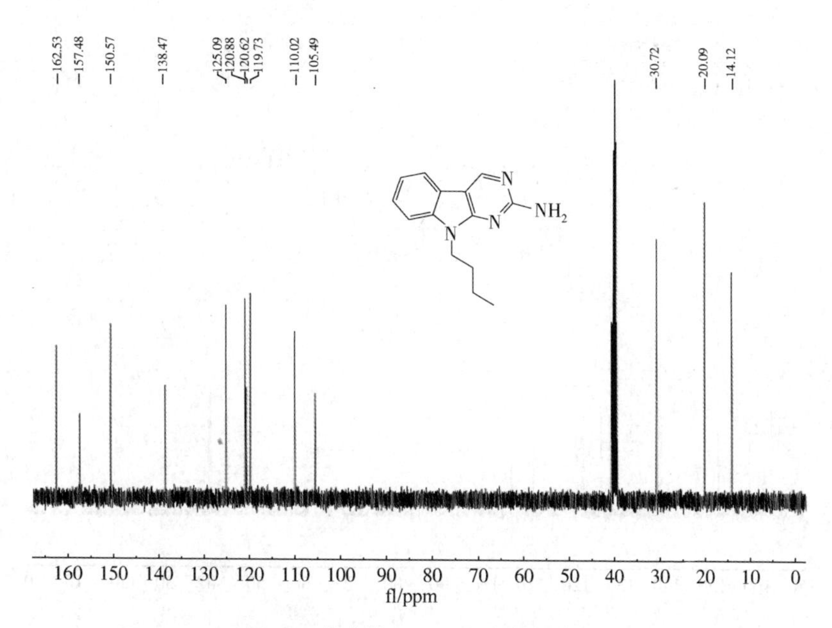

图 S6 化合物 II-3c 的碳核磁谱图

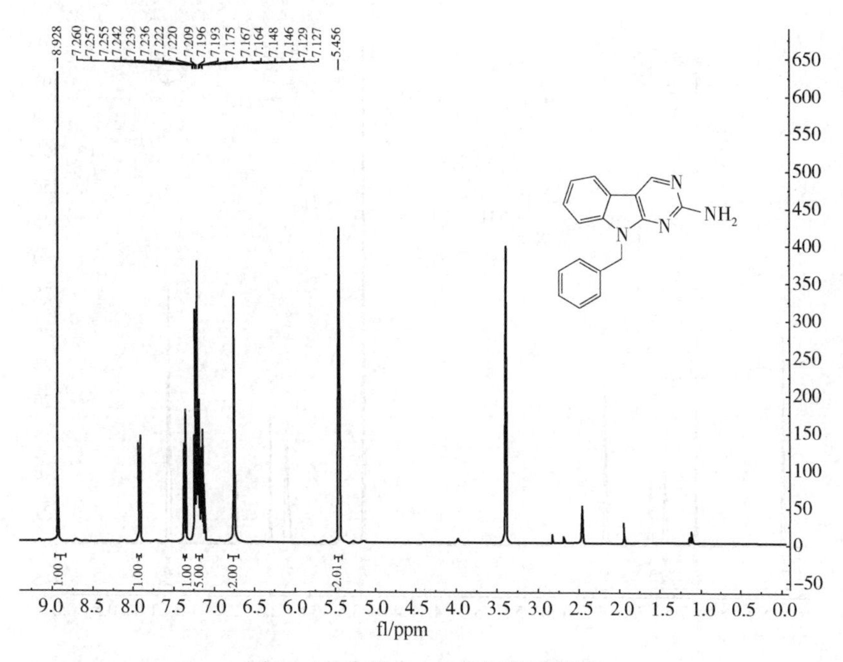

图 S7 化合物 II-3d 的氢核磁谱图

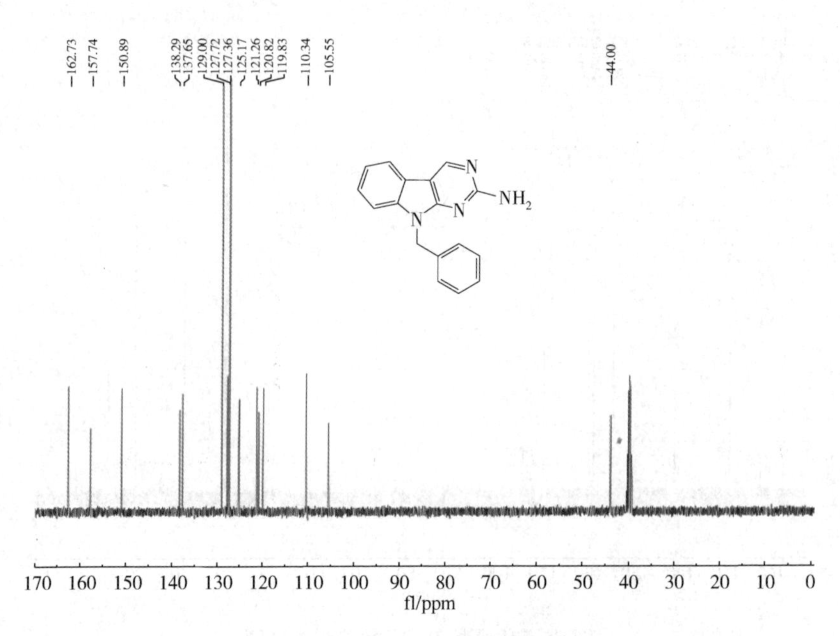

图 S8　化合物 II-3d 的碳核磁谱图

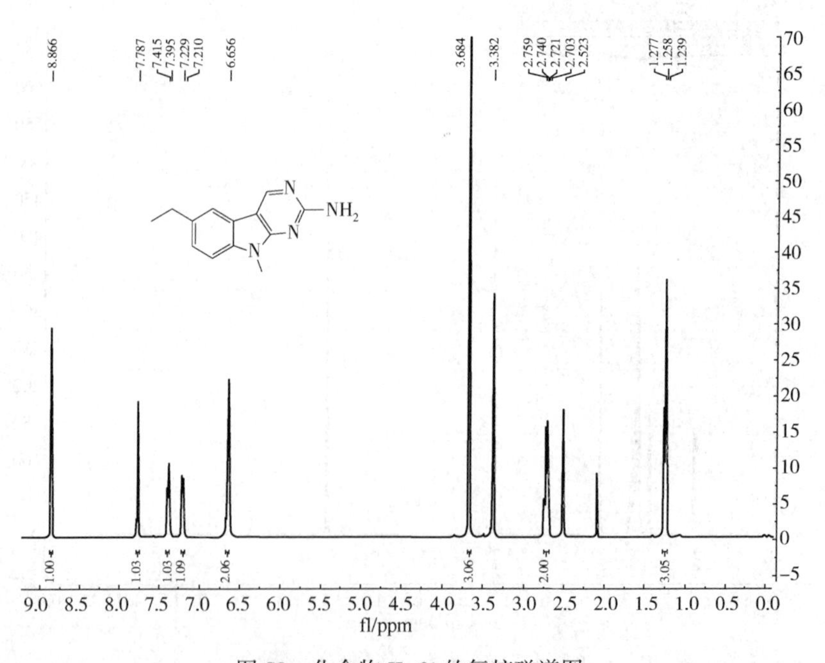

图 S9　化合物 II-3i 的氢核磁谱图

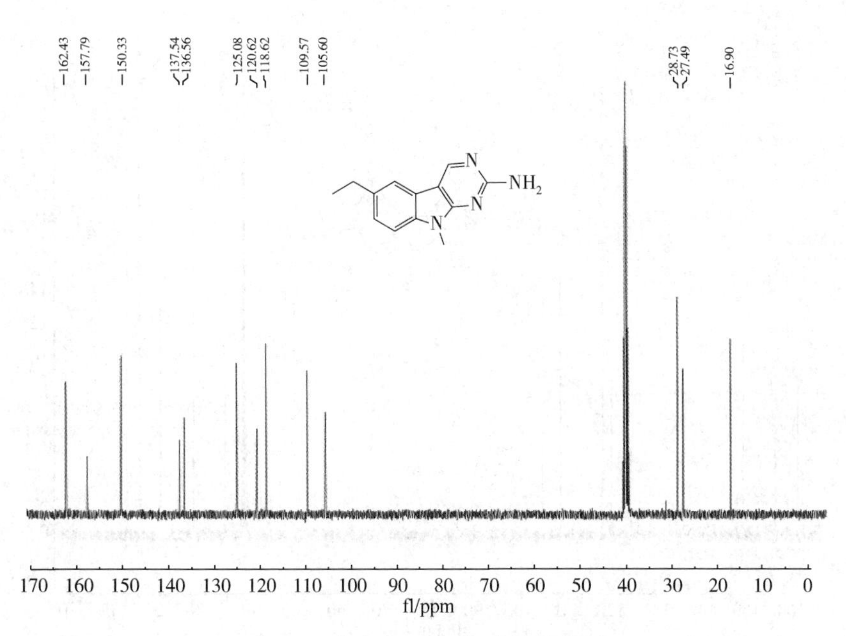

图 S10　化合物 II-3i 的碳核磁谱图

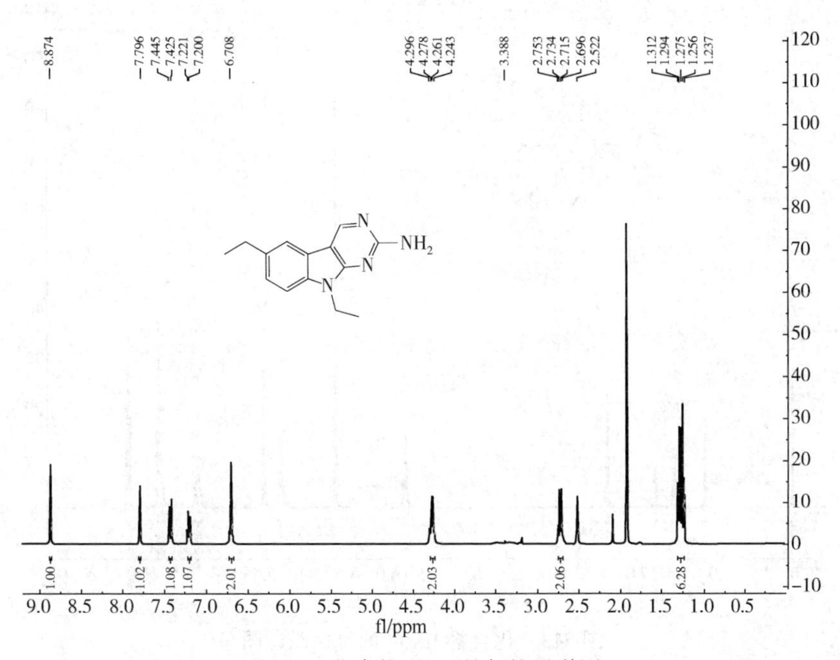

图 S11　化合物 II-3j 的氢核磁谱图

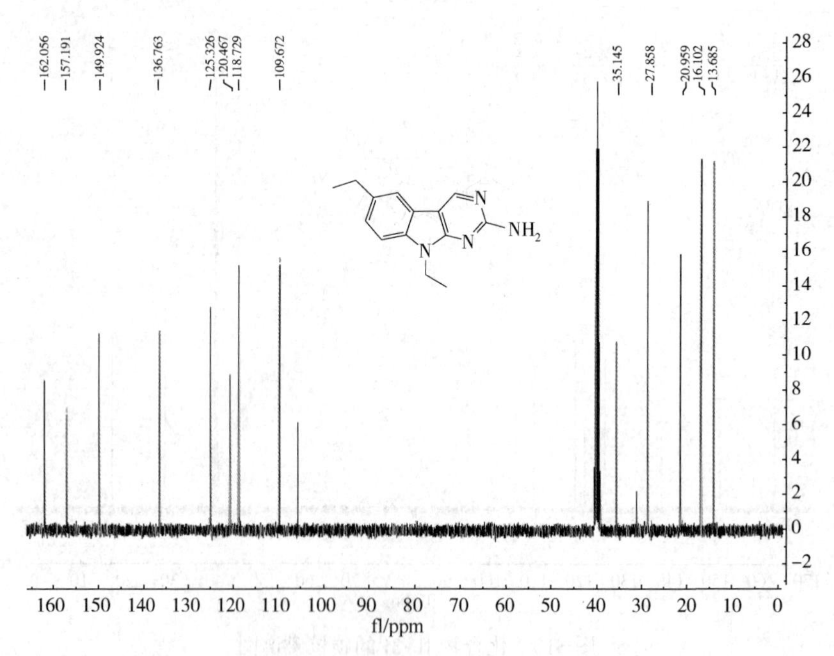

图 S12　化合物 II-3j 的碳核磁谱图

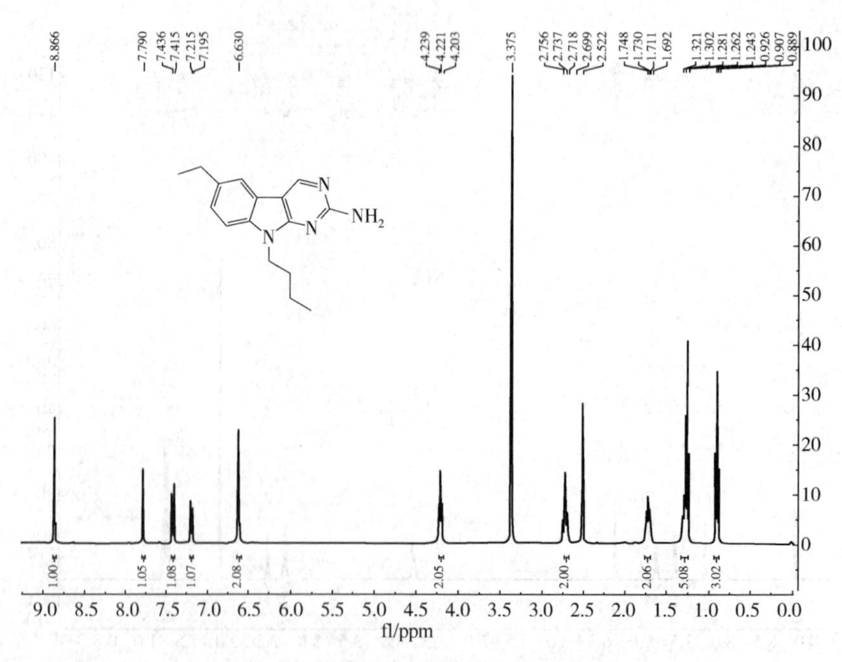

图 S13　化合物 II-3k 的氢核磁谱图

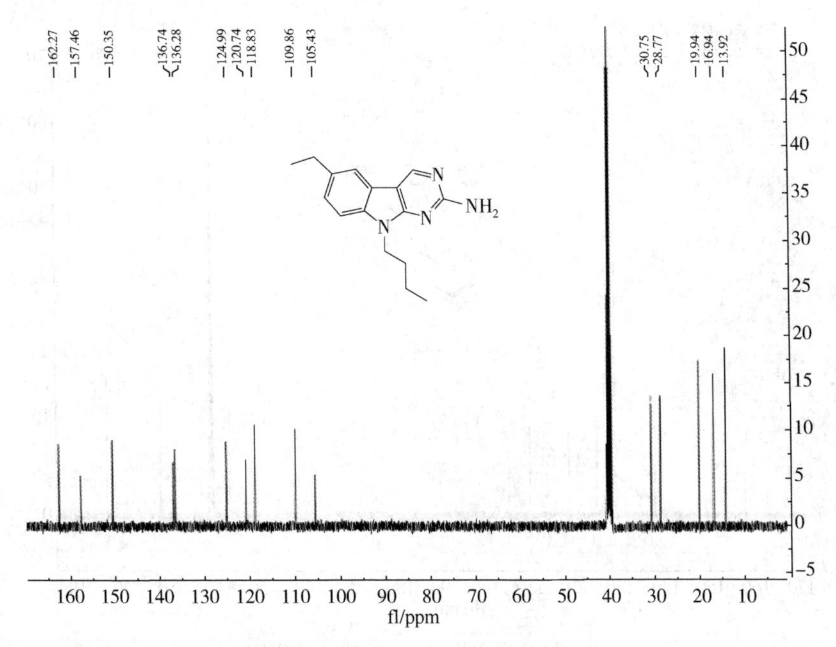

图 S14 化合物 II-3k 的碳核磁谱图

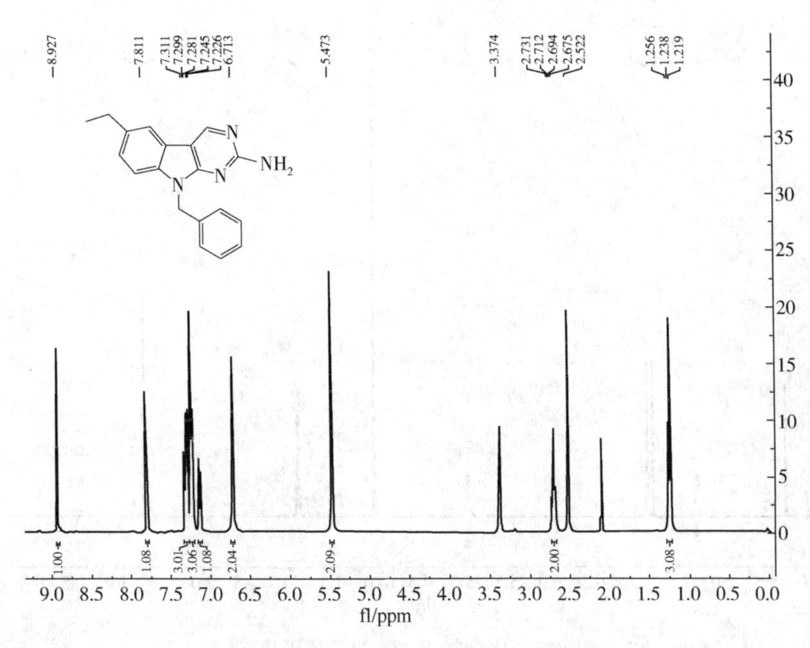

图 S15 化合物 II-3l 的氢核磁谱图

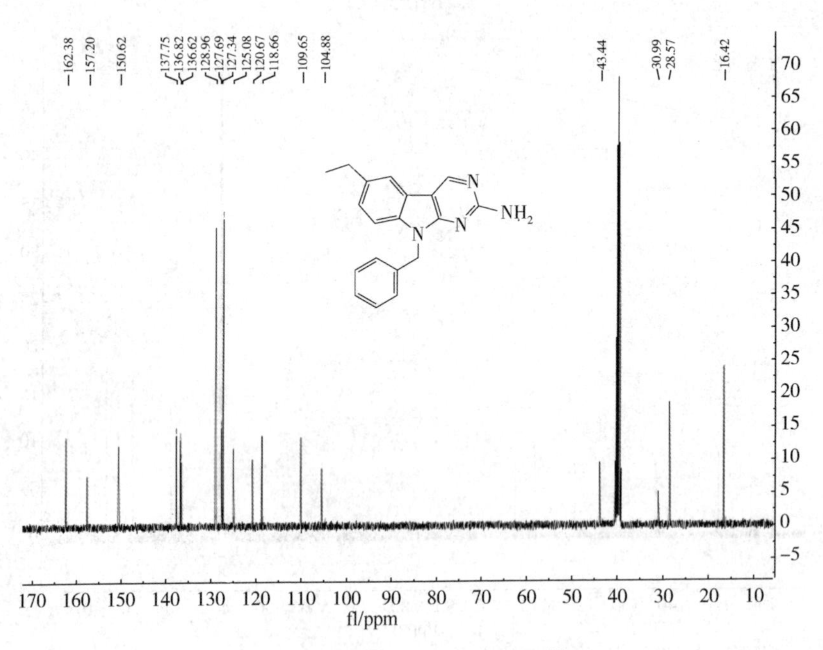

图 S16　化合物 II-3l 的碳核磁谱图

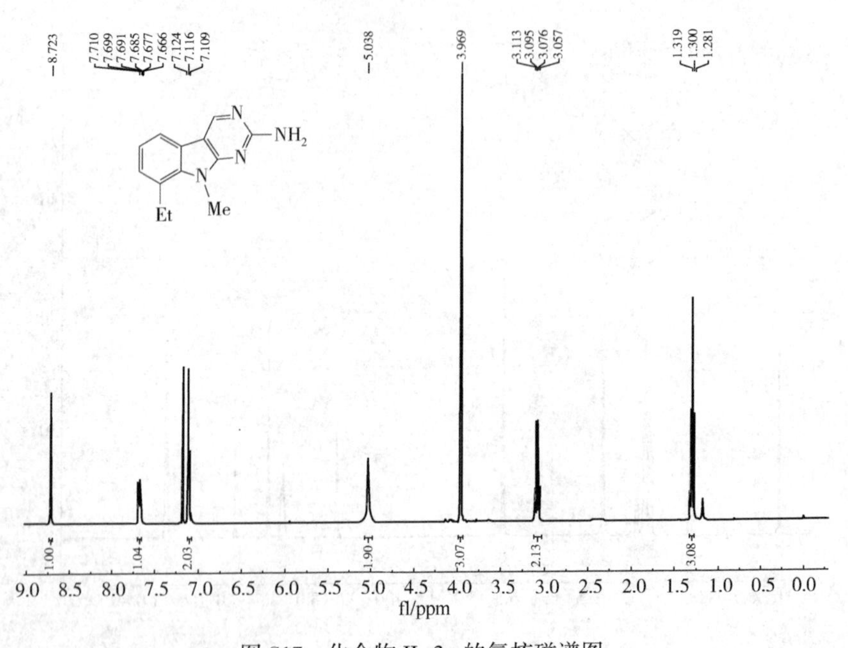

图 S17　化合物 II-3q 的氢核磁谱图

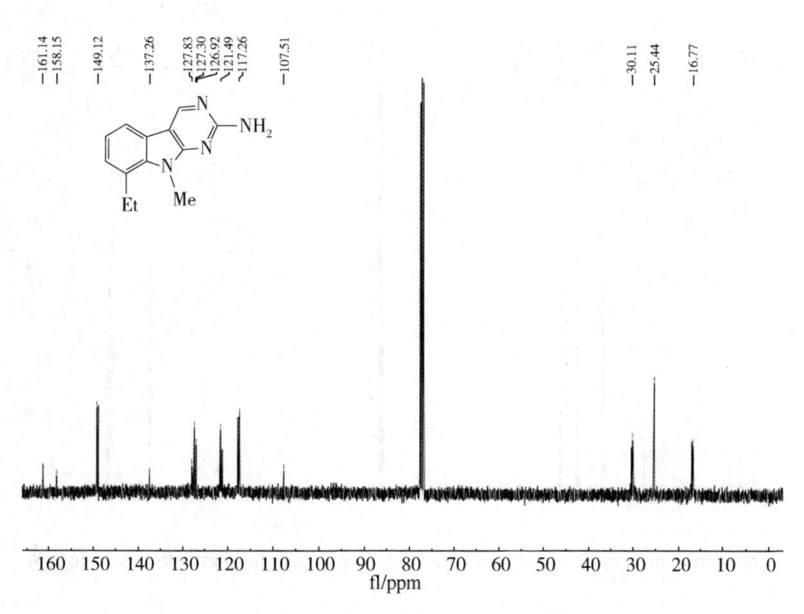

图 S18 化合物 II-3q 的碳核磁谱图

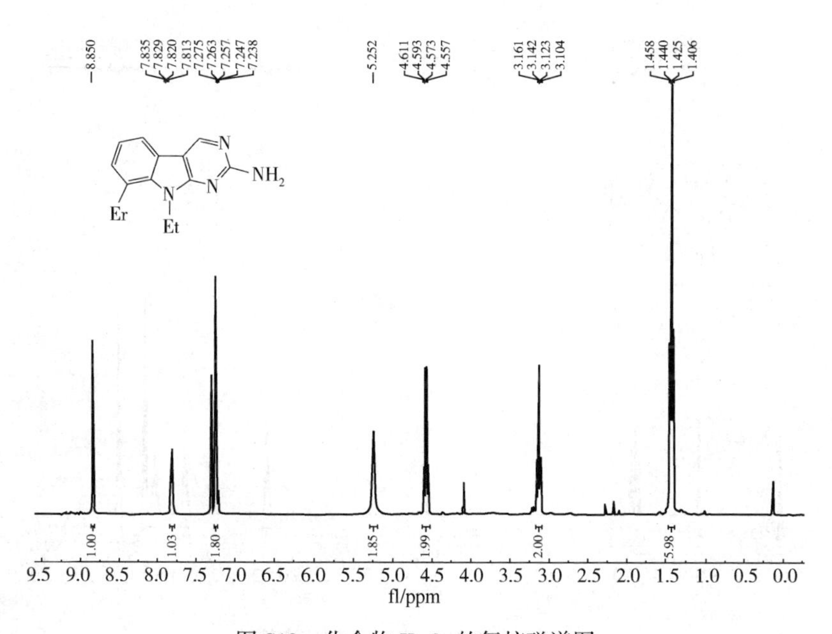

图 S19 化合物 II-3r 的氢核磁谱图

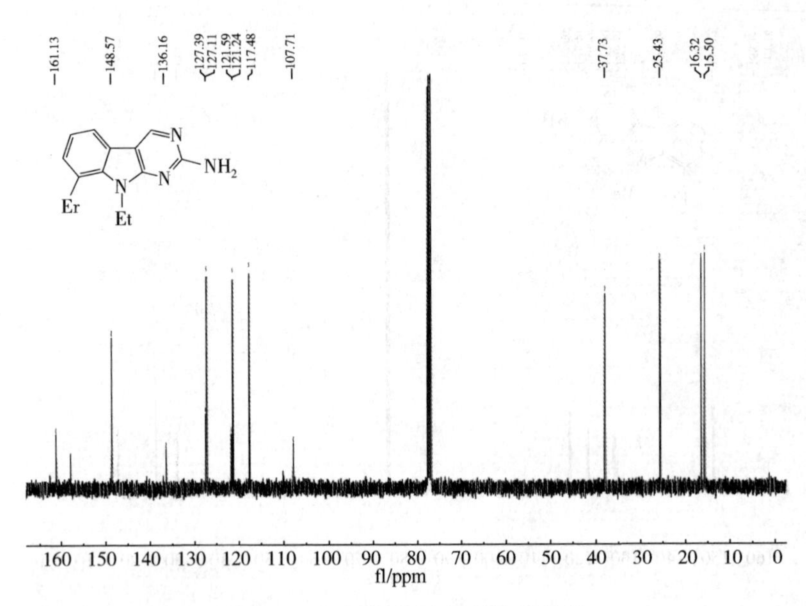

图 S20　化合物 II-3r 的碳核磁谱图

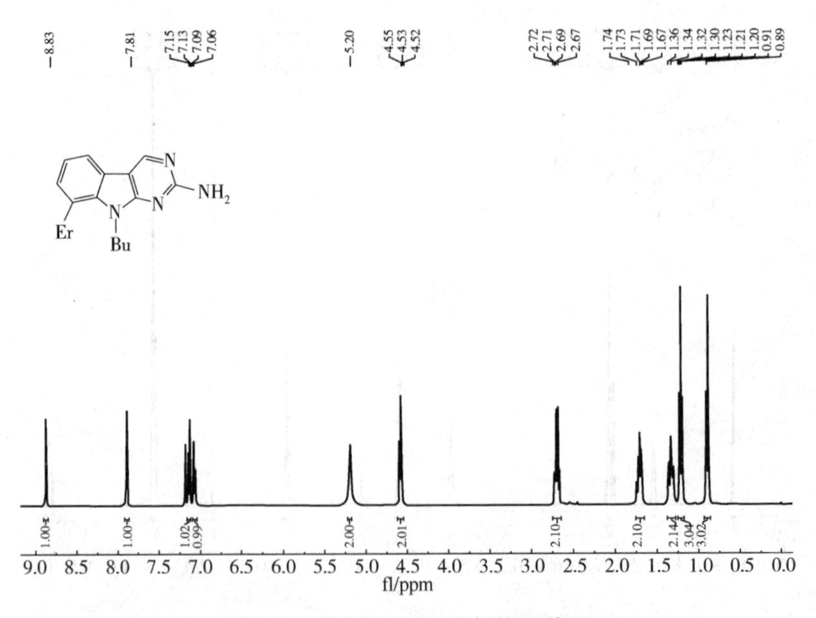

图 S21　化合物 II-3s 的氢核磁谱图

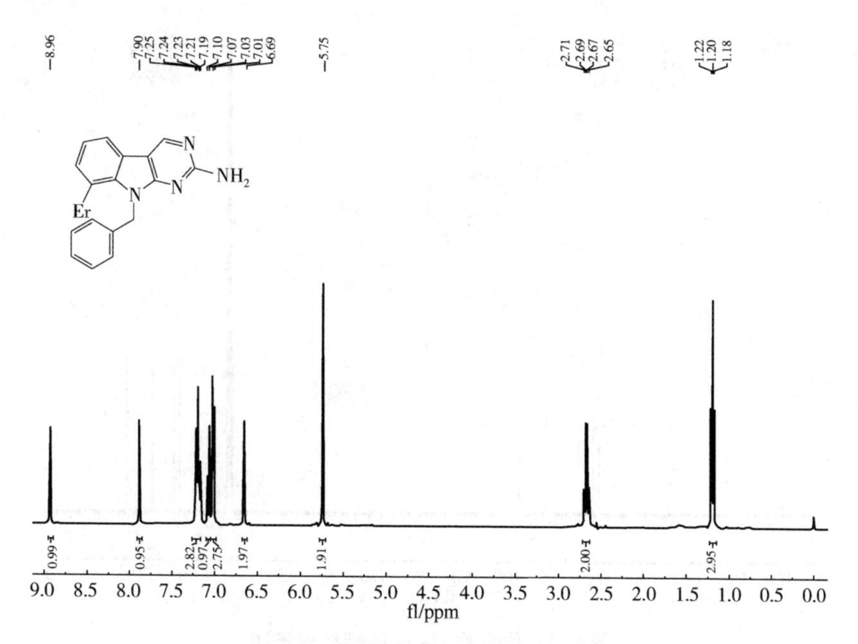

图 S22　化合物 II-3t 的氢核磁谱图

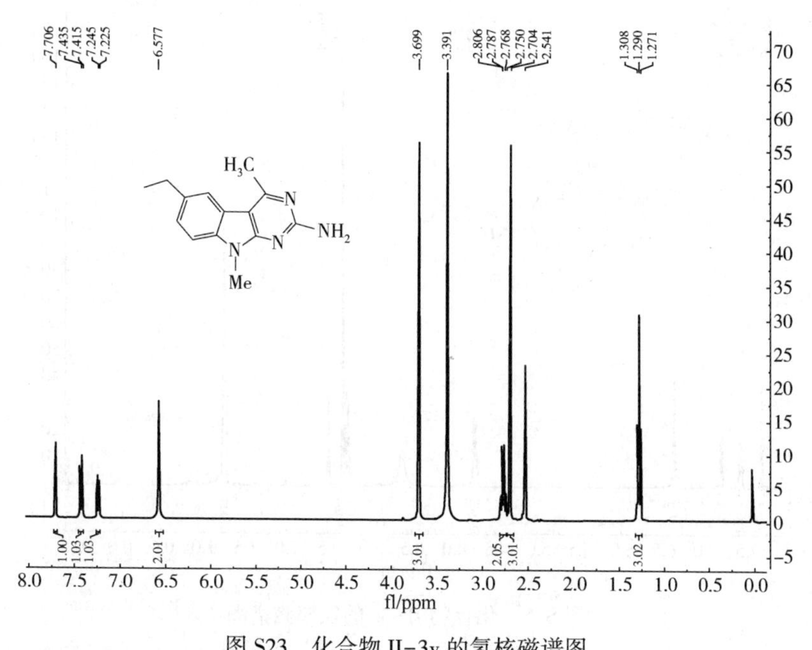

图 S23　化合物 II-3y 的氢核磁谱图

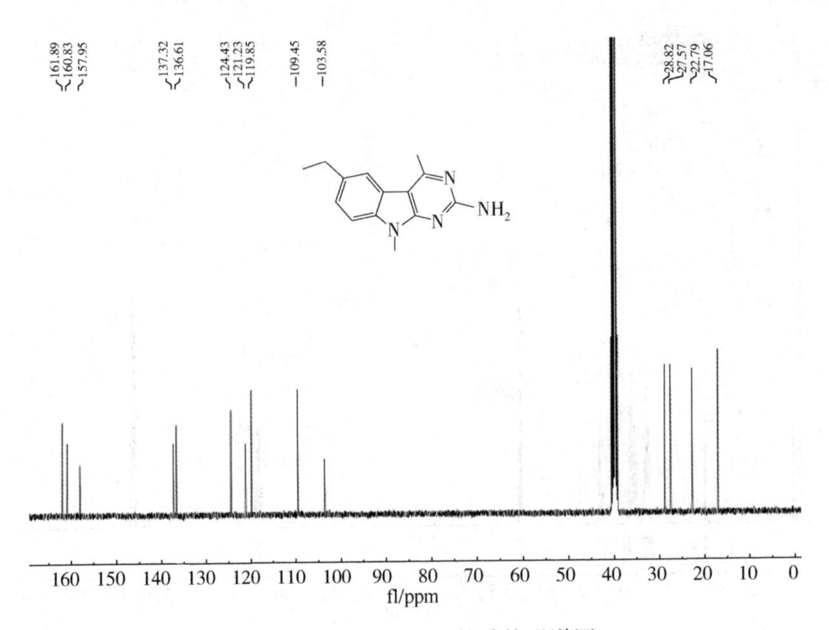

图 S24 化合物 II-3y 的碳核磁谱图

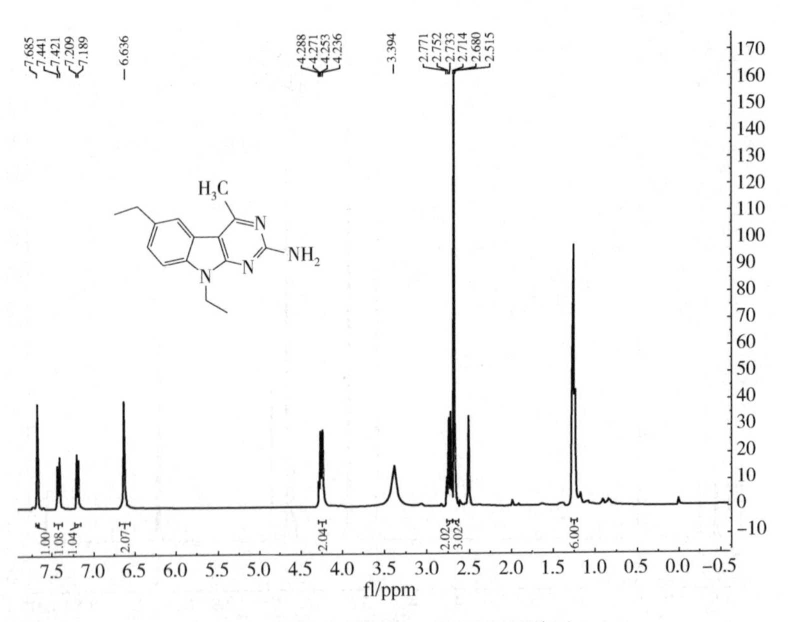

图 S25 化合物 II-3z 的氢核磁谱图

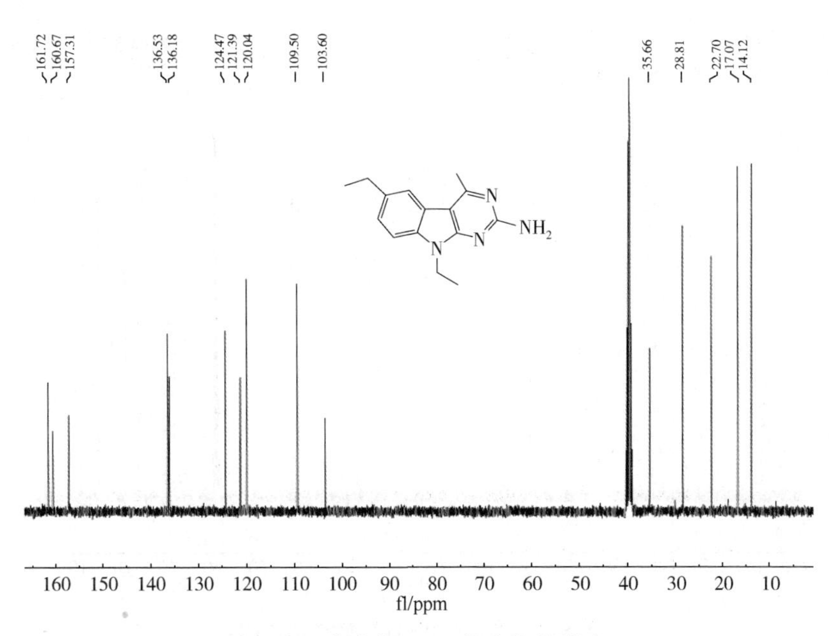

图 S26 化合物 II-3z 的碳核磁谱图

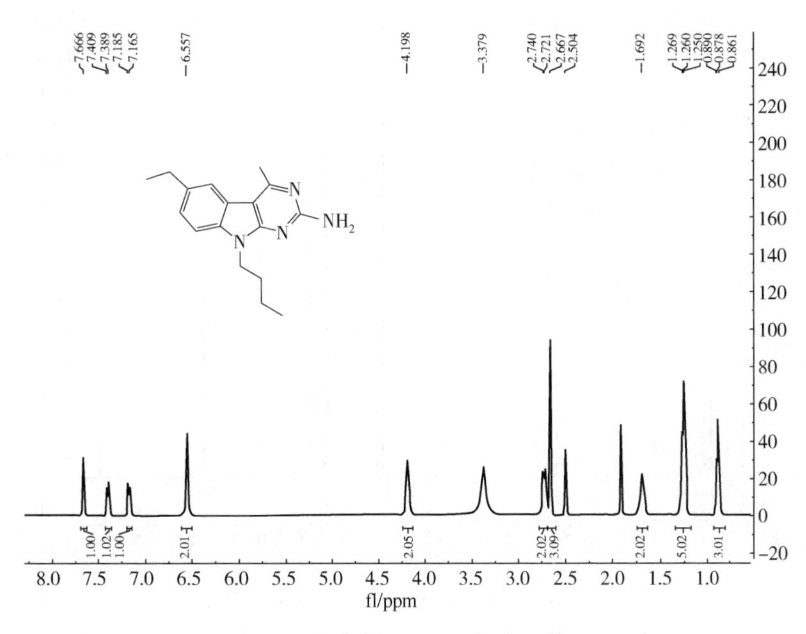

图 S27 化合物 II-3a′的氢核磁谱图

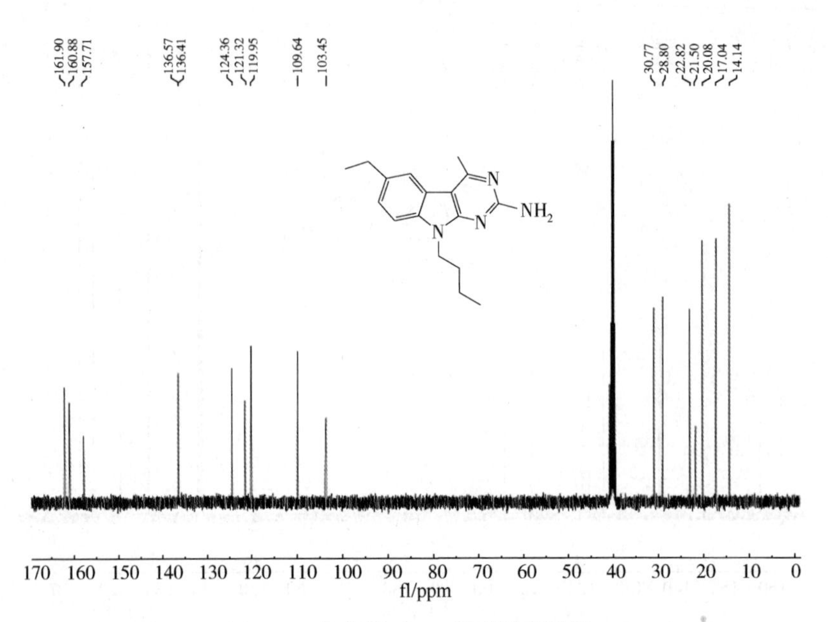

图 S28 化合物 II-3a′的碳核磁谱图

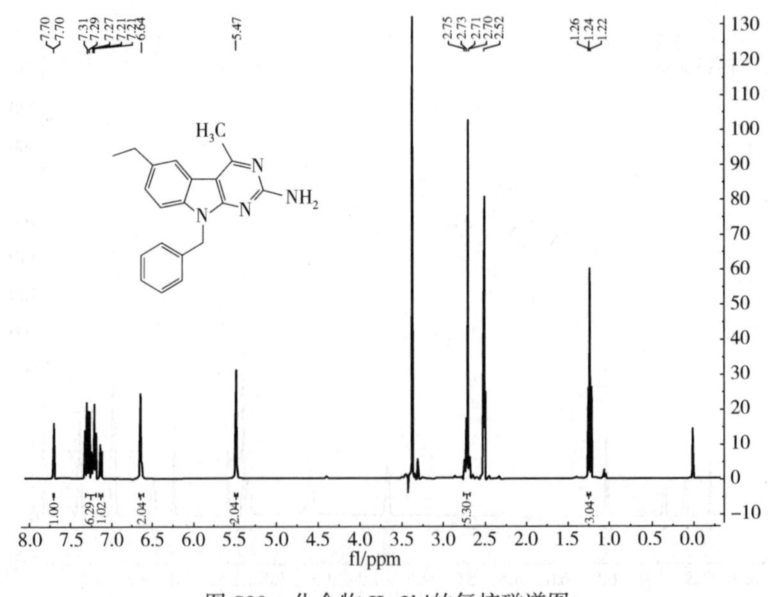

图 S29 化合物 II-3b′的氢核磁谱图

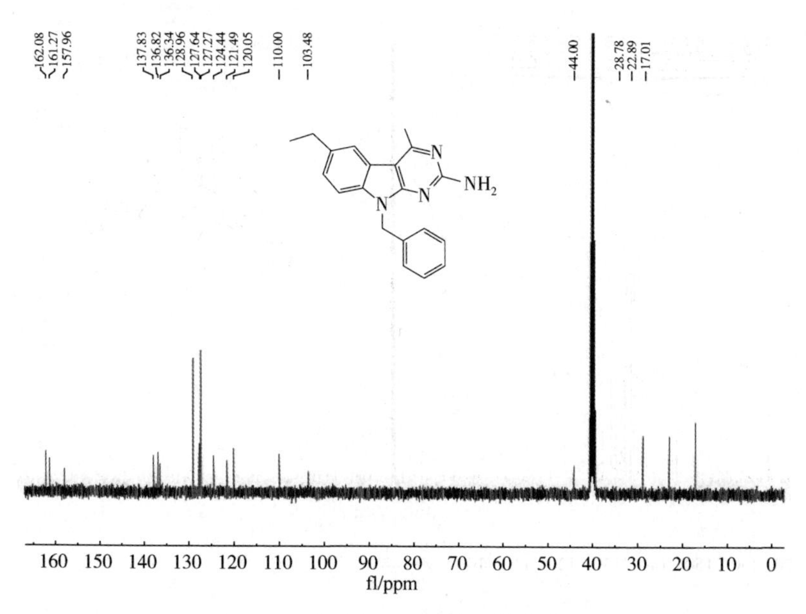

图 S30 化合物 II-3b′的碳核磁谱图

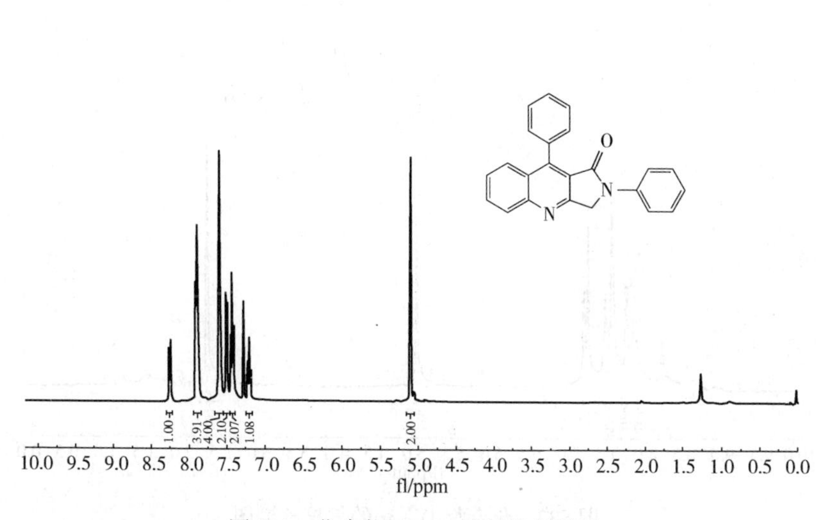

图 S31 化合物 IV-3q 的氢核磁谱图

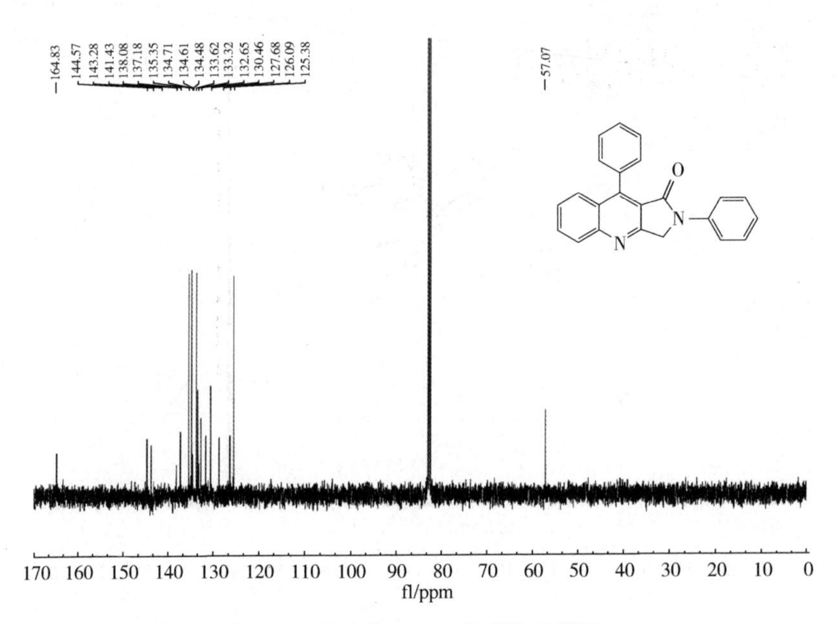

图 S32 化合物 IV-3q 的碳核磁谱图

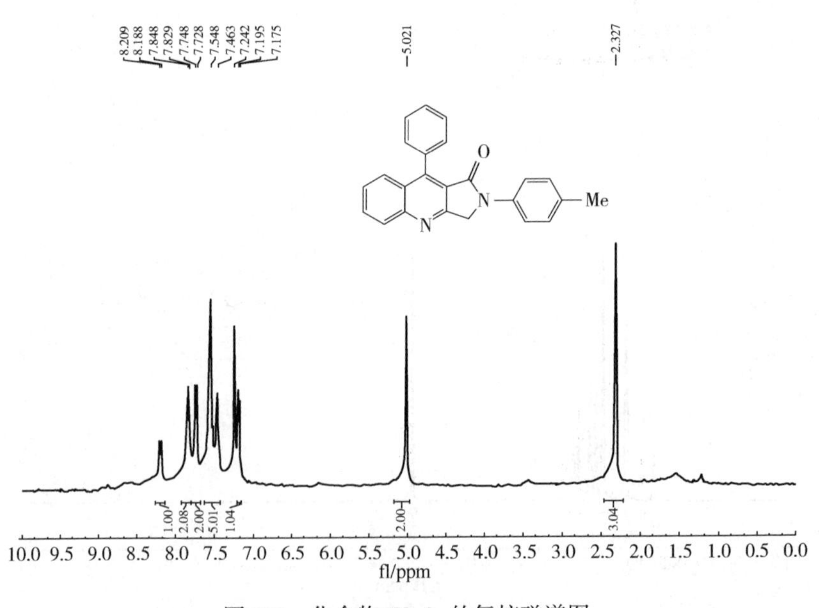

图 S33 化合物 IV-3r 的氢核磁谱图

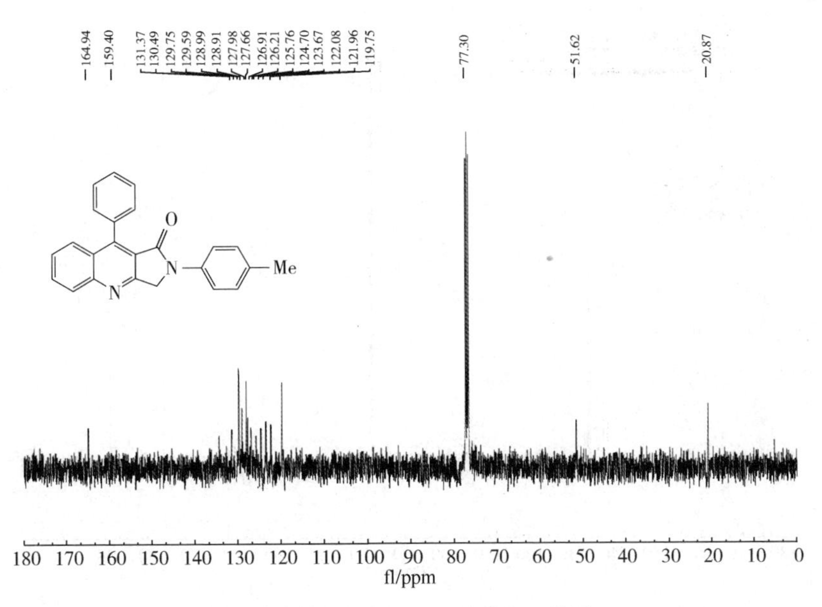

图 S34 化合物 IV-3r 的碳核磁谱图

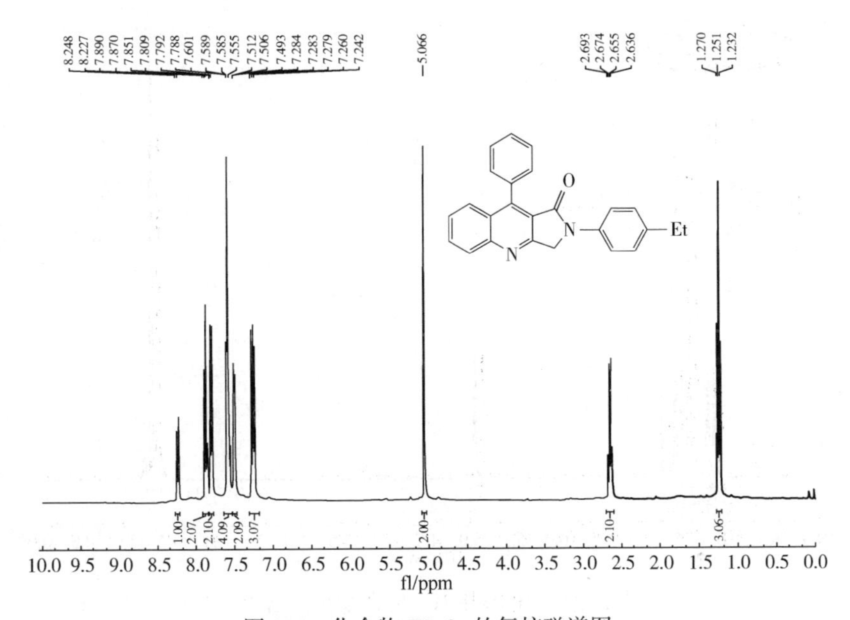

图 S35 化合物 IV-3s 的氢核磁谱图

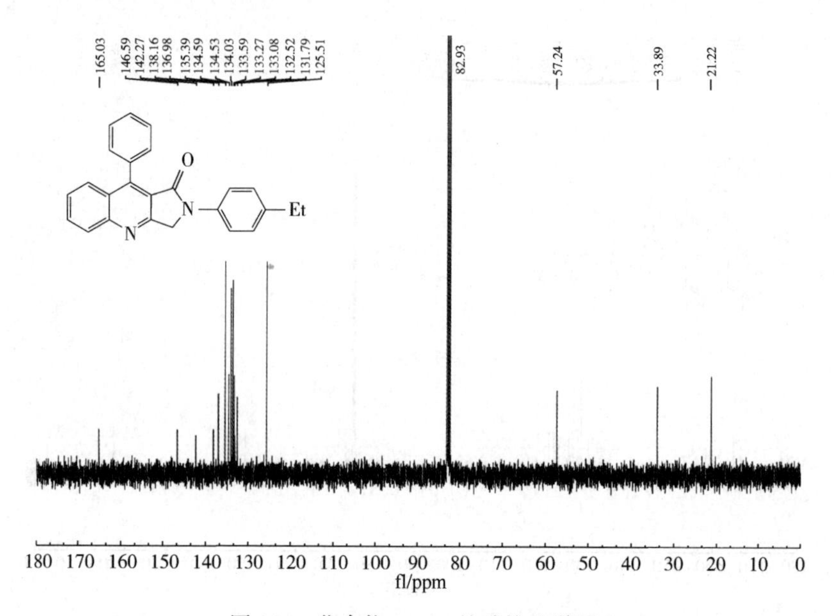

图 S36　化合物 IV-3s 的碳核磁谱图

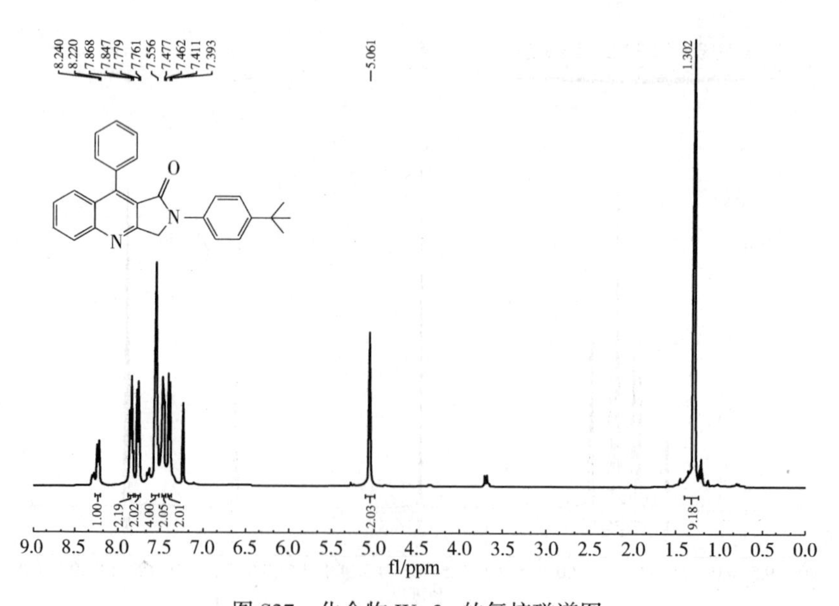

图 S37　化合物 IV-3u 的氢核磁谱图

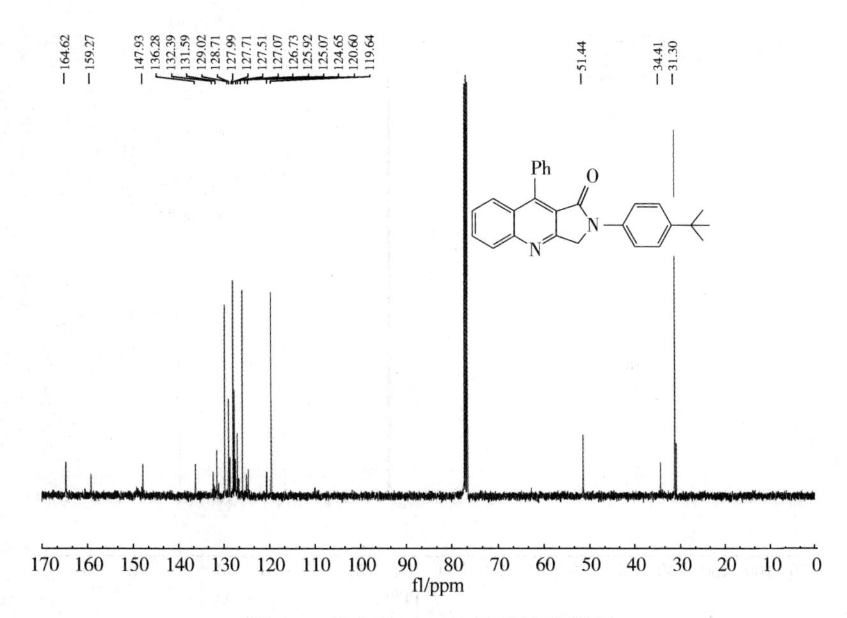

图 S38 化合物 IV-3u 的碳核磁谱图

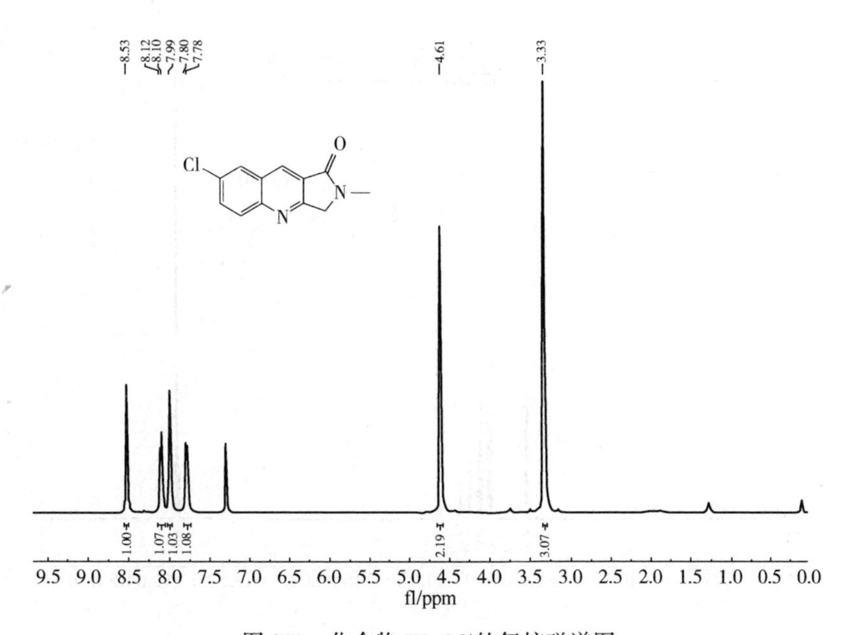

图 S39 化合物 IV-3d′的氢核磁谱图

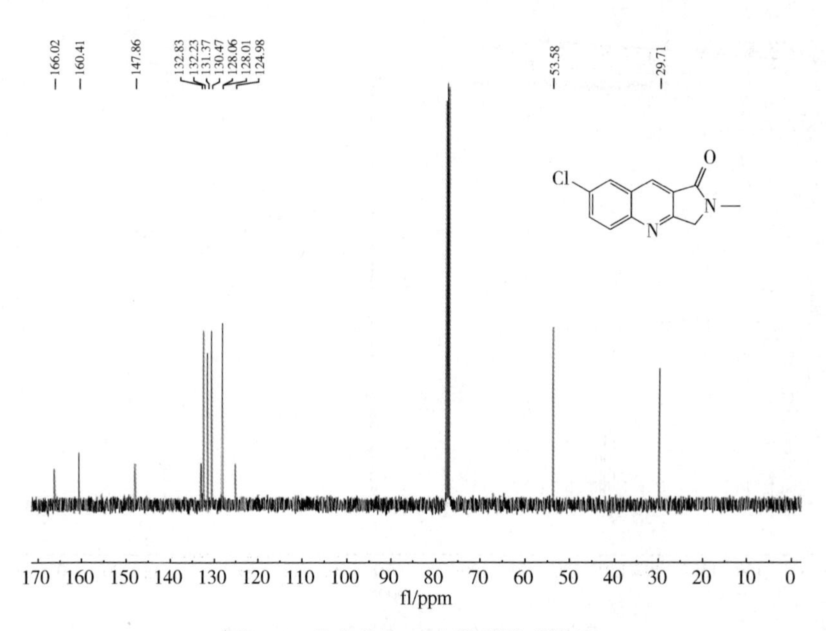

图 S40　化合物 IV-3d′的碳核磁谱图

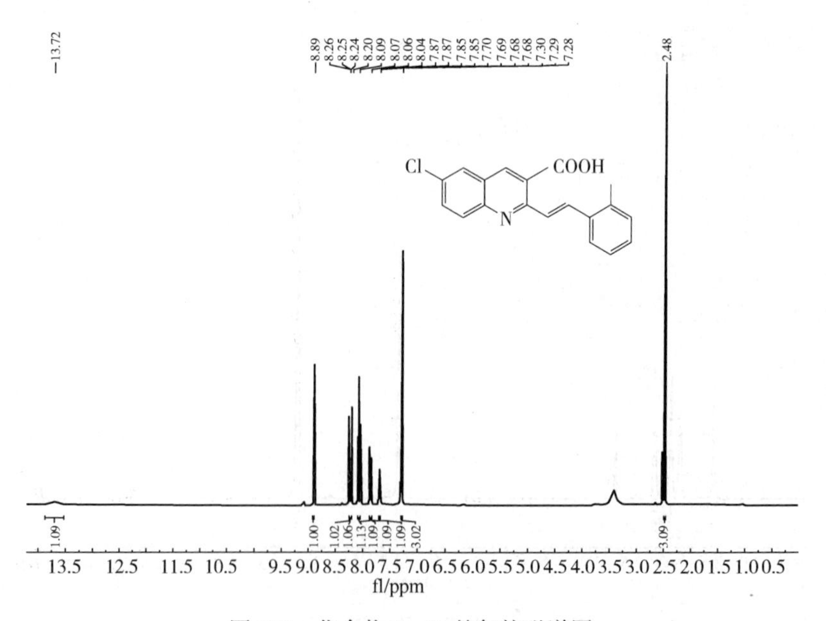

图 S41　化合物 V-3b 的氢核磁谱图

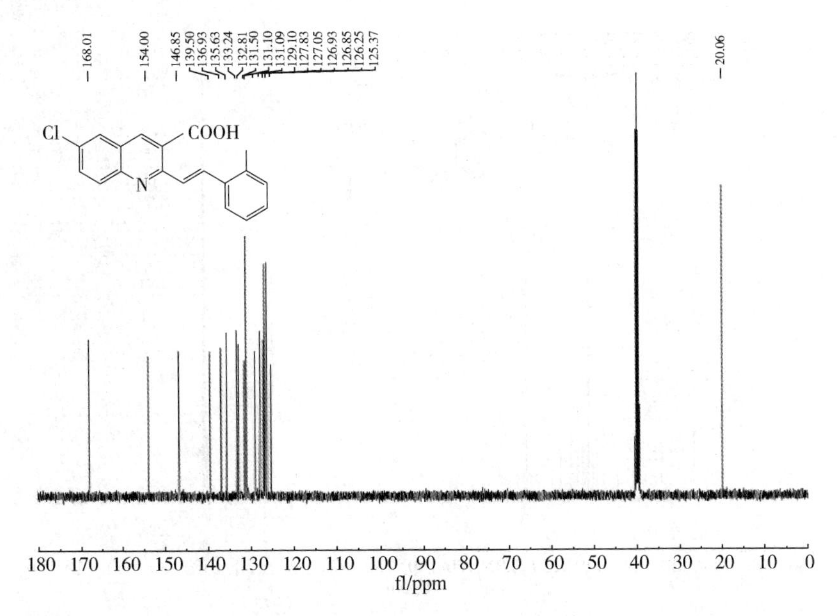

图 S42 化合物 V-3b 的碳核磁谱图

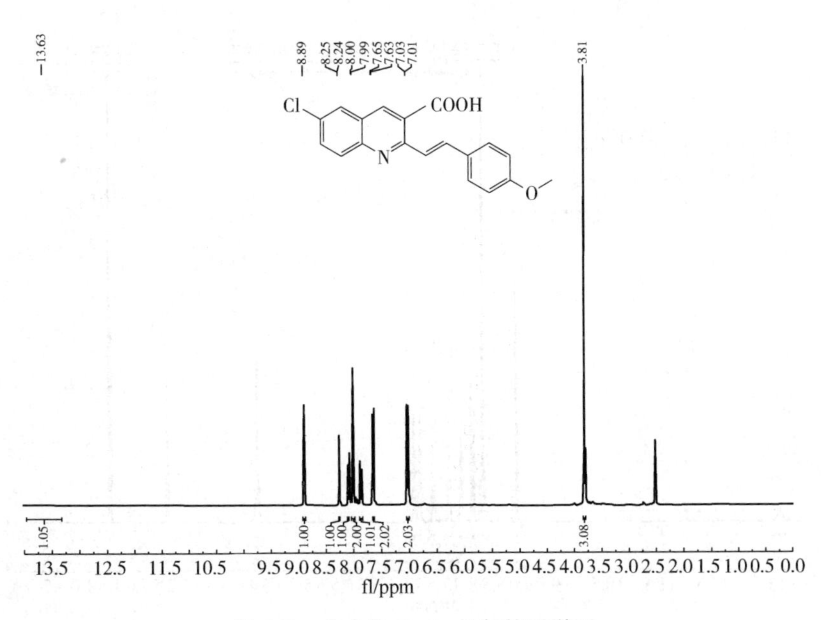

图 S43 化合物 V-3c 的氢核磁谱图

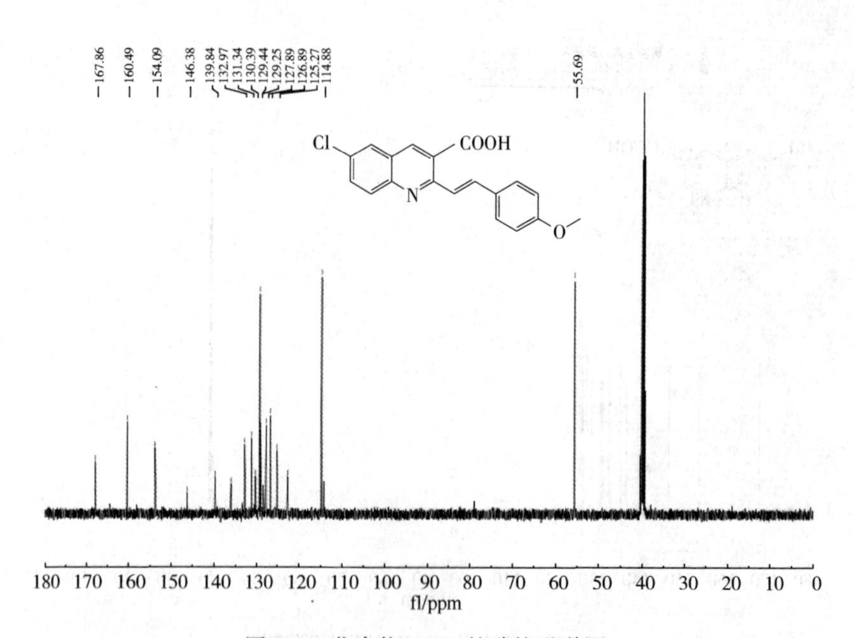

图 S44　化合物 V-3c 的碳核磁谱图

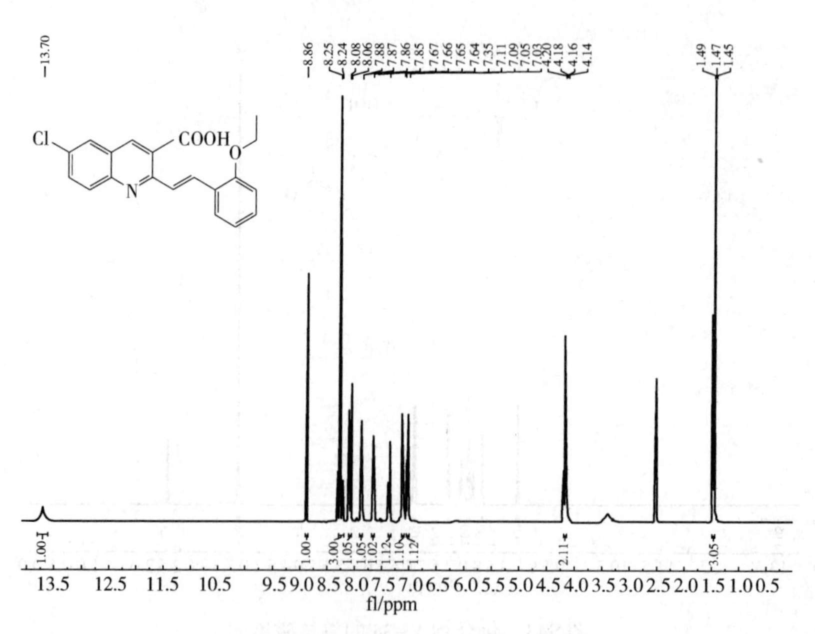

图 S45　化合物 V-3d 的氢核磁谱图

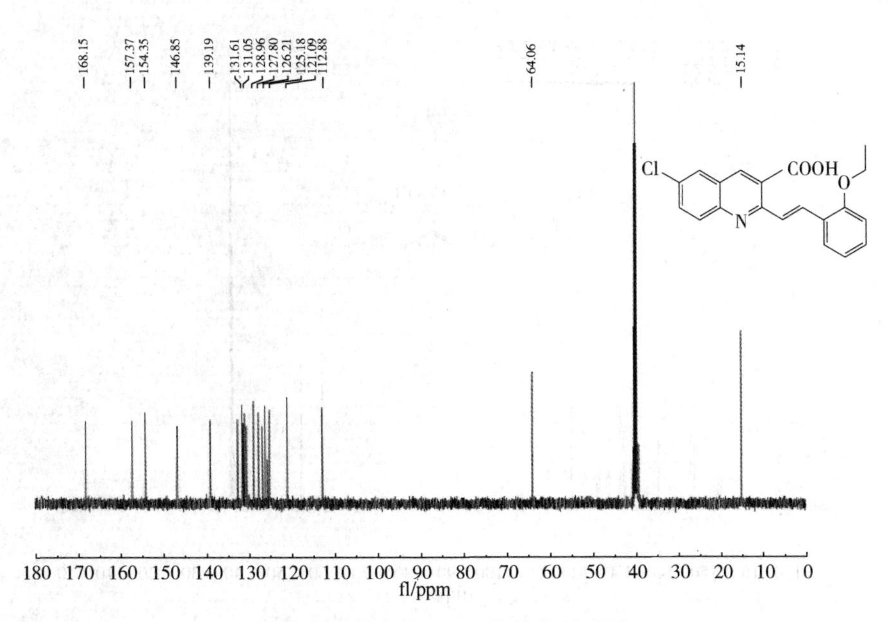

图 S46　化合物 V-3d 的碳核磁谱图

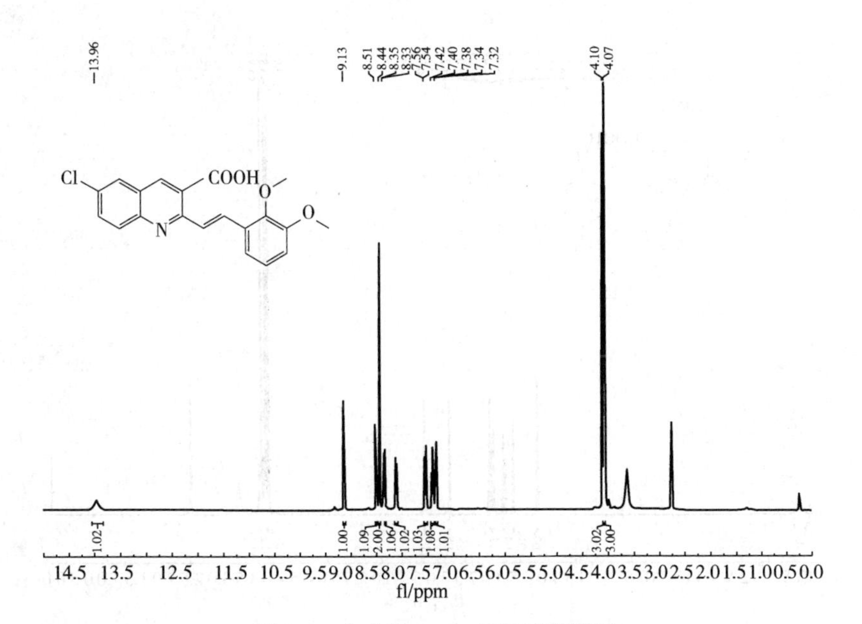

图 S47　化合物 V-3e 的氢核磁谱图

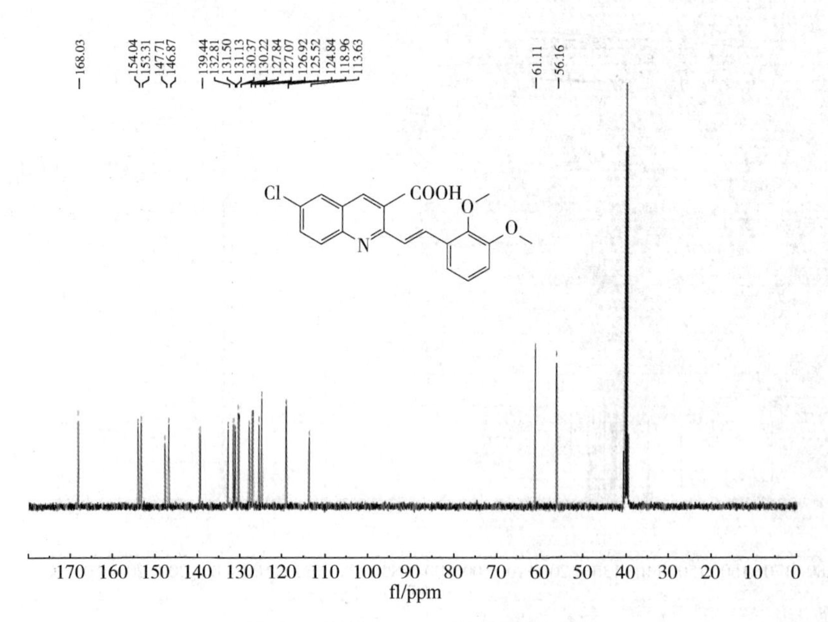

图 S48　化合物 V-3e 的碳核磁谱图

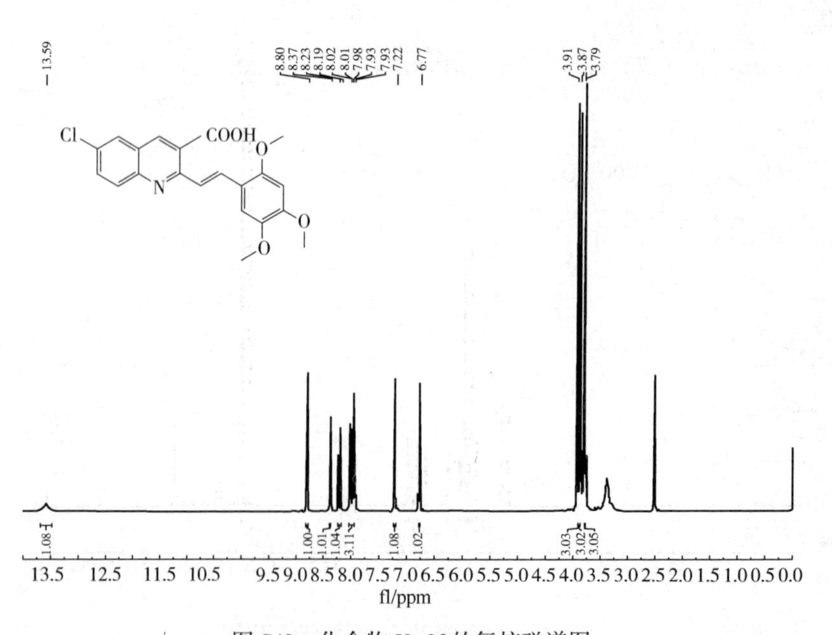

图 S49　化合物 V-3f 的氢核磁谱图

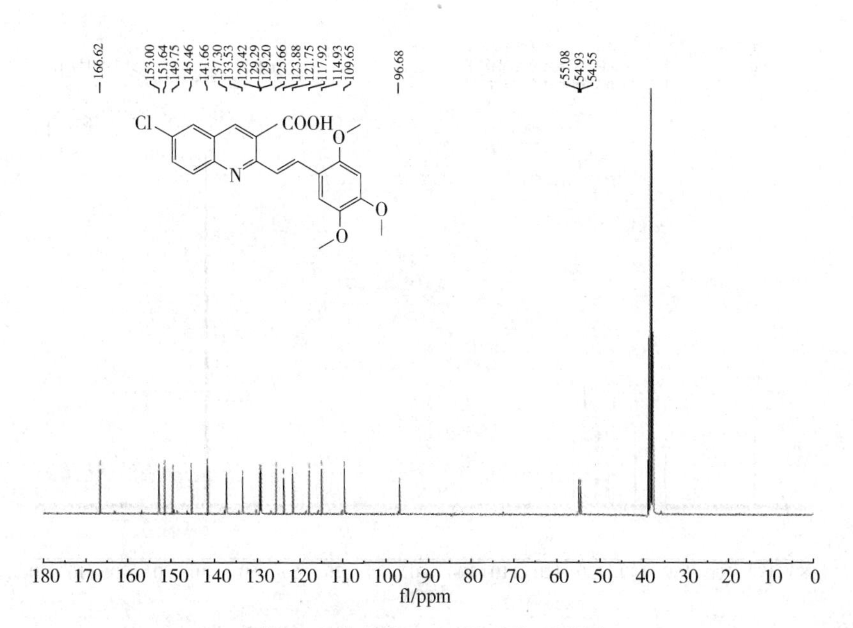

图 S50 化合物 V-3f 的碳核磁谱图

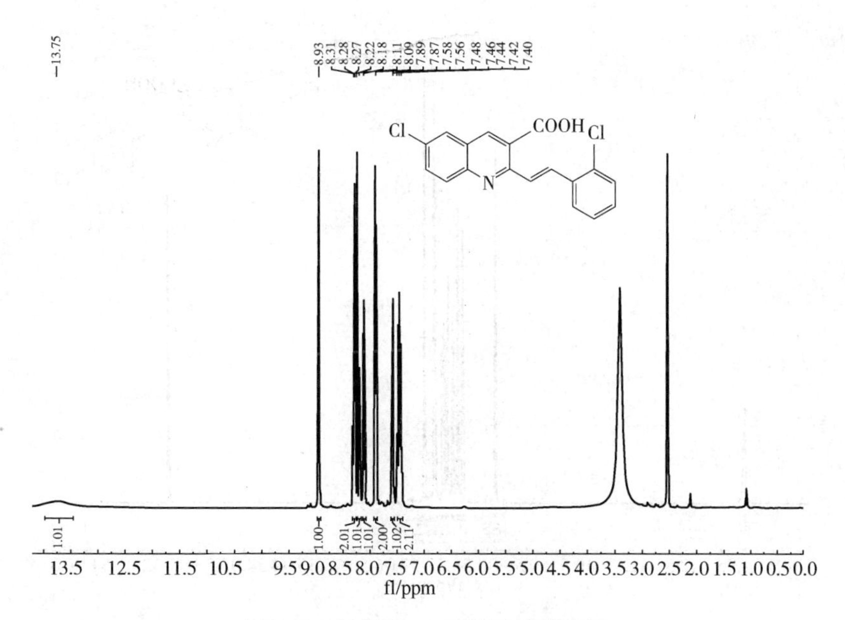

图 S51 化合物 V-3g 的氢核磁谱图

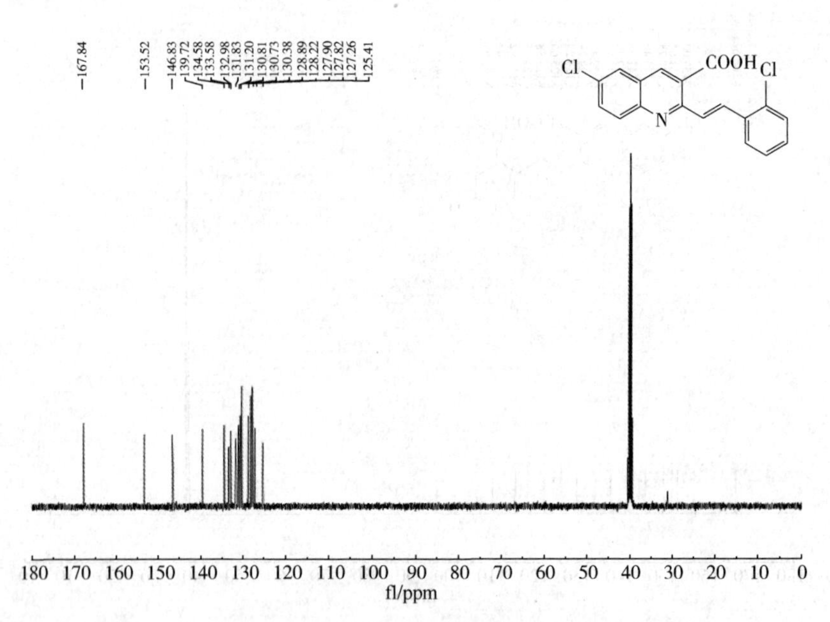

图 S52　化合物 V-3g 的碳核磁谱图

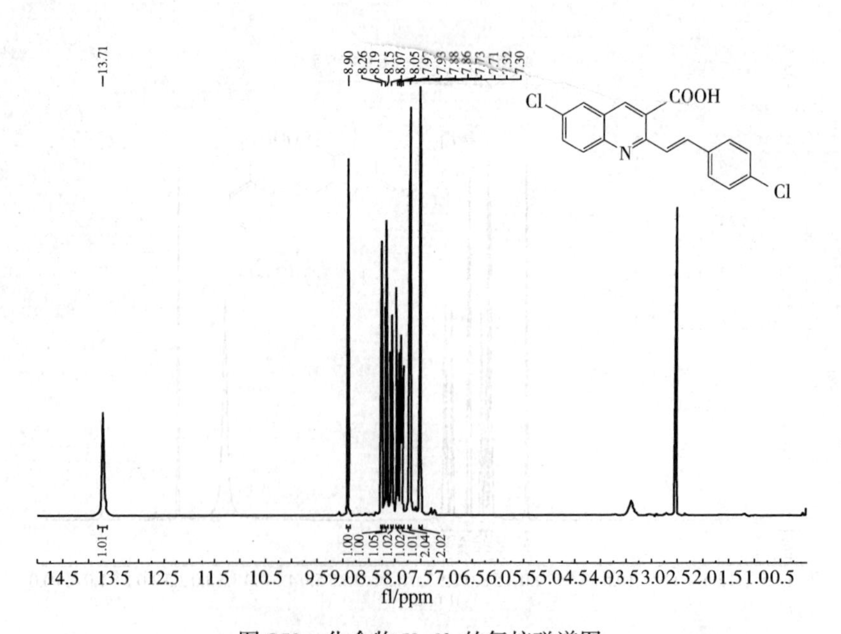

图 S53　化合物 V-3h 的氢核磁谱图

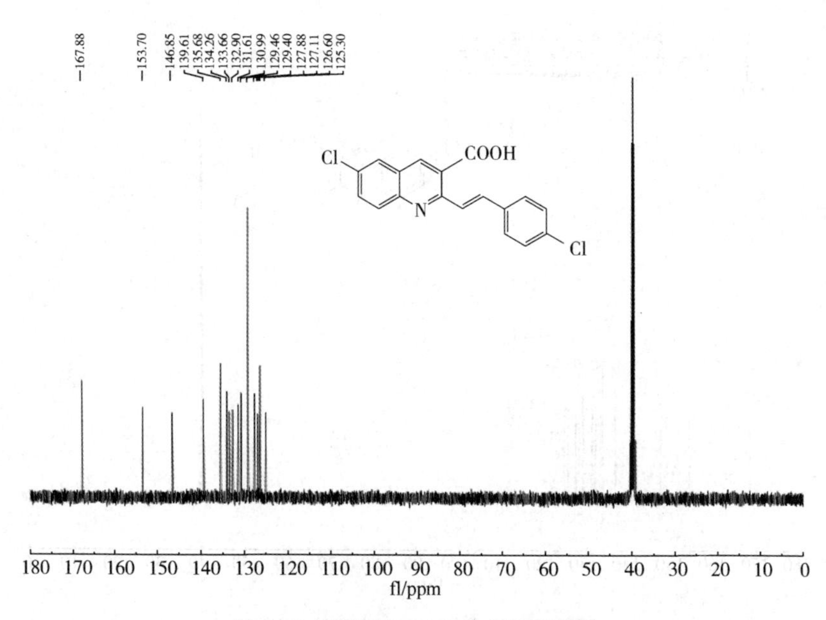

图 S54 化合物 V-3h 的碳核磁谱图

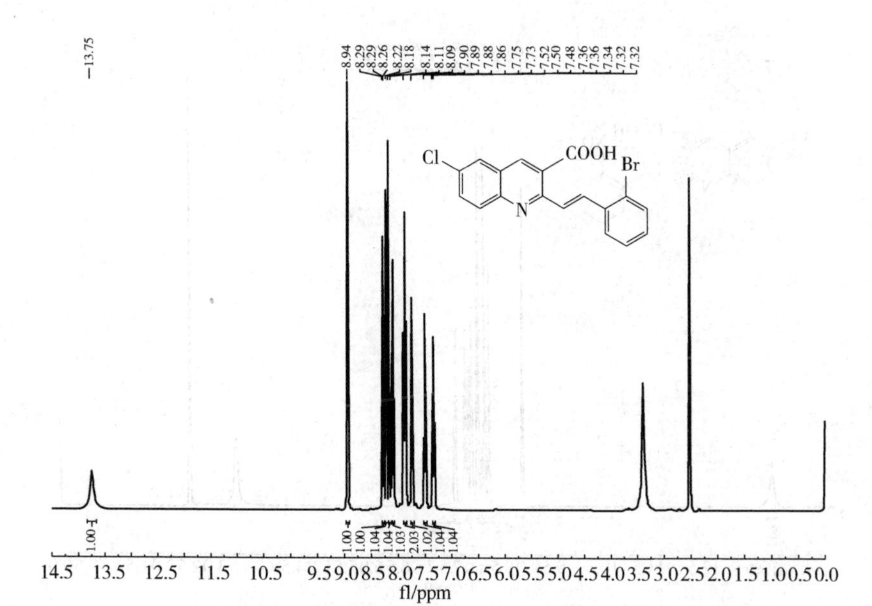

图 S55 化合物 V-3i 的氢核磁谱图

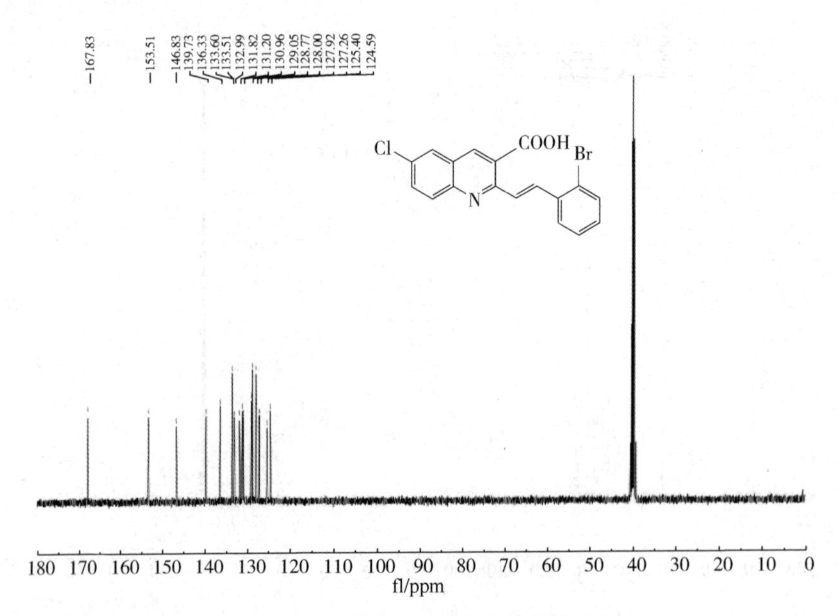

图 S56　化合物 V-3i 的碳核磁谱图

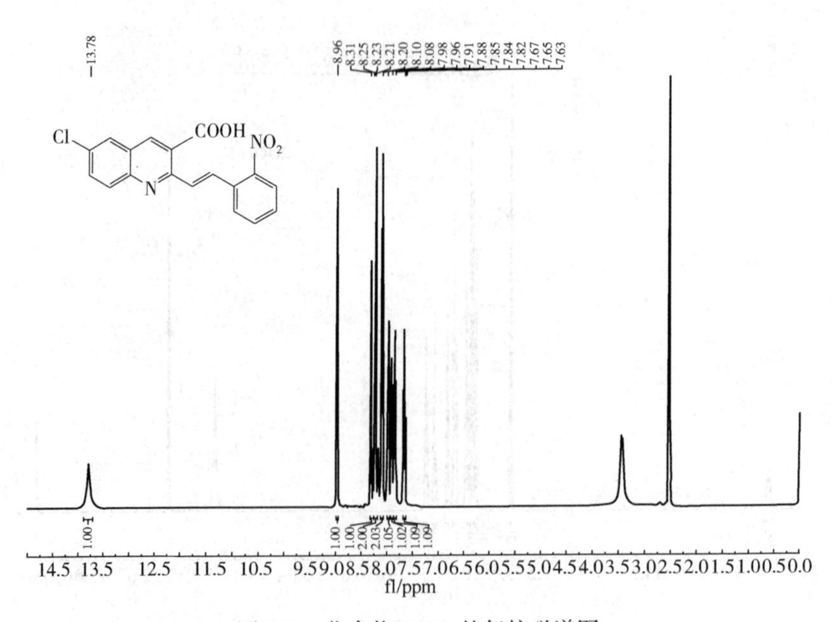

图 S57　化合物 V-3k 的氢核磁谱图

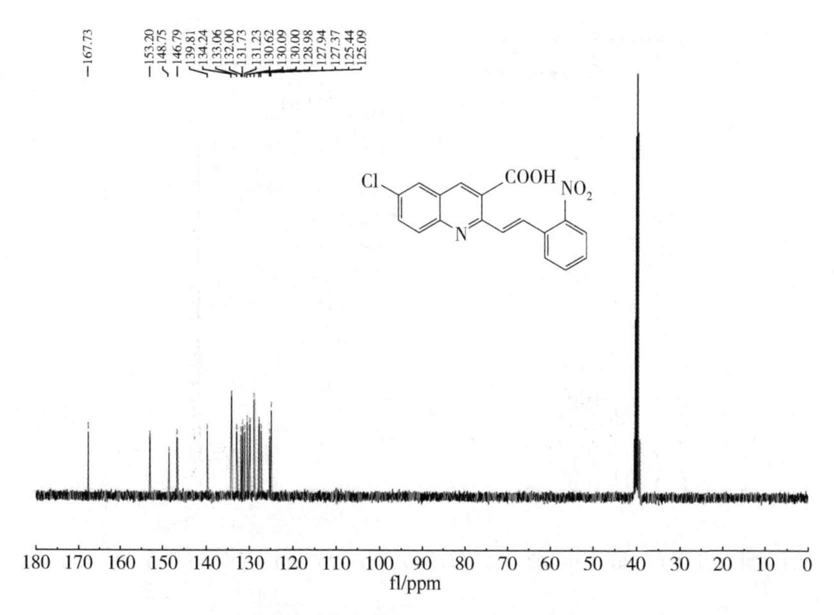

图 S58 化合物 V-3k 的碳核磁谱图

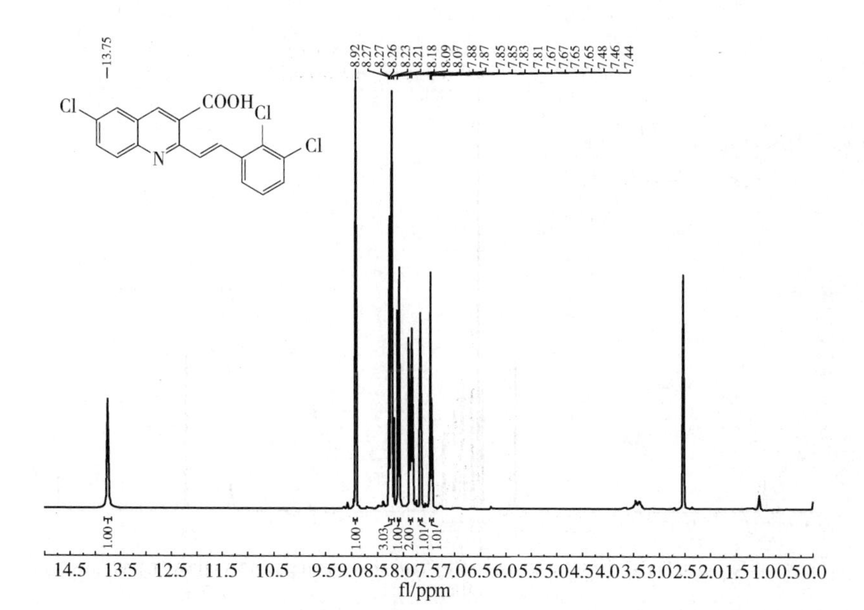

图 S59 化合物 V-3n 的氢核磁谱图

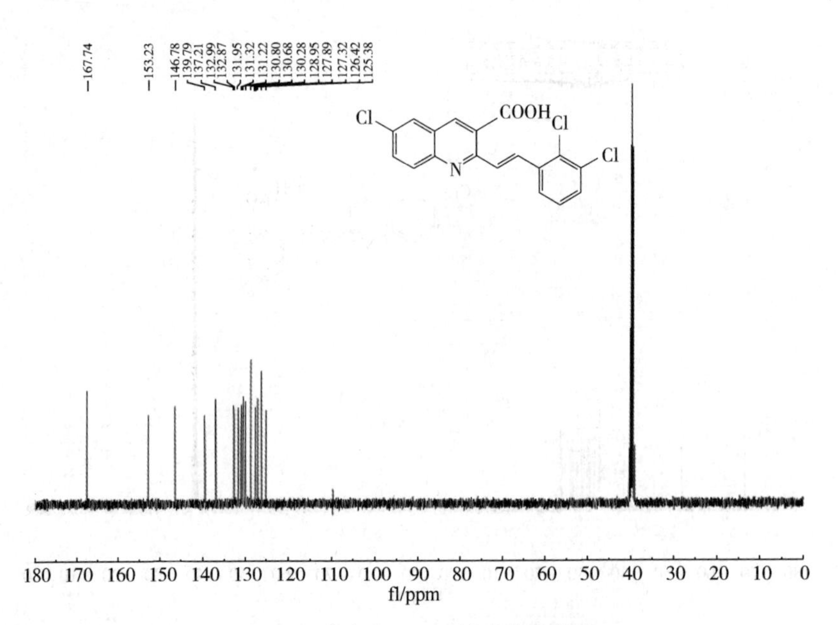

图 S60　化合物 V-3n 的碳核磁谱图

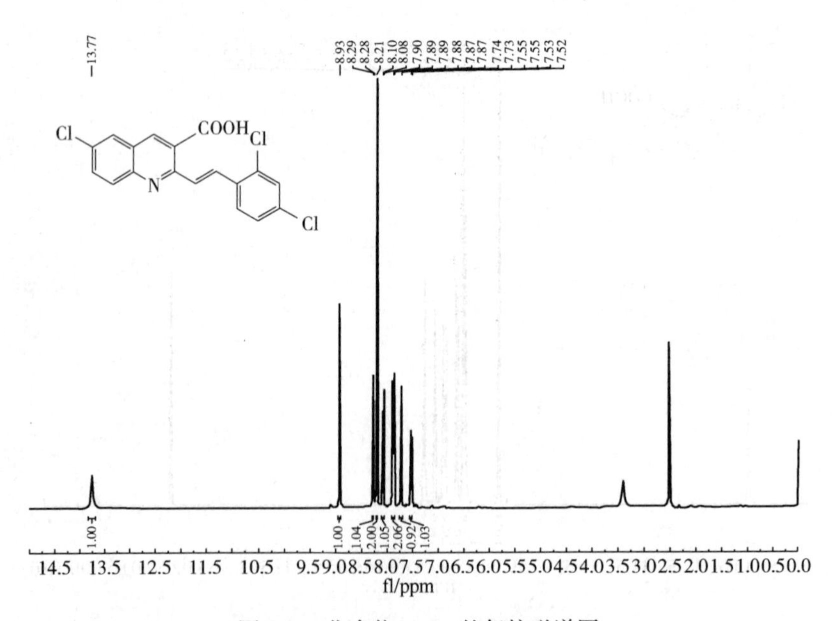

图 S61　化合物 V-3o 的氢核磁谱图

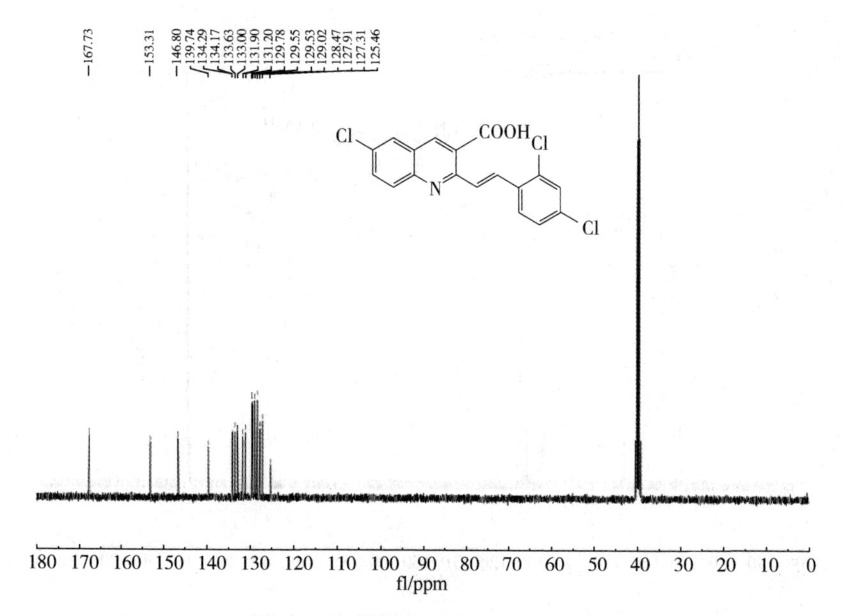

图 S62　化合物 V-3o 的碳核磁谱图

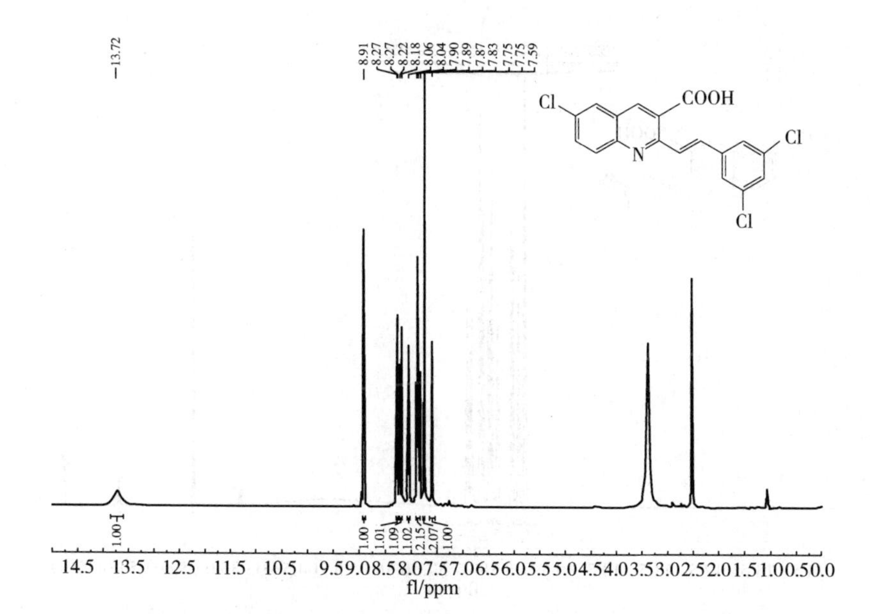

图 S63　化合物 V-3p 的氢核磁谱图

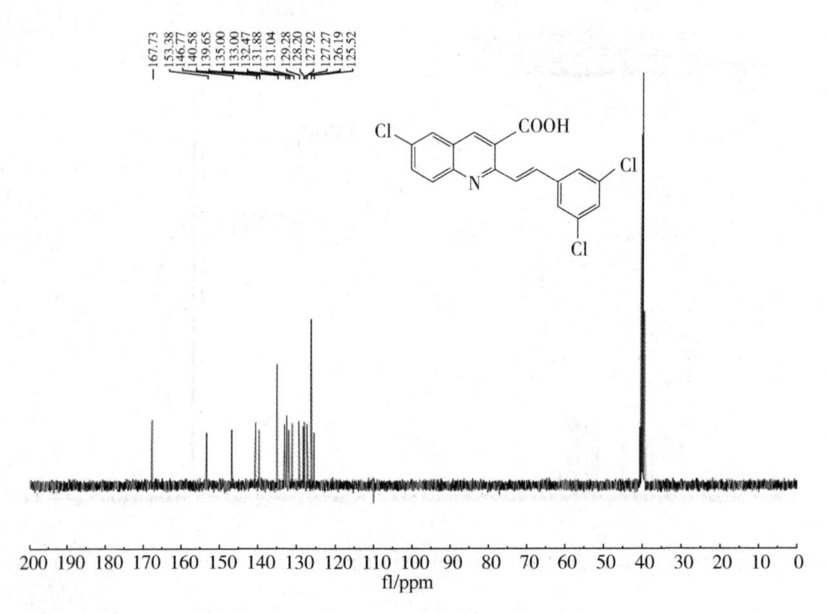

图 S64　化合物 V-3p 的碳核磁谱图

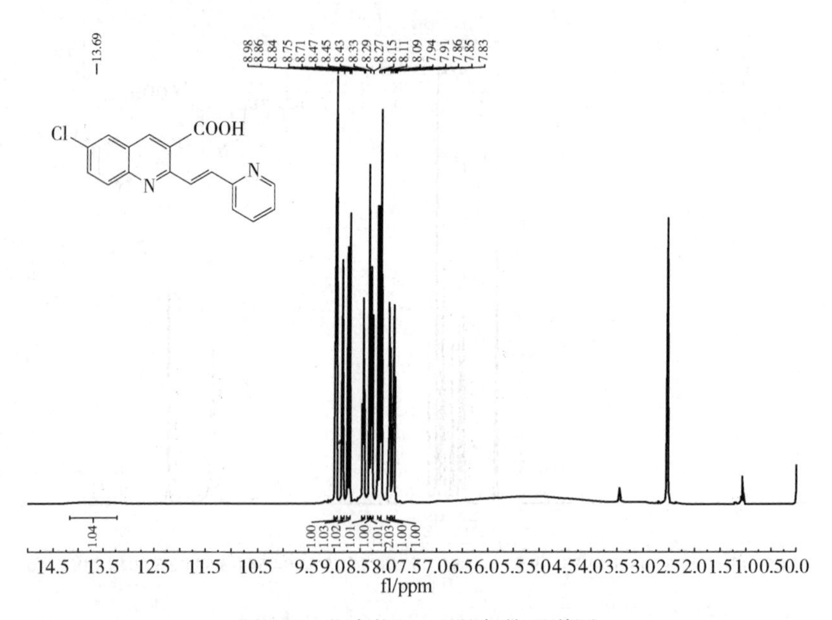

图 S65　化合物 V-3r 的氢核磁谱图

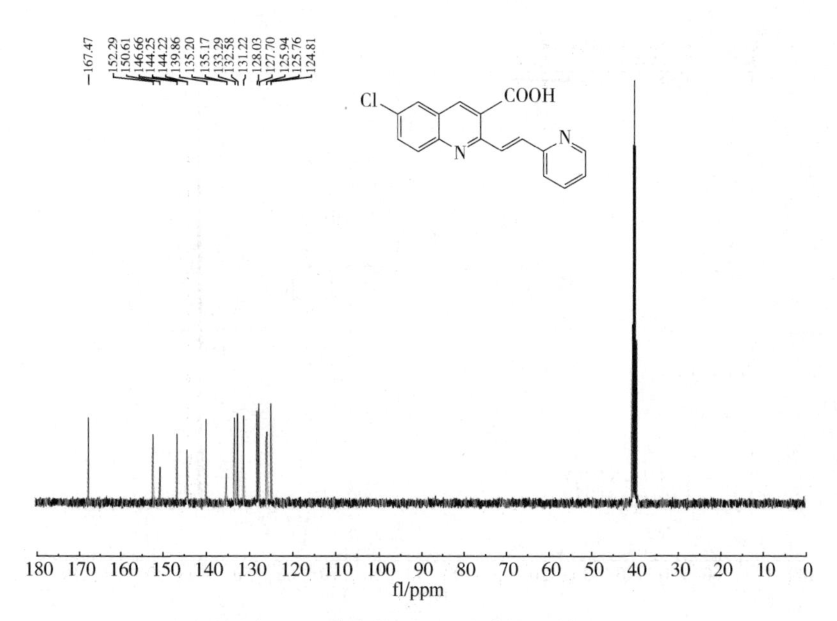

图 S66 化合物 V-3r 的碳核磁谱图

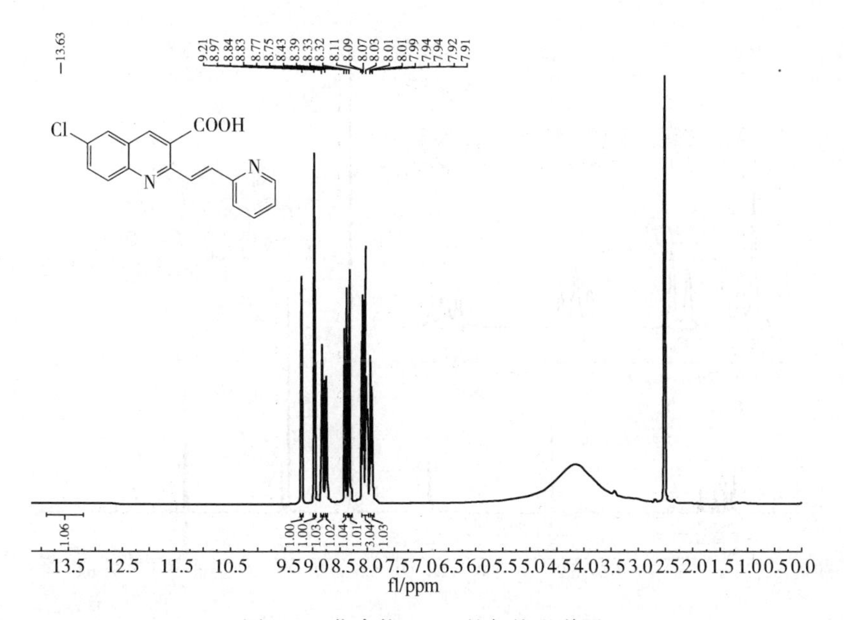

图 S67 化合物 V-3s 的氢核磁谱图

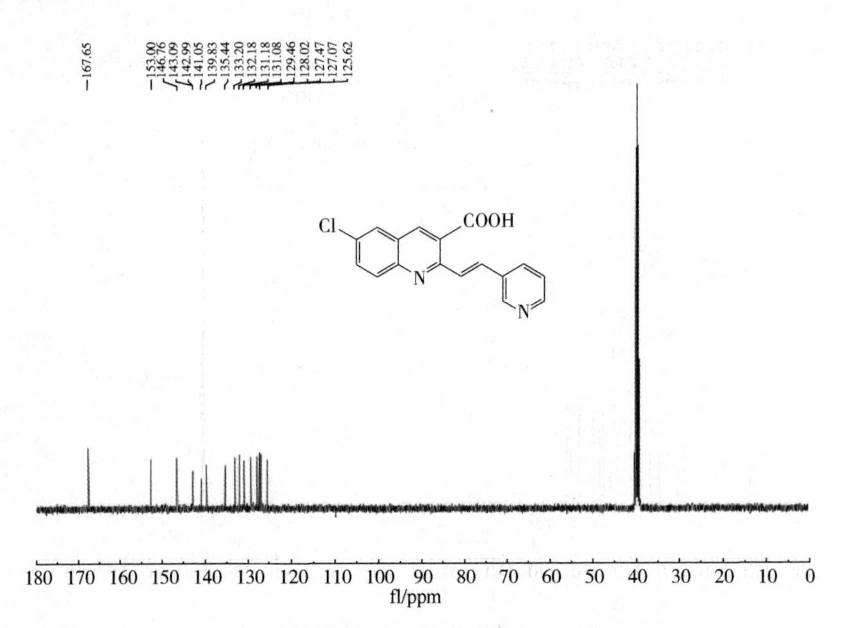

图 S68　化合物 V-3s 的碳核磁谱图

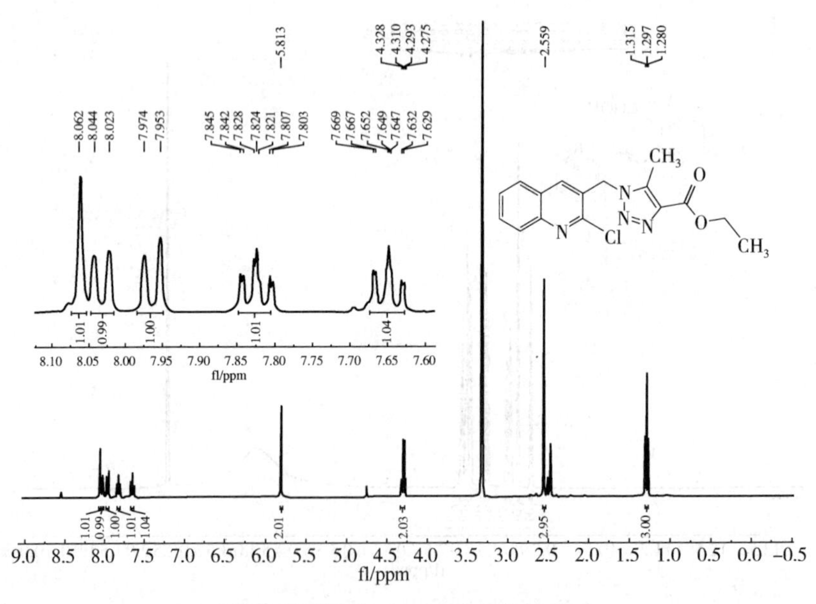

图 S69　化合物 VI-4a 的氢核磁谱图

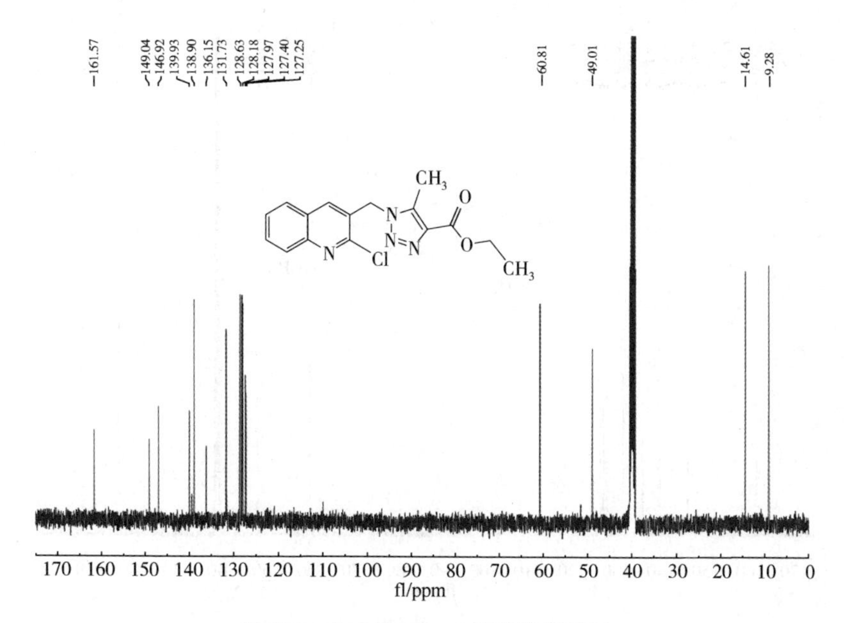

图 S70　化合物 VI-4a 的碳核磁谱图

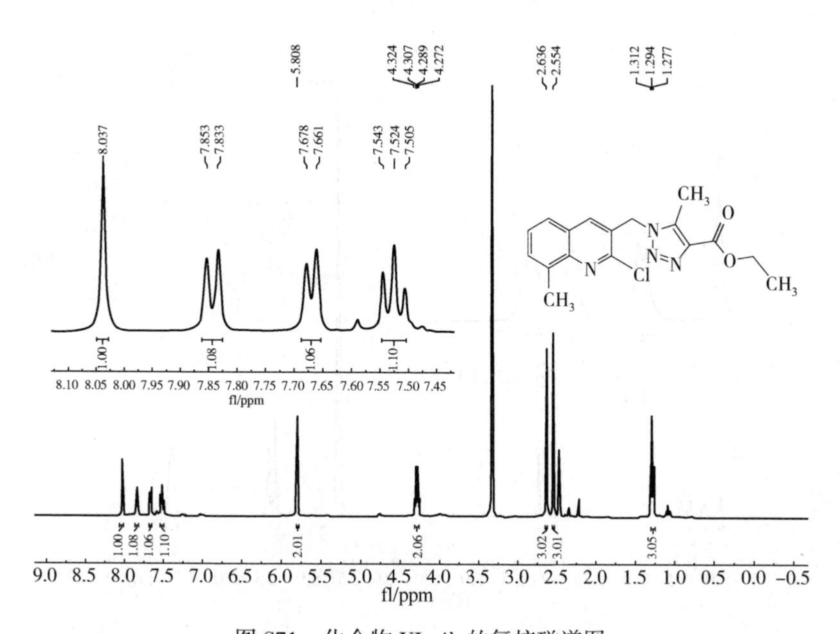

图 S71　化合物 VI-4b 的氢核磁谱图

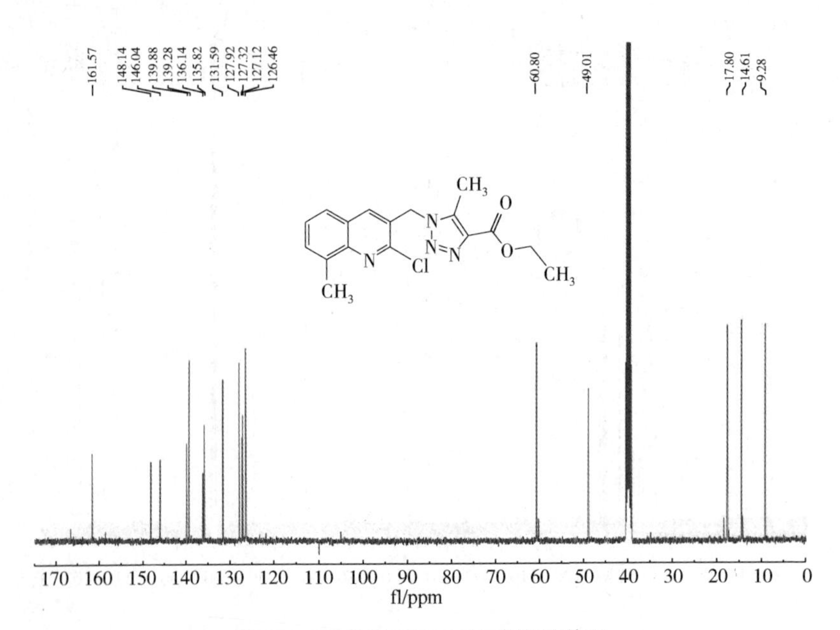

图 S72 化合物 VI-4b 的碳核磁谱图

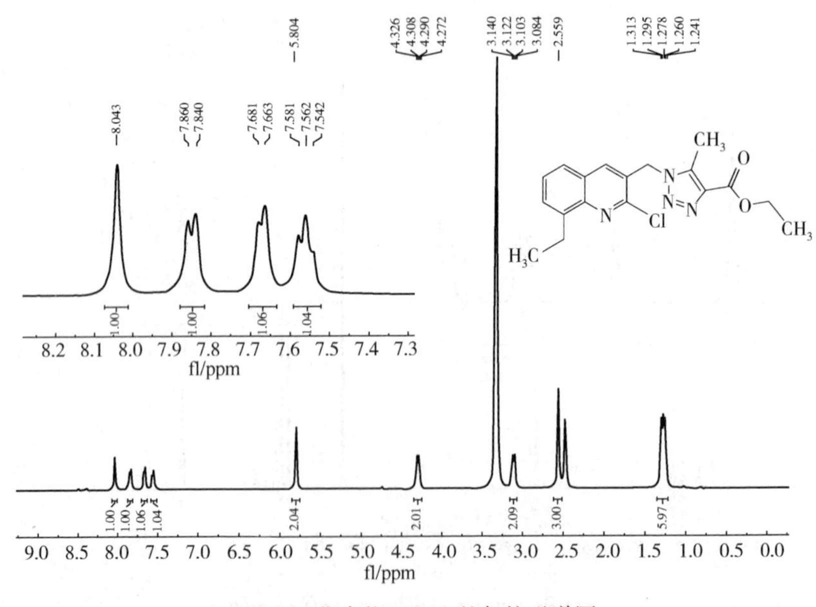

图 S73 化合物 VI-4c 的氢核磁谱图

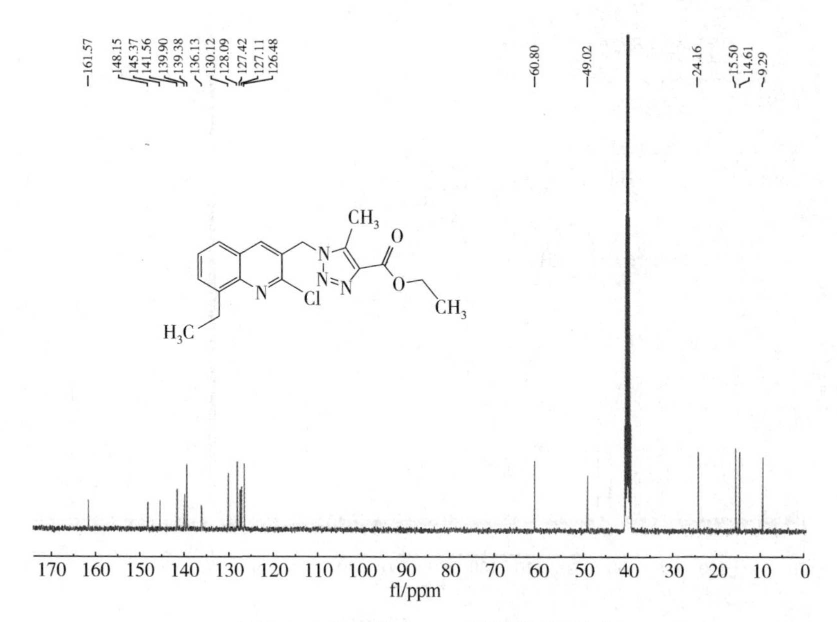

图 S74 化合物 VI-4c 的碳核磁谱图

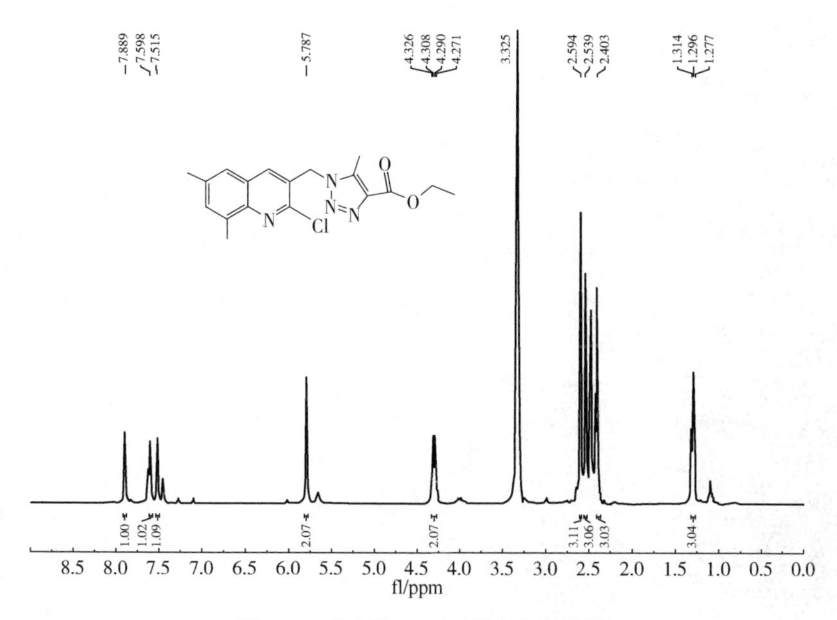

图 S75 化合物 VI-4d 的氢核磁谱图

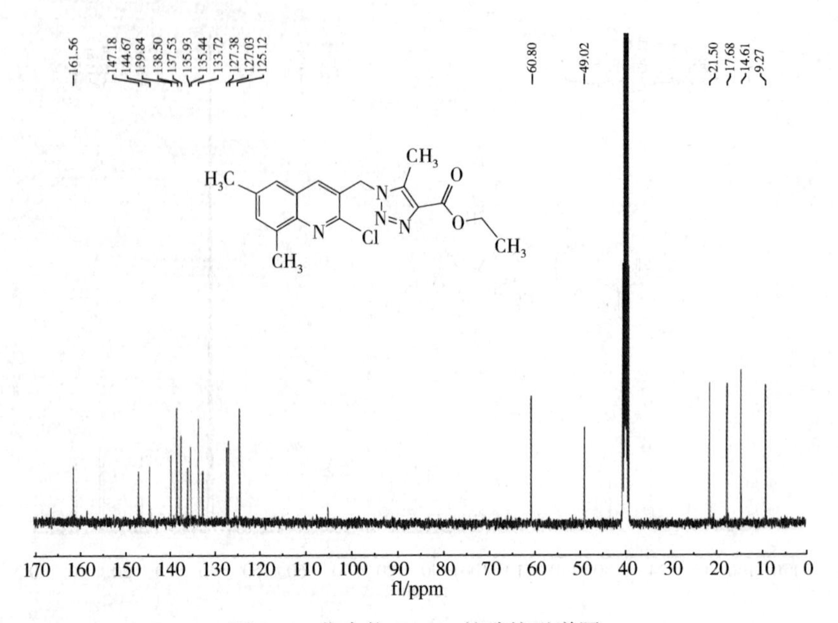

图 S76　化合物 VI-4e 的碳核磁谱图